21 世纪应用型本科土木建筑系列实用规划教材

建筑结构 CAD 教程
（第 2 版）

主编 崔钦淑 聂洪达

U0230651

北京大学出版社
PEKING UNIVERSITY PRESS

内 容 简 介

本书重点介绍中国建筑科学研究院 PKPM 系列软件(2010 版)在结构设计中的应用,书中内容均执行最新的国家结构设计规范和行业标准。

本书内容包括:PKPM 建筑结构 CAD 概述,PMCAD 结构平面设计软件的应用,PK 平面结构计算与施工图绘制软件,SATWE 多、高层建筑结构空间有限元分析与设计软件,绘制混凝土结构梁柱施工图,LTCAD 普通楼梯设计软件,JCCAD 基础设计软件。全书内容深入浅出,简明扼要,为方便学生自学,书中列举了多个例题,并附有习题,供学生操作练习使用。

本书可作为土木工程本科专业建筑结构程序应用的教学用书,也可作为毕业设计的上机指导书。此外,本书还可作为广大土木工程设计人员的参考书。

图书在版编目(CIP)数据

建筑结构 CAD 教程/崔钦淑,聂洪达主编. —2 版. —北京:北京大学出版社,2014.8
(21 世纪应用型本科土木建筑系列实用规划教材)
ISBN 978-7-301-23904-9

Ⅰ.①建… Ⅱ.①崔… ②聂… Ⅲ.①建筑结构—计算机辅助设计—AutoCAD 软件—高等学校—教材
Ⅳ.①TU311.41

中国版本图书馆 CIP 数据核字(2014)第 022565 号

书 名:	建筑结构 CAD 教程(第 2 版)
著作责任者:	崔钦淑 聂洪达 主编
策划编辑:	吴 迪 卢 东
责任编辑:	卢 东
标准书号:	ISBN 978-7-301-23904-9/TU·0389
出版发行:	北京大学出版社
地 址:	北京市海淀区成府路 205 号 100871
网 址:	http://www.pup.cn 新浪官方微博:@北京大学出版社
电子信箱:	pup_6@163.com
电 话:	邮购部 010-62752015 发行部 010-62750672 编辑部 010-62750667
印 刷 者:	北京虎彩文化传播有限公司
经 销 者:	新华书店

787 毫米×1092 毫米 16 开本 22.5 印张 528 千字
2009 年 6 月第 1 版
2014 年 8 月第 2 版 2021 年 12 月第 5 次印刷

定 价:45.00 元

第 2 版前言

本书第 1 版自 2009 年出版以来,经高等院校教学使用,得到广大师生的好评。随着 PKPM 软件的升级(其升级主要针对输入界面、功能等方面),国家结构规范、规程的修订及颁布实施,为了更好地开展教学和掌握最新版本的 PKPM 系列软件,适应大学生学习的要求,编者结合 PKPM 软件的升级对本书第 1 版的内容进行了修订。

这次修订主要做了如下工作。

(1) 增补了新颁布实施的结构设计规范、规程的相关内容。

(2) 全部按 PKPM 2010 系列软件进行编写。

(3) 删除了"TAT 多层及高层建筑结构三维分析与设计软件"一章。

经过修订,本书具有以下特点。

(1) 编写新颖。借鉴了优秀教材的写作思路、写作方法,章节安排及编排清新活泼、图文并茂,内容深入浅出,适合当代大学生使用。

(2) 注重与相关课程的关联融合,明确学习的重点和难点,以及与规范条文的相关性。

(3) 注重知识体系实用有效。以学生毕业设计及就业所需的专业知识和操作技能为着眼点,着重讲解应用型人才培养所需的内容和关键点,知识点讲解顺序与 PKPM 系列程序一致,突出实用性和可操作性,使学生学而有用、学而能用。

本书由崔钦淑、聂洪达修订,其中第 1 章、第 2 章、第 4 章、第 5 章、第 6 章由崔钦淑修订,第 3 章、第 7 章由聂洪达修订,全书由崔钦淑统稿。

由于编者的经验和水平有限,书中不足之处在所难免,衷心希望广大读者批评指正,以便及时改进。

编 者

2014 年 5 月于杭州

目　录

第1章
PKPM 建筑结构 CAD 概述

PKPM CAD 系列软件是由中国建筑科学研究院开发的,是目前国内建筑工程界应用最广、用户最多的一套计算机辅助设计系统。它是一套集建筑设计、结构设计、设备设计、钢结构设计、特种结构设计、砌体结构设计、鉴定加固设计和设备等于一体的大型建筑工程综合 CAD 系统,本书仅介绍结构设计程序核心软件模块。

1.1 PKPM 结构设计的基本步骤

PKPM 系列程序的结构设计程序模块主要用于建筑结构设计、预应力结构设计、钢结构设计及基础工程的设计。

使用 PKPM 结构程序模块进行结构设计时需要分 3 步,依次执行其中的前处理模块、分析计算模块、后处理模块。

1. 前处理模块

前处理模块(设计数据输入)主要是利用 PMCAD 模块下的 1 主菜单"建筑模型与荷载输入"来完成的。另外,有些结构子模块(如 PK、STS)自身也带有前处理功能,前处理所要做的主要工作有如下几个方面。

(1) 输入、校对及修改结构标准层的几何信息。定位网格线、轴线,构件(梁、柱、墙、洞口、斜支撑等)定义及布置等。

（2）输入、校对及修改结构标准层所受荷载信息。楼板恒载信息、活载信息，梁间荷载、柱间荷载等。

（3）输入、校对及修改结构标准层其他信息。结构总信息(结构类别、材料类别等)、风荷载信息、地震信息、绘图信息等。

（4）对结构标准层进行层高定义、楼层复制与结构标准层组装，最终形成整楼模型等。

2. 分析计算模块

分析计算模块(结构计算及计算结果输出)主要是使用 PK、PMSAP(PMSAP-8)、SATWE(SATWE-8)、JCCAD 等程序模块下的分析计算程序，接 PMCAD 建立的结构模型，进行结构平面或空间的受力分析，并对计算结果进行判定操作的。分析计算模块的主要工作如下。

（1）执行该模块对前处理的相关信息进行校对检查，并补充其他相关信息。PKPM 计算程序根据结构的几何信息、荷载信息、其他信息进行荷载组合和结构计算，求解方程组，输出计算结果。计算结果主要包括结构内力信息、位移信息、结构构件配筋信息、裂缝信息等，计算结果信息主要以图形结果及计算数据结果文件两种形式输出。

（2）对分析计算结果进行判定。这里主要有两种情况。第一种情况主要是根据分析计算结果来判定是否满足建筑结构设计规范及其他要求，如果满足要求，则进行后处理模块的设计工作；否则重复前处理模块和分析计算模块，对结构及相关信息进行修改，重新计算，直至满足设计要求。第二种情况是当建筑设计需要进行改动时，结构设计也需要进行相应调整，修改几何信息、荷载信息等相关设计参数，重新进行前处理模块、分析计算模块的操作，直至满足设计要求。

3. 后处理模块

后处理模块(施工图绘制)是在完成分析计算模块的操作，并且分析计算结果满足规范和设计的各项要求后进行的，主要是对分析计算结果进行整理。其主要内容是根据满足设计要求的计算结果，进行施工图的绘制，对其进行相关修改、格式转换与整理等操作。后处理主要使用的程序模块包括 PMCAD 程序模块下的后处理菜单(画结构平面图，图形编辑、打印及转换等菜单)、墙梁柱施工图程序模块及 JCCAD 程序模块下的绘图等菜单。

由依次执行前处理模块、分析计算模块、后处理模块简化出的 PKPM 结构设计基本步骤如图 1.1 所示。图中分析计算模块使用的程序(SATWE-8 或 SATWE、PMSAP-8 或 PMSAP、PK)需根据采用的结构形式选择一种执行，如进行单榀框架、连续梁和排架的分析选择 PK；施工图的绘制时需根据需要选择一种或多种程序进行，如使用 SATWE 完成某框架-剪力墙结构的上部结构设计和基础设计后，则需要使用 PMCAD 程序模块的主菜单 3 绘制结构平面施工图，使用墙梁柱施工图程序模块绘制梁、柱及剪力墙施工图，根据基础类型使用 JCCAD 程序模块中的相应绘图菜单绘制基础施工图。

下一节将根据图 1.1 所示的结构设计的基本步骤，简要介绍各主要程序模块的功能。

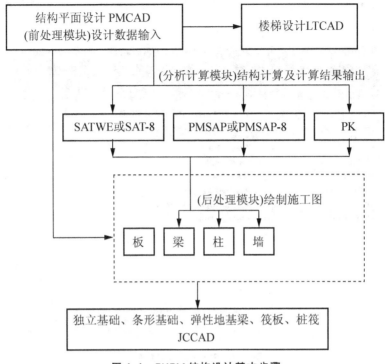

图 1.1　PKPM 结构设计基本步骤

1.2　PKPM 结构设计系列软件

1. 结构平面计算机辅助设计软件(PMCAD)

PMCAD 的主菜单如图 1.2 所示。PMCAD 是整个结构 CAD 的核心,是剪力墙、高层空间三维分析和各类基础 CAD 的必备接口软件,也是建筑 CAD 与结构 CAD 的必要接口。该程序通过人机交互建立全楼结构模型,PMCAD 通过人机交互的方式引导设计者逐层布置柱、梁、承重墙、洞口、楼板等结构构件,快速搭建全楼的三维结构模型;自动导算荷载建立恒荷载、活荷载库,对于设计者给出的楼面恒荷载标准值、活荷载标准值,程序自动进行楼板到次梁、次梁到框架梁或承重墙的分析计算,所有次梁传到主梁的支座反力、梁到梁、梁到节点、梁到柱传递的力均通过平面交叉梁系计算求得;各类荷载既可采用平面图形的方式标注输出,也可采用数据文件方式输出;可分类详细输出各类荷载;为各种计算模型提供计算所需数据文件;可指定任一轴线形成 PK 模块平面杆系计算所需的框架计算数据文件,包括结构立面、恒荷载、活荷载、风荷载的数据;可指定任一层平面的主梁或次梁形成 PK 数据文件;为空间有限元计算软件 SATWE 提供数据,SATWE 用壳元模型精确计算剪力墙,程序对墙自动划分壳单元并写出 SATWE 数据文件;为通用有限元分析程序 PMSAP 提供计算数据;为上部结构各绘图 CAD 模块提供结构构件的精确尺寸,包括梁柱施工图的截面、跨度、挑梁、次梁、轴线号、偏心等,剪力墙的平面与立面模板尺寸,楼板厚度,楼梯间布置等;结构平面施工图辅助设计。软件可自动生成楼板，自动清理无用网点，自动计算出复杂结构上下楼层的连接关系，软件还能做模型缺陷的全面检查。

图 1.2　PMCAD 的主菜单

2. 钢筋混凝土框、排架及连续梁结构计算与施工图绘制软件（PK）

PK 的主菜单如图 1.3 所示。PK 模块本身包含二维杆系结构的人机交互输入和计算，也可以接 PM 数据形成 PK 数据文件，它采用二维计算模型，可以进行各种规则和不规则

图 1.3　PK 的主菜单

的框架结构、框排架结构、排架结构、壁式框架结构及连续梁等结构的静力分析、动力分析、荷载组合和配筋设计，还可对平面框架进行罕遇地震下薄弱层的弹塑性位移计算和框架梁裂缝宽度计算。可处理梁柱正交或斜交、梁错层，抽梁抽柱、底层柱不等高、铰接屋面梁等各种情况，可在任意位置设置挑梁、牛腿和次梁，可绘制十几种截面形式的梁，如绘制折梁、加腋梁、变截面梁等；可绘制矩形柱、圆形柱和排架柱，柱箍筋形式多样。可按照梁柱整体画、梁柱分开画、梁柱钢筋平面图表示法和广东地区梁表柱表4种方式绘制施工图。在满足设计人员要求的前提下自动选筋，层、跨、剖面自动归并，自动布图。可读取 PMCAD 数据，自动导荷并生成结构计算所需的数据文件。可接力三维分析软件 SATWE 和 PMSAP，绘制 100 层以下高层建筑的梁、柱施工图。同时，PK 程序也是预应力结构和钢结构二维分析设计的内力计算内核。

3. 多高层建筑结构空间有限元分析软件(SATWE 或 SAT-8)

SATWE 的主菜单如图 1.4 所示。SATWE 或 SATWE-8 采用空间杆单元模拟梁、柱及支撑等杆件。采用在壳元基础上凝聚而成的墙元模拟剪力墙。对于尺寸较大或带洞口的剪力墙，按照子结构的基本思想，由程序自动进行细分，然后用静力凝聚原理将由于墙元的细分而增加的内部自由度消去，从而保证墙元的精度和有限的出口自由度。墙元不仅具有平面内刚度，还具有平面外刚度，可以较好地模拟工程中剪力墙的实际受力状态。

图 1.4 SATWE 的主菜单

SATWE-8 适用于 8 层及 8 层以下的多层建筑结构的分析设计，SATWE 适用于高层建筑结构分析设计。它适用于多层和高层钢筋混凝土框架、框架-剪力墙、剪力墙结构及高层钢结构和钢-混凝土混合结构。SATWE 考虑了多、高层建筑中多塔、错层、转换层及楼板局部开洞等特殊结构形式。SATWE 所需的几何信息和荷载信息都从 PMCAD 建立的建筑模型中自动提取生成并有多塔、错层信息自动生成功能，大大简化了设计者的操作。对于楼板,SATWE 给出了 4 种简化假定,即楼板整体平面内无限刚、分块无限刚、分块无限刚加弹性连接板带和弹性楼板。在应用中,可根据工程实际情况和分析精度要求,选用其中的一种或几种简化假定。SATWE 可完成建筑结构在恒、活、风、地震作用下的内力分析及荷载效应组合计算,对钢筋混凝土结构还可完成截面配筋计算。可进行上部结构和地下室联合工作分析,并进行地下室设计。SATWE 完成计算后,可绘墙、梁及柱施工图,并可为各类基础设计软件提供设计荷载。

4. 多、高层建筑结构三维分析程序(PMSAP 或 PMSAP-8)

PMSAP 从力学上看是一个线弹性组合结构有限元分析程序,它适用多种结构形式。该程序能对结构做线弹性范围内的静力分析、固有振动分析、时程响应分析和地震反应谱分析,并依据规范对混凝土构件进行配筋设计,对钢构件进行验算。PMSAP 对于多、高层建筑中的剪力墙、楼板、厚板转换层等关键构件提出了基于壳元子结构的高精度分析方法,并可做施工模拟分析、温度应力分析、预应力分析、活荷载不利布置分析等。与一般通用与专用程序不同,PMSAP 中提出了"二次位移假定"的概念并加以实现,使得结构分析的速度与精度得到了兼顾,这也是 PMSAP 区别于其他程序的一个突出特点。

程序可接受任意的结构形式,其主菜单如图 1.5 所示。对建筑结构中的多塔、错层、转换层、楼面大开洞等情形提供了方便的处理手段。PMSAP 对 9 度设防高层建筑及大跨结构进行竖向地震的振型分解反应谱分析,对高层混凝土建筑及钢结构进行整体屈曲(BUCKLING)分析。

目前,PMSAP 单元库中配备了从一维到三维共 14 类有限单元,计 20 余种有限元模型。单元的选配遵循少而精的原则。各类单元都有良好的性能及针对性。对剪力墙,采用了精度高、适应性强的壳元模型,并提供了简化模型和细分模型两种计算方式。针对楼板及厚板转换层,采用了子结构模式的多边形壳元,它可以比较准确地考虑楼板对整体结构性能的影响,也可以比较准确地计算楼板自身的内力和配筋。

图 1.5 PMSAP 的主菜单

PMSAP 的计算数据由 PMCAD 或 STS-1 或空间任意建模 SPASCAD 模块交互生成，对一个工程，经 PMCAD 或 STS-1 的一项菜单后，就生成了 PMSAP 计算所需的基本数据；对复杂工程，可以用 PMCAD 或 STS-1 与 SPASCAD 相配合进行建模。建模完成后，下面即可进入 PMSAP 主菜单进行计算。

PMSAP 的计算结果可在"三维结构分析后处理程序 3DP"中进行核查，内容包括位移、振型、内力、配筋、验算结果，以及构件材料、尺寸、形状、连接、编号、荷载等，查看方式分为图形方式和文件方式两种。

PMSAP 配筋计算完毕后，可接力"PK"或"墙梁柱施工图"模块绘墙、梁及柱施工图，墙、梁及柱施工图中考虑了高层结构的构造要求。

5. 墙梁柱施工图

墙梁柱施工图主菜单如图 1.6 所示。它主要用于完成结构模型分析计算后进行墙、梁及柱施工图的绘制。它首先对全楼的墙、梁及柱进行归并操作，然后按归并结果进行墙、梁和柱的立、剖面施工图的绘制，平法施工图的绘制，也可以选择绘制整榀框架施工图。

图 1.6　墙梁柱施工图的主菜单

6. 楼梯计算机辅助设计软件(LTCAD)

LTCAD 的主菜单如图 1.7 所示。

它适用于单跑、二跑、三跑的梁式及板式楼梯和螺旋及悬挑等各种异形楼梯，可完成楼梯的内力与配筋计算及施工图绘制，生成楼梯平面图、竖向剖面图和楼梯板、楼梯梁及平台板配筋详图。

它可与 PMCAD 或 APM 连接使用，只需指定楼梯间所在位置并提供楼梯布置数据即可快速成图。

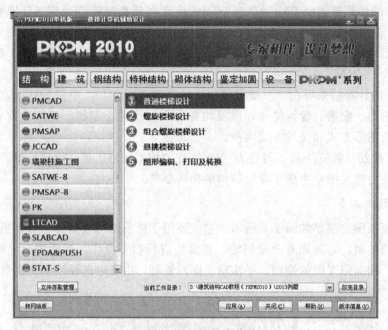

图 1.7　LTCAD 的主菜单

7. 基础设计软件(JCCAD)

JCCAD 可与 PMCAD 接口，读取柱网轴线和底层结构布置数据，以及读取上部结构计算(PK、PMCAD、PMSAP、SATWE)传来的基础荷载，可人机交互布置和修改基础，如图 1.8 所示。

图 1.8　JCCAD 的主菜单

JCCAD可完成柱下独立基础(包括倒锥形、阶梯形、现浇或预制杯口基础、单柱、双柱或多柱基础)、墙下条形基础(包括砖、毛石、钢筋混凝土条基,并可带下卧梁)、弹性地基梁、带肋筏板(梁肋可朝上朝下)、柱下平板、墙下筏板基础、柱下独立桩基承台基础、桩筏基础、桩格梁基础、单桩基础(包括预制混凝土圆桩、钢管桩、水下冲钻孔桩、沉管灌注桩、干作业法桩等),以及上述多种类型基础组合起来的大型混合基础的结构计算、沉降计算和施工图绘制。

1.3 PMCAD 软件的应用范围

用PMCAD进行结构建模时首先应注意PMCAD的适用范围,否则会发生建模错误,导致后续设计分析工作无法进行。PMCAD适用于任意的结构平面,平面网格可以正交,也可斜交成复杂体型平面,并可处理弧墙、弧梁、圆柱、各类偏心、转角等。在PMCAD主菜单建立结构平面几何信息的最大适用范围如下。

(1)层数不大于120层。

(2)结构标准层不大于120层。

(3)正交网格时,横向网格、纵向网格各不大于100条;斜交网格时,网格线条数不大于5000条。

(4)网格节点总数不大于6000个。

(5)标准柱截面不大于300种,标准梁截面不大于160种,标准洞口不大于160种,标准墙截面不大于80面,标准斜杆截面不大于80种,标准荷载定义不大于3000种。

(6)每层柱根数不大于1800根,每层梁根数(不包括次梁)不大于8000根(主菜单5限于4000根),每层墙数不大于2500面,每层房间总数不大于3600间,每层次梁总根数不大于800根,每个房间周围最多可以容纳的梁、承重墙数不大于150,每节点周围不重叠的梁墙根数不大于6,每层房间次梁布置种类数不大于40,每层房间预制板布置种类数不大于40,每层房间楼板开洞种类数不大于40,每个房间楼板开洞数不大于7,每个房间次梁布置数不大于16。

(7)两个节点之间最多设置一个洞口;需设置两个洞口时,应在两洞口间增设一网格线与节点。

(8)结构平面上的房间数量的编号是由程序自动做出的;程序将由墙或梁围成的一个个平面闭合体自动编成房间,房间用来作为输入楼面上的次梁、预制板、洞口和导荷载、绘图的一个基本单元。

(9)次梁是指在房间内布置且在执行PMCAD主菜单1"楼层布置\次梁布置"时输入的梁;在矩形房间或非矩形房间均可输入次梁。次梁布置时不需要网格线,次梁和主梁、墙相交处也不产生节点。若房间内的梁在主菜单1"主梁布置"时输入,则程序将该梁当作主梁处理。

设计者在操作时把一般的次梁在"次梁布置"时输入的好处:可避免过多的无柱连接点,避免这些点将主梁分隔过细,或造成梁根数和节点个数过多而超界,或造成每层房间数量超过3600而使程序无法运行。当工程规模较大而节点、杆件或房间数超界时,把主梁当作次梁输入可有效地大幅度减少节点杆件房间的数量。对于弧形梁,因目前程序无法输入弧形次梁,可把它作为主梁输入。

(10) 这里输入的墙应是结构承重墙或抗侧力墙;框架填充墙不应当作墙输入,它的质量可作为外加荷载输入,否则不能形成框架荷载。

(11) 平面布置时,应避免大房间内套小房间的布置,否则会在荷载导算或统计材料时重叠计算,可在大小房间之间用虚梁(虚梁是截面尺寸为 100mm×100mm 的梁)连接,将大房间切割。

1.4 PMCAD 软件的特色

1. 结构标准层

PKPM 系列软件的主要建模方式是以结构标准层为单位进行的。所谓"结构标准层",就是结构布置、层高(梁上荷载不同要定义为不同的标准层)、材料完全相同的相邻楼层的总称,这些楼层作为一个结构标准层共同进行建模、修改及计算等操作,以提高设计效率。

2. 钢筋标准层

钢筋标准层主要用于钢筋归并和出图。每个钢筋标准层对应一张施工图,准备出几张施工图就设置几个钢筋标准层;钢筋标准层由构件布置相同、受力特性近似的若干自然层组成,相同位置的构件布置和配筋完全相同;取配筋面积时,程序会在各层同样位置的配筋面积数据中取大值作为配筋依据。

3. 楼层组装

PMCAD 建立模型时首先将全楼划分为若干结构标准层,然后在标准层内输入构件与荷载,再通过复制修改完成其他标准层的操作,最后将各结构标准层组装在从下至上的各楼层上,并输入层高,完成全楼建模工作。标准层建模方式默认楼面的梁、板等水平构件平行于地面布置,楼面以下的墙、柱等竖向构件垂直于地面布置,高度与层高相同,构件顶面标高与楼层标高相同;这样就把三维立体模型转化为二维平面操作,减少了建模的难度和工作量。

提示:软件在一定程度上突破了层模型限制,允许柱、墙等竖向构件通过设置上、下节点标高延伸到其他楼层,允许输入越层斜梁和斜杆、层间梁和层间斜杆。

4. 网格线为准

在 PKPM 结构软件中网点和网格线至关重要,它是布置构件的基准,是计算数据的来源,是绘图定位的依据。以网格线建模的方式可使结构模型数据严谨,为后续结构计算分析奠定了良好的几何数据基础。

但受网格线的约束,所有建模操作都必须围绕网(节)点和网格线进行(仅次梁除外),柱要布置在节点上,且一个节点只能布置一根柱(后面布置的柱取代先前布置的柱),梁和墙要布置在网格线上,一根网格线布置一道墙、允许在不同标高布置多道梁。对构件的增加、删除、修改、对齐、升降、显示、荷载输入等操作，都必须对网点和网格线实施。

受网点和网格线的限制，没有节点和网格线不能布置构件。反之，节点和网格线也不应有冗余，一道梁或墙除端点外如果有多余节点，就会被打断成多道梁或墙，给计算和出图带来麻烦，应尽量避免。

5. 楼板封闭原则

PKPM结构软件可以对全部房间自动生成楼板，前提是房间必须被梁或墙等构件封闭。不封闭的房间不能生成楼板（包括悬挑梁上的板），不能布置楼板荷载，不能布置板洞。

但受封闭楼板的限制，即使某些特殊建筑物构件封闭的范围内没有楼板，如厂房、体育场馆、塔架等，程序也会生成楼板，这时需要人工将房间板厚设置为0或进行全房间开洞处理。

1.5 PMCAD 软件的操作方式

下面介绍 PMCAD 中最重要和常用的功能键用法及坐标输入方式。

1. 鼠标

（1）鼠标左键：同键盘 Enter 键，用于确认、输入等。

（2）鼠标右键：同键盘 Esc 键，用于否定、放弃、返回等。

（3）鼠标中键：同键盘 Tab 键，用于功能转换，在绘图时为输入参考点。

2. 键盘功能键

（1）F1：帮助热键，提供必要的帮助信息。

（2）F4：垂直捕捉开关，打开或关闭垂直捕捉开关。

（3）F5：重新显示当前图形、刷新修改结果。

（4）F9：设置功能键参数，如设置捕捉角度、圆弧精度等。

3. 坐标输入方式

为方便坐标输入，PMCAD 也提供了多种坐标输入方式，如绝对、相对、直角或极坐标方式，各方式输入形式如下。

绝对直角坐标输入：$! X, Y, Z$ 或 $! X, Y$。

相对直角坐标输入：X, Y, Z 或 X, Y。

绝对柱坐标输入：$! R < A, Z$。

相对柱坐标输入：$R < A, Z$。

绝对极坐标输入：$! R < A$。

相对极坐标输入：$R < A$（R 为极距，A 为角度）。

绝对球坐标输入：$! R < A < A$。

相对球坐标输入：$R < A < A$。

直角坐标下还可以采用过滤坐标输入方式进行坐标输入，过滤坐标输入方式是在输入具体坐标值前面加上 *XYZ* 字母，如输入 *X*1000 表示只输入 *X* 方向相对坐标值 1000，*Y* 方向坐标值及 *Z* 方向坐标值不变；输入 *XY*1000，5000 表示只输入 *X* 方向相对坐标值 1000 和 *Y* 方向相对坐标值 5000，*Z* 方向坐标值不变；仅输入 *XYZ* 表示输入与上次坐标相同的坐标值。

　　提示：极坐标、柱坐标和球坐标不能过滤输入。

　　输入坐标时，几种方式最好配合使用。例如，输入一条直线，第一点由绝对坐标 (500，300)确定，在"输入第一点"的提示下在提示区键入"！500，300"，并按 Enter 键确认。第二点坐标希望用相对极坐标输入，该点位于第一点逆时针 60°方向，距离第一点距离为 2000。这时屏幕上要求输入第二点的相对坐标，在提示区输入"2000＜60"，并按 Enter 键确认，即完成第二点输入。

第2章

PMCAD 结构平面设计软件的应用

PMCAD 是 PKPM 系列 CAD 软件的基本组成模块之一，它采用人机交互方式，引导设计者逐层建立整栋建筑的数据结构。PMCAD 是整个结构 CAD 的核心，是多、高层空间三维分析和各类基础 CAD 的必备接口软件，也是建筑 CAD 与结构 CAD 的必备接口。

2.1 PMCAD 的基本工作方式

在学习使用 PMCAD 之前，首先要了解 PMCAD 的基本工作方式。本节将对 PMCAD 的操作过程、PMCAD 的文件管理及建模步骤等基本工作方式进行介绍。

2.1.1 PMCAD 的操作过程

双击 PKPM 快捷方式，进入 PKPM 主菜单，选择"结构"模块，并选择菜单左侧的"PMCAD"选项，使其变成蓝色，此时，菜单右侧将显示 PMCAD 主菜单，如图 2.1(也即图 1.2)所示。

可以移动光标到相关菜单，双击启动，或选中菜单中选项后，单击"应用"按钮启动。

主菜单的第 1 项作用是输入各类数据，第 2~7 项作用是完成各项功能。

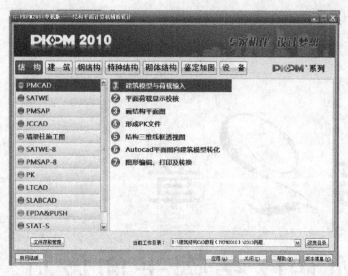

图 2.1　PMCAD 的主菜单

2.1.2　PMCAD 的文件管理

1. PMCAD 的文件创建与打开

PMCAD 的文件创建与打开方式与 AutoCAD 有所不同。具体操作方法如下。

（1）设置好工作目录，并启动 PMCAD。要设置当前工作目录，单击主菜单中的"改变目录"按钮，弹出如图 2.2 所示的"选择工作目录"对话框。

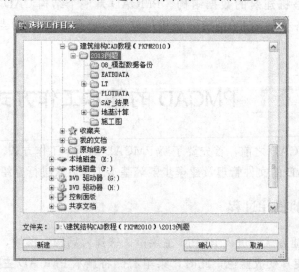

图 2.2　"选择工作目录"对话框

设计者要选择驱动器、目录，也可以直接在"目录名称"文本框中输入带路径的目录，单击"确定"按钮，即可设置好工作目录。设置工作目录后，首先应选择主菜单 1，这样可建立该项工程的整体数据结构，以后则可按任意顺序选择主菜单中的其他项。

（2）在屏幕提示的"请输入 pm 工程名"文本框中，输入要建立的新文件或要打开的旧文件名称，如"框架"，如图 2.3 所示，然后单击"确定"按钮，则可启动 PMCAD 建模程序。

图 2.3 PMCAD 交互式输入文件对话框

提示：不同的工程，应在不同的工作目录下运行，这是因为 PMCAD 使用中所产生的数据文件都保存在当前工作目录中，而且数据文件有许多是同名的。

2. PMCAD 的文件组成

一个工程的数据结构，是由若干 *.pm 和工程名 .* 的有格式或无格式的文件组成的。单击 PKPM 主菜单屏幕左下角处的"文件存取管理"按钮，可实现自动数据打包功能，即根据设计者挑选的要保存的文件类型，经设计者确认后按 WinZip 格式压缩打包，压缩文件也保存在当前目录下。设计者可以方便地将其复制到另一台机器的工作目录中，进行操作。

3. PMCAD 交互式输入的建模基本步骤

应用 PMCAD 人机交互方式输入建模，主要是选择 PMCAD 主菜单 1 的"建筑模型与荷载输入"选项，来完成前处理工作。选项 PMCAD 主菜单 1 选项，其右侧菜单如图 2.4 所示。PMCAD 对于建筑描述的一般过程：建立轴网，构件布置，荷载输入，复制结构标准层，输入设计参数，楼层组装，存盘退出。主菜单 1 的操作步骤如下（其详细具体的建模过程请参阅 2.2 节的介绍）。

1）轴线输入

利用绘图工具绘制建筑物整体的平面定位轴线，轴线可用直线、圆弧等在屏幕上绘出，正交轴网也可用对话框方式生成。

2）网格生成

程序会自动在轴线相交处计算生成节点（白色），两个节点之间的一段轴线称为网格线（红色）。这里，设计者可对程序自动分割所产生的网格和节点做进一步的修改。网格确定后即可给轴线命名。

3）楼层定义

进行各个结构标准层的平面布置，编辑修改和本层信息的设置。

图 2.4 "建筑模型"与"荷载输入"子菜单

结构标准层。凡是结构布置相同、荷载布置（不包括楼面均布荷载）相同的相邻楼层都应视为同一标准层，只需输入一次。

其下级菜单主要用于布置各种构件（柱、梁、墙、墙上洞口、支撑、次梁、层间梁），在每种构件布置前需要先定义构件的截面尺寸、材料等。两个节点之间的一段网格线上布置承重墙和不在同一标高上的多根梁）等构件，柱必须布置在节点上。

完成一个标准层的布置，一定要使用"换标准层"菜单，把已有的楼层全部或局部复制，再在其上接着布置新的标准层，这样可保证当各层组装在一起时，上下楼层的坐标系自动对位，从而实现上下楼层的自动对接。

4）荷载输入

在同一结构标准层上输入作用在梁、承重墙、柱和节点上的恒荷载和活荷载标准值，以及楼面恒荷载及活荷载标准值。

提示：程序可以自动计算梁、承重墙、柱的自重和楼面传导到梁、承重墙上的恒荷载和活荷载，因此这些荷载不应输入。

在选择了"自动计算现浇楼板自重"选项后，均布恒荷载中不应再计入楼板自重。

5）设计参数

输入必要的设计参数、材料信息、风荷信息和抗震计算信息等。

6）楼层组装

进行结构竖向布置。每一个实际楼层都要确定其属于哪一个结构标准层，其层高为多少。从而完成楼层的竖向布置。在这里还可以看到楼层组装后的三维实际效果图。

7）保存文件

确保上述各项工作不被丢弃的、必需的步骤，并生成 PMCAD 自身使用的工作数据文件。

2.2 建筑模型与荷载输入

本节将按照 2.1 节介绍的交互式输入结构建模的基本步骤，详细介绍应用 PMCAD 完成交互式输入结构模型与荷载的基本操作步骤。

选择 PMCAD 主菜单 1"建筑模型与荷载输入"选项，其右侧菜单如图 2.4 所示。分别选择各菜单项即可进行相关菜单的功能操作，选择"主菜单"选项即可从各项菜单回到主界面。下面将详细介绍右侧菜单区的各项菜单的基本操作。

提示：程序所输入的尺寸单位全部为毫米（mm）。

2.2.1 轴线输入

"轴线输入"菜单是整个交互输入程序最为重要的一环，只有在此绘制出准确的图形才能为以后的布置工作打下良好的基础。

"网格"是轴线交织后被交点分割成的小段红色线段。

"节点"是所有轴线相交处及轴线本身的端点、圆弧的圆心处的白色的点。

选择"轴线输入"选项，展开如图 2.5 所示的子菜单。

1. 节点

此选项用于直接绘制单个的白色节点，以供节点定位的构件使用，绘制是单个进行的，如果需要成批输入，则可以使用图编辑菜单进行复制。

【实例2.1】利用"节点"选项在直角坐标(1000，1000)处绘制一个节点。

(1) 选择"轴线输入/节点"选项。

(2) 在"请用光标输入点"提示下，输入"！1000，1000"，按Enter键输入一个节点。

(3) 按Esc键退出节点绘制菜单。

2．两点直线

此选项用于在任意指定的两点间绘制直轴线。

【实例2.2】利用"两点直线"选项绘制一条垂直轴线，轴线的长度为15000mm。

(1) 选择"轴线输入/两点直线"选项。

(2) 在"输入第一点"提示下，在屏幕上任一点处单击，即输入第一点。

(3) 在"输入下一点"提示下，输入"0，15000"按Enter键，即在屏幕上绘制了一条垂直轴线，如图2.6所示。

(4) 按Esc键退出两点直线绘制菜单。

3．平行直线

此选项适用于绘制一组平行的直轴线。首先绘制第一条轴线，以第一条轴线为基准输入复制的间距和次数，间距值的正负决定了复制的方向。以"向上、向右为正"，可以分别按不同的间距连续复制，提示区自动累计复制的总间距。

【实例2.3】绘制一组平行轴线，轴线长度为15000mm，轴线间距为3900mm，一共绘制6条。

(1) 选择"轴线输入/平行直线"选项。

(2) 在"输入第一点"提示下，在屏幕上任一点单击，即输入第一点。

(3) 在"输入下一点"提示下，输入"0，15000"，按Enter键，即在屏幕上绘制了一条垂直红色轴线。

(4) 在"复制间距，(次数)累计距离"提示下，输入"3900，5"，按Enter键，即在屏幕上绘制6条间距为3900的红色轴线，如图2.7所示。

(5) 按Esc键，退出该方向的平行直线绘制菜单。

4．折线

此选项适用于绘制连续首尾相接的直轴线和弧轴线，按Esc键可以结束一条折线，输入另一条折线或切换为切向圆弧。

图2.5 "轴线输入"子菜单

主菜单
轴线输入
节　点
两点直线
平行直线
折　线
矩　形
辐射线
圆　环
圆　弧
三点圆弧
正交轴网
圆弧轴网
轴线命名
轴线显示
梁板交点

图 2.6　两点直线　　　　　　　　　图 2.7　平行直线绘制

5．矩形

此选项适用于绘制一个与 X、Y 轴平行的闭合矩形轴线，它只需要两个对角的坐标，因此它比用"折线"绘制的相同轴线更快速。

6．辐射线

此选项适用于绘制一组辐射状直轴线。首先沿指定的旋转中心绘制第一条直轴线，输入复制角度和次数，角度的正负决定了复制的方向，以逆时针方向为正。可以分别按不同角度连续复制，提示区自动累计复制的总角度。

【**实例 2.4**】绘制一组辐射线，其旋转中心坐标为(0，0)，起始轴线的端点坐标为(2000，0)，长度为 5000mm，旋转角度 90°(每两条线间夹角 30°)，共 4 条线。

(1) 选择"轴线输入/辐射线"选项。

(2) 在"输入旋转中心点"提示下，单击屏幕上任一点。

(3) 在"输入第一点"提示下，输入"2000，0"，按 Enter 键，代表第一点与旋转中心的水平距离为 2000mm。

(4) 在"输入第二点"提示下，输入"5000，0"，按 Enter 键，代表第二点与第一点的距离为 5000mm。

(5) 在"输入复制角度增量，次数"提示下，输入"30，3"，按 Enter 键，代表逆时针以 30°的增量复制 3 次，形成如图 2.8 所示的图形。

(6) 双击 Esc 键结束操作。

7．圆环

此选项适用于绘制一组闭合同心圆环轴线。

在确定圆心和半径或直径的两个端点或圆上的 3 个点后可以绘制第一个圆。

输入复制间距和次数可绘制同心圆，复制间距值的正负决定了复制方向，以"半径增加方向为正"，可以分别按不同间距连续复制，提示区自动累计半径增减的总和。

【**实例 2.5**】绘制一组同心圆环(共 3 个圆环)，内圆半径为 2000mm，其他圆与内半径的差分别为 3000mm、7500mm。

(1) 选择"轴线输入/圆环"选项。

(2) 在"输入圆心或圆上一点"提示下，单击屏幕上任一点，即输入圆心。

（3）在"输入半径"提示下，输入"2000"，按 Enter 键，即绘制半径为 2000mm 的圆。

（4）在"复制间距，（次数）累计距离"提示下，输入"3000"，按 Enter 键。

（5）在"复制间距，（次数）累计距离"提示下，输入"4500"，按 Enter 键，形成如图 2.9 所示的图形。

（6）双击 Esc 键结束操作。

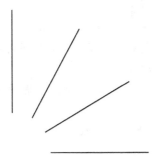

图 2.8　辐射线绘制

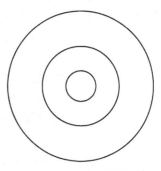

图 2.9　圆环轴网的绘制

8. 圆弧

此选项适用于绘制一组同心圆弧轴线。

输入圆弧圆心、半径及圆弧起始角、终止角的次序绘出第一条弧轴线，绘制过程中还可以使用热键直接输入数值或改变顺逆时针方向。

输入复制间距和次数，复制间距值的正负表示复制方向，以"半径增加方向为正"，可以分别按不同间距连续复制，提示区自动累计半径增减总和。

【实例 2.6】用"圆弧"菜单绘制轴线。

（1）选择"轴线输入/圆弧"选项。

（2）在"输入圆弧圆心"提示下，单击屏幕上任一点。

（3）在"输入圆弧半径，起始角"提示下，按 I 键，弹出输入数值对话框，如图 2.10 所示，输入"半径 5000，起始角 0°，终止角 90°"，按"确定"按钮，完成第一条弧轴线的绘制。

（4）在"输入复制间距，次数"提示下，输入"5000，3"按 Enter 键，形成如图 2.11 所示的图形。

（5）双击 Esc 键结束操作。

图 2.10　"圆弧"对话框

图 2.11　圆弧轴网绘制

9. 三点圆弧

此选项适用于绘制一组同心圆弧轴线。

按第一点、第二点、中间点或第一点、第二点、第三点的次序输入第一个圆弧轴线，绘制过程中还可以使用热键直接输入数值。

输入复制间距和次数，复制间距的正负表示复制方向，以"半径增加方向为正"，可以分别按不同间距连续复制，提示区自动累计半径增减总和。

【实例 2.7】接图 2.8 利用"三点圆弧"选项绘制轴线。

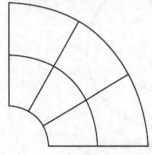

图 2.12　三点圆弧轴网绘制

(1) 选择"轴线输入/三点圆弧"选项。

(2) 在"输入圆弧起始点"提示下，用鼠标捕捉第一条辐射线的左端点(作为起始点)。

(3) 在"输入圆弧中间点或终止点"提示下，用鼠标捕捉竖向轴线的下端点。

(4) 在"输入圆弧中间点"提示下，用鼠标捕捉中间任一轴线内端点。

(5) 在"输入复制间距，次数"提示下，输入"2500，2"，按 Enter 键，形成如图 2.12 所示的图形。

(6) 双击 Esc 键结束操作。

提示：三点圆弧轴网以逆时针方向为正，因此圆弧的起始点和终止点应沿逆时针选取。

10. 正交轴网

此选项提供了快速建立正交的直轴线的方法。通过定义开间和进深形成正交网格，定义开间是输入横向定位轴线从左到右连续的各跨跨度，定义进深是输入纵向定位轴线从下到上的各跨跨度，跨度数据从屏幕上已有的常见数据中挑选，或从键盘输入。输完开间、进深后应再单击"确定"按钮，这时可形成一个正交轴网，将此轴线可移光标布置在平幕上任意位置，布置时可输入轴线的倾斜角度，也可以与已有网格捕捉连接。

选择"轴线输入/正交轴网"选项，弹出如图 2.13 所示的"直线轴网输入对话框"。

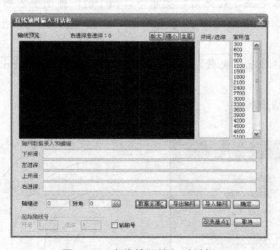

图 2.13　直线轴网输入对话框

提示："数据全清"按钮用于对话框数据输入错误较多时，重新输入数据。

【实例2.8】利用"正交轴网"选项绘制开间为3900、4200、4200、5000、5000，进深为7200、3000、7200的正交轴网。

（1）选择"轴线输入/正交轴网"选项。

（2）在如图2.13所示的"直线轴网对话框"中的"下开间"文本框中输入"3900，4200 * 2，5000 * 2"，在"左进深"文本框中输入"7200，3000，7200"。数据全部输入完成后，单击"确定"按钮即可布置设置后的轴网，如图2.14所示。

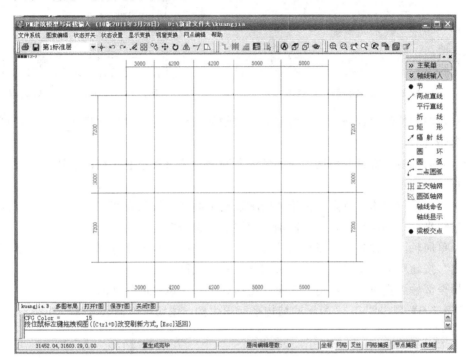

图2.14　布置好的正交轴网

11. 圆弧轴网

此选项用来绘制辐射线与圆弧相交的网格，即圆弧轴网。选择"轴线输入/圆弧轴网"选项，弹出如图2.15所示的"圆弧轴网"对话框。其中，"圆弧开间角"指轴线展开角度（逆时针为正），"进深"指沿半径增加方向的跨度，输入内半径，旋转角，单击"确定"按钮时，再输入径向轴线端部延伸长度和环向轴线端部延伸角度，完成圆弧轴网的输入。

根据需要在该对话框中分别设置"圆弧开间角"、"进深"项目下的"跨数 * 跨度"、"内半径"和"旋转角"参数。

（1）内半径。指环向最内侧轴线半径，作为起始轴线（mm）。

（2）旋转角。指径向第一条轴线起始角度，轴线按逆时针方向排列。

也可单击右侧"两点确定"按钮输入插入点，默认方式是以圆心为基准点，按Tab键可转换为以第一开间与第一进深的交点为基准点的布置方式。完成后单击"确定"按钮，弹出如图2.16所示的"轴网输入"对话框。

图 2.15　"圆弧轴网"对话框　　　　图 2.16　"轴网输入"对话框

（1）径向轴线端部延伸长度。为避免径向轴端节点置于内外侧环向轴线上，可将径向轴线两端延长。

（2）环向轴线端部延伸角度。为避免环向网格端节点置于起止径向轴线上，可将环向轴线延长一个角度。

（3）生成定位网格和节点。由于环向轴线是无始无终的闭合圆，因此程序将环向自动生成网格线来代表环向轴线，而径向轴线的网点可根据需要生成。

（4）单向轴网。如果环向或径向只定义了一个跨度，则该复选框将处于激活状态，单击"确定"按钮则只产生单向轴网，否则产生双向轴网。

数据全部输入完成后，单击"确定"按钮即可布置设置后的轴网。

【实例 2.9】现以图 2.17 所示的结构平面图为例，说明轴线输入的操作方法。

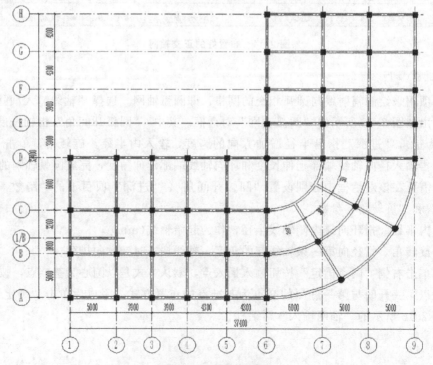

图 2.17　结构平面图

（1）绘制轴线①（用相对直角坐标输入 X、Y，单位为 mm）。

选择"轴线输入/平行直线"选项，屏幕左下角提示"输入第一点"，在屏幕的任意位置处单击，即输入 A 轴与①轴的交点，此时屏幕左下角提示"输入第二点"，再从键盘输入相对直角坐标"0，16000"，按 Enter 键，即可用相对直角坐标方法得到①轴。

（2）将①轴线向右平移复制。

屏幕左下角提示："输入复制间距，（次数）累计距离＝0.0，按 Esc 键取消复制"。

键入"5000"，按 Enter 键，得②轴线；

键入"3900，2"，按 Enter 键，得③轴线、④轴线；

键入"4300，2"按 Enter 键，得⑤轴线和⑥轴线；按 Esc 键，退出轴①平行直线复制状态。

（3）绘制 A、B、C、D 轴（①～⑥轴的轴线）。

移动光标至①轴下端，按 Enter 键，得 A 轴第一点，右移光标拉出黄色橡皮线至⑥轴下端，单击 Enter 键，得 A 轴第二点。

键入"5000，2"，按 Enter 键得 B、C 轴；键入"6000"，按 Enter 键，得 D 轴；按 Esc 键，退出 A 轴复制状态。

（4）绘制⑥～⑨轴。

移动光标到 D 轴与⑥轴的交点处并按 Enter 键，保持光标不动，当屏幕提示"输入第二点"时，输入"0，16400"，按 Enter 键，得⑥轴与 H 轴的交点。

屏幕左下角提示："输入复制间距，（次数）累计距离＝0.0，按 Esc 键，取消复制"。

键入"6000"，按 Enter 键，得⑦轴。

键入"5000，2"，按 Enter 键，得⑧轴和⑨轴；按 Esc 键，退出⑥轴复制状态。

（5）绘制 D 轴（⑥～⑨轴的轴线）、E、F、G、H 轴。

移动光标至 D 轴与⑥轴的交点并按 Enter 键，右移光标拉出黄色橡皮线至⑨轴下端单击 Enter 键得 D 第二点。

屏幕左下角提示"输入复制间距，（次数）累计距离＝0.0，按 Esc 键，取消复制"。

键入"3900，2"，按 Enter 键，得 E、F 轴；

键入"4300，2"，按 Enter 键，得 G、H 轴；按 Esc 键，退出 D 轴复制状态。

提示：鼠标左键＝Enter 键，用于确认、输入等。

鼠标右键＝Esc 键，用于否定、放弃、返回菜单等。

（6）用三点圆弧绘制 D 轴与⑥轴之间的圆弧。

选择"轴线输入/三点圆弧"选项

屏幕左下角提示"输入圆弧起始点"，移动光标至 C 轴与⑥轴的交点，按 Enter 键，得圆弧的起始点。

屏幕左下角提示"输入圆弧中间点或终止点"，移动光标至 D 轴与⑦的交点，按 Enter 键，得圆弧的终止点。

屏幕左下角提示"输入圆弧中间点（[M]改为输入圆弧终止点，直接输值：[A]-夹角/[R]-半径/[H]-矢高)"，输入 R 的值。

屏幕左下角提示"输入圆弧半径"，输入"6000"，按 Enter 键，得 C 轴与⑦轴之间的圆弧。

屏幕左下角提示"输入复制间距，（次数）累计距离＝0.0 按 Esc 取消复制"；键入"5000，2"，按 Enter 键，得 B 轴与⑧轴及 A 轴与⑨轴之间的圆弧。按 Esc 键，取消复制。

（7）绘制圆弧之间的斜轴线。

用相对极坐标（R＜A，其中 R 为极距，A 为角度，逆时针为正）输入斜轴线。

选择"轴线输入/两点直线"选项

屏幕左下角提示"输入第一点"，移动光标至 D 轴与⑥轴的交点处，按 Enter 键，得斜直线的第一点。

屏幕左下角提示"输入下一点"，输入"16000＜－60"，按 Enter 键（16000mm 为极距，－60 为角度）得一条斜直线。

屏幕左下角提示"输入第一点"，移动光标至 D 轴与⑥轴的交点处，按 Enter 键，得斜直线的第一点。

屏幕左下角提示"输入下一点"，输入"16000＜－30"，按 Enter 键，得一条斜轴线。按 Esc 键，退出两点直线输入状态。

选择"网点编辑/删除网格"选项，屏幕左下角提示"用光标选择目标（Tab 转换方式，Esc 返回）"，移动光标选择不需要的网格线，即删除多余的网格线。

提示：键盘上的 Tab 键用于功能转换，或在绘图时输入参照点。

（8）绘制 1/B 轴。

以①轴与 C 轴的交点为参照点向下平移 3200mm，选择"轴线输入/两点直线"选项，屏幕左下角提示"输入第一点"；移动光标至①轴与 C 轴的交点，按 Tab 键，捕捉①轴与 C 轴的交点作为参照点，从键盘输入相对坐标"0，－3200"；按 Enter 键，得直线的第一点，屏幕左下角提示"输入下一点"，键入"5000，0"，按 Enter 键，得 1/B 轴。

在得到 1/B 轴左端点后也可用光标输入第二点，右移光标拉伸橡皮线，为使其保持水平，按 F4 键，将光标移动至②轴并注意屏幕左下角的提示一定是 0°，按 Enter 键，即可得与②轴相交且垂直于②轴的一直线。

提示：F4 键为角度捕捉开关，交替控制角度捕捉方式是否打开。

【实例 2.10】以图 2.17 所示的结构平面图为例用"正交轴网"及"圆弧轴网"输入轴线。

（1）用"正交轴网"绘制⑥轴左边部分。

选择"轴线输入/正交轴网"选项，在弹出的"轴网数据录入和编辑"对话框中输入如图 2.18 所示的数据。单击"确定"按钮，即可输入轴线①～⑥及轴线 A、B、C、D 轴。

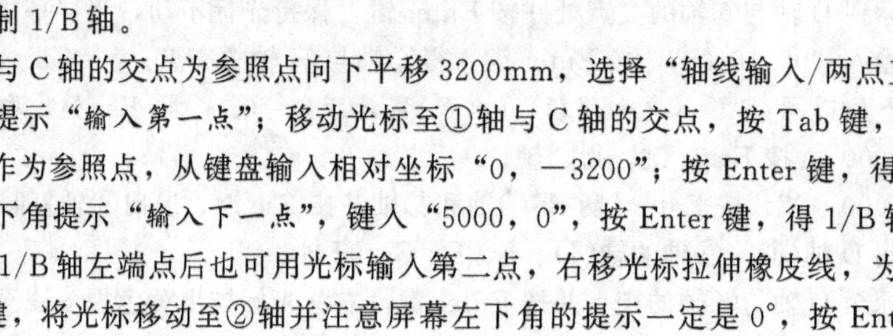

图 2.18 正交轴网的输入

（2）用"圆弧轴网"绘制⑥轴与D轴之间的轴网。

选择"轴线输入/圆弧轴网"选项，弹出"圆弧轴网"对话框，如图2.19所示，选中"圆弧开间角"单选按钮，跨数选择3，跨度选择30，然后单击"添加"按钮，进深及旋转角的输入如图2.19所示。单击"确定"按钮，在弹出的"轴网输入"对话框中选中"生成定位网格和节点"复选框，然后单击"确定"按钮。

屏幕左下角提示"请输入插入点(Tab改为基于交点)"，移动光标至⑥轴与D轴的交点处，按Enter键，然后单击"取消"按钮，关闭"圆弧轴网"对话框。

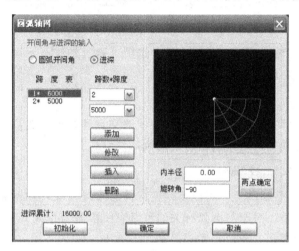

图2.19 "圆弧轴网"对话框

（3）用"正交轴网"绘制D轴以上部分。

选择"轴线输入/正交轴网"选项，在弹出的"轴网数据录入和编辑"对话框中输入如图2.20所示的数据，单击"确定"按钮。

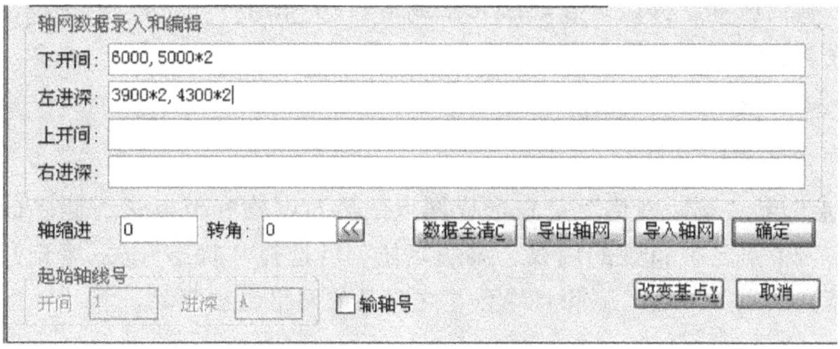

图2.20 正交轴网的输入

屏幕左下角提示"请插入轴网(A键——改变插入角度，B键——改变插入基点，R键——重新设计)"，移动光标到⑥轴与D轴的交点处并按Enter键，即输入轴线⑥～⑨及轴线D、E、F、G、H轴。

提示： 1/B轴的绘制及多余网格线的删除同实例2.9的操作。

2.2.2 网格生成

图 2.21 "网格生成"子菜单

选择"网格生成"选项,弹出如图 2.21 所示的子菜单。"网格生成"是指程序自动将绘制的定位轴线分割为网格和节点。凡是轴线相交处都会产生一个节点,轴线线段的起止点也作为节点。这里,设计者可对程序自动分割所产生的网格和节点进行进一步的修改、编辑等操作。网格确定后即可给轴线命名,下面介绍本菜单的主要功能。

1. 轴线显示

"轴线显示"是一个开关选项,通过轴线显示可以绘出各建筑轴线并标注各跨跨度和轴线号。

2. 形成网点

"形成网点"将红色网格线的交点和端点变为白色节点,该功能也会在轴线输入结束退出时自动执行。

3. 平移网点

"平移网点"可以不改变构件的布置情况,而对轴线、节点、间距进行调整。对于与圆弧有关的节点应使所有与该圆弧有关的节点一起移动,否则圆弧的新位置无法确定。

4. 删除轴线

"删除轴线"仅删除轴线的命名,并不是将轴线从图中删除。操作过程如下。

(1) 选择"网格生成/删除轴线"选项。

(2) 在"请用光标选择轴线"提示下,选择要删除轴线号的轴线。

(3) 在"轴线选中,确认是否删除此轴线名?(Y[Ent]/N[Esc])"提示下,键入 Y,即可将该轴线名删除。

(4) 按 Esc 键退出。

5. 删除节点和删除网格

"删除节点"和"删除网格"是在形成网点图后对网格和节点进行删除的选项,删除节点的过程中若节点已被布置的墙线、梁线挡住,可选择"状态开关/填充开关"选项使墙线变为非填充状态。节点的删除将导致与之联系的网格也被删除。

6. 轴线命名

"轴线命名"是在网点生成之后为轴线命名的选项。在此输入的轴线名将在施工图中使用,而不能在此选项中进行标注。

(1) 逐条输入轴线名。逐一单击每个网格,为其所在的轴线命名。

(2) 成批输入轴线。对于平行的直轴线可以在按 Tab 键后进行成批的命名,这时程序要求点取相互平行的起始轴线及虽然平行但不希望命名的轴线,点取之后输入一个字母或数字后程序自动顺序地为轴线编号。对于数字编号,程序将只取与输入的数字相同的位数。轴线命名完成后,按 F5 键刷新屏幕。

【实例 2.11】对图 2.17 所示的结构图进行轴线命名。

(1) 选择"网格生成/轴线命名"选项。

(2) 在"请用光标选择轴线(Tab 成批输入)"提示下,按 Tab 键,转换到成批命名轴线方式。

(3) 在"移光标点取起始轴线"提示下,移动光标点取轴线①,此时轴线以黄色显示。

(4) 在"移光标去掉不标的轴线(Esc 没有)"提示下,按 Esc 键。

(5) 在"输入起始轴线名"提示下,输入"1",按 Enter 键,即输入轴线名①~⑨。

(6) 在"移光标点取起始轴线"提示下,移动光标单击 A 轴。

(7) 在"移光标去掉不标的轴线(Esc 没有)"提示下,移动光标单击 1/B 轴。

(8) 在"移光标去掉不标的轴线(Esc 没有)"提示下,按 Esc 键。

(9) 在"输入起始轴线名"提示下,输入"A",按 Enter 键,即输入 A~H 轴。

(10) 单击鼠标右键退出轴线成批输入状态。

(11) 在"请用光标选择轴线(Tab 成批输入)"提示下,移光标单击 1/B 轴。

(12) 在"轴线选中,输入轴线命"提示下,键盘输入"1/B",按 Enter 键。

(13) 右击退出轴线命名状态。

提示:同一位置上在施工图中出现的轴线名称,取决于这个工程中最上一层(或最靠近顶层)中命名的名称,所以当想修改轴线名称时,应重新命名靠近顶层的层。

7. 网点查询

"网点查询"用对话框形式显示指定的网点属性。

8. 网点显示

"网点显示"用于显示所有网点的编号和坐标值,在形成网点之后,在每条网格上显示网格的编号和长度,即两节点的间距。帮助设计者了解网点生成的情况。如果文字太小,可执行显示放大后再选择此选项。

9. 节点距离

"节点距离"是为了改善由于计算机精度有限产生意外网格的选项。如果有些工程规模很大或带有半径很大的圆弧轴线,则"形成网点"选项会由于计算误差、网点位置不准而引起网点混乱,此时应选择此选项。程序要求输入一个归并间距,一般输入 50mm 即可,这样,凡是间距小于 50mm 的节点都被归并为同一个节点,程序初始值设定为 50mm。

提示:程序在后面的菜单形成各层房间或导荷载时,如果出现异常情况,则最常见的原因是网格网点混乱。在这里改变节点距离并重新形成各层网格节点是解决问题的方法之一。

10. 节点对齐

"节点对齐"将上面各标准层的各节点与第一层的相近节点对齐,归并的距离就是上面定义的节点距离,用于纠正上面各层节点网格输入不准确的情况。

11. 上节点高

上节点高即本层在层高处相对于楼层高的高差，程序隐含为每一节点高位于层高处，即其上节点高为零。改变上节点高，也就改变了该节点处的柱高和与之相连的墙、梁的坡度。用该菜单可处理坡屋顶。

选择"网格生成/上节点高"选项，弹出"设置上节点高"对话框，如图 2.22 所示。

(1) 上节点高值。指直接输入本层在层高处相对于楼层高的高差，单位为 mm。

(2) 指定两个节点，自动调整两点间的节点：指定同一轴线上两个节点的升降值，按线性插值自动调整两节点间的其他节点的升降值。

(3) 先指定三个点确定一个平面，然后选择要将上节点高调整到该平面上的节点：指定三个点的升降值，根据这三个点形成的斜面，按线性插值自动调整其他节点的升降值。

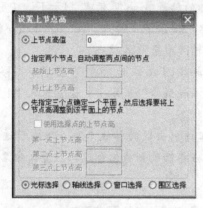

图 2.22　"设置上节点高"对话框

12. 清理网点

"清理网点"将清除本层平面上没有用到的网格和节点。程序会把没有布置构件的网格和节点自动删除，如做辅助线用的网格、从别的层复制来的网格等得到清理。

2.2.3　楼层定义

工程设计中采用的所有梁、柱、承重墙、斜杆、洞口、次梁、楼板及结构标准层的基本信息均需在此菜单中定义并在前面完成的节点网格轴线图上布置构件，添加复制或删除结构标准层并可以对结构标准层进行编辑修改。

选择屏幕右侧的"楼层定义"选项，弹出"楼层定义"子菜单，如图 2.23 所示。下面对本菜单中的主要功能进行讲解。

1. 构件布置要点

所有构件的定义、布置、修改等工作均通过选择此菜单中的选项完成。

(1) 所有构件都需要先定义后布置，修改构件定义，已布置的构件会做相应改变。

(2) 各种构件的定位方式和布置要求不同。

① 柱。必须布置在节点上，每个节点上只能布置一根柱(后布置的柱替换先布置的柱)，默认柱高同层高。

② 主梁。必须布置在网格上。默认梁长为两节点间的距离，如梁两端标高为"0"，梁顶面与楼层同高，在一段网格线的不同标高处可布置多根梁。

③ 墙。必须布置在网格线上，一段网格线上只能布置一道墙，墙的长度即是两节点之间的距离，墙高与楼层同高。

④ 洞口。门、窗洞口也必须布置在网格上，该网格线上还应布置墙。可在一段网格上布置多个洞口，但程序会在两洞口之间自动增加节点，如洞口跨越节点布置，则该洞口会被节点截成两个标准洞口。

⑤ 楼板。板顶面与楼层同高，板厚取本层信息中的设置值。除现浇板外，还可以布置预制板。

⑥ 悬挑板。程序允许布置任意宽度的矩形悬挑板和自定义多边形悬挑板。一段网格线只能布置一块悬挑板。

⑦ 板洞。必须布置在有楼板的房间内，可以全房间开洞，也可以布置矩形、圆形和任意形状的板洞。

图2.23 "楼层定义"子菜单

提示： 板洞布置以节点为参照点，可以指定布置板洞的偏心和转角；"全房间洞"选择不仅对选择房间的楼板开洞，还能扣除楼板荷载；"修改板厚"选项将房间板厚设置为0，相当于全房间楼板开洞，但楼板荷载保留，楼梯间的处理常将板厚设置为0。

斜杆。斜杆支撑有两种布置方式，即按节点布置和按网格布置。斜杆在本层布置时，其两个端点的高度可以任意，即可越层布置，也可水平布置，用输标高的方法来实现。

提示： 斜杆两端点所用的节点，不能只在执行布置的标准层有，承接斜杆另一端的标准层也应标出斜杆另一端的节点。斜杆端点应在楼层处，不应在层间，否则计算时不予考虑。

次梁。次梁布置时是选取它首、尾两端相交的主梁或墙构件，连续次梁的首、尾两端可以跨越若干跨一次布置，不需要在次梁下布置网格线，次梁的顶面标高和与它相连的主梁或墙构件的标高相同。

2. 构件布置参数设置

通过无模式对话框设置构件布置的角度、沿轴偏心和偏轴偏心等参数。构件需要偏心布置时，也可以通过"偏心对齐"菜单实现构件之间的对齐操作。

3. 构件布置的4种基本方式

（1）光标方式。指构件布置在光标选中的节点或网格线上。

（2）轴线方式。指构件布置在光标选中轴线的所有节点或网格线上。

（3）窗口方式。指构件布置在矩形窗口内的所有节点或网格线上。

（4）围区方式。指构件布置在任意多边形围栏内的所有节点或网格线上。

选择构件布置方式可以通过连续按Tab键选择，也可以在对话框中选择。熟练掌握和灵活运用4种构件布置方式，对快速正确建模十分重要。

【实例 2.12】定义 500mm×500mm、600mm×600mm 的矩形截面及直径为 500mm 的圆形截面柱并进行柱布置。

（1）选择"楼层定义/柱布置"选项，弹出"柱截面列表"对话框，如图 2.24 所示。

（2）单击"新建"按钮，弹出如图 2.25 所示的柱截面参数对话框。

（3）程序默认的截面类型"1"是矩形截面。如果要修改截面类型，可单击"截面类型"下拉按钮，弹出如图 2.26 所示的柱截面类型列表框，单击要选择的截面类型即可。

图 2.24 "柱截面列表"对话框

图 2.25 柱截面参数对话框

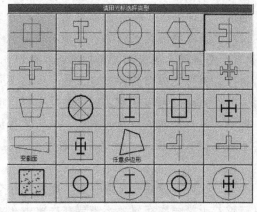

图 2.26 柱截面类型列表框

（4）不同的截面类型，需要输入不同的参数，本例的 500mm×500mm 的矩形截面柱按图 2.25 定义。

（5）单击"确定"按钮后，在"柱截面列表"对话框中显示该柱。

（6）重复上述步骤，再定义截面尺寸为 600mm×600mm 的柱截面。

（7）单击"截面类型"下拉按钮，在柱截面类型列表框中选择"3"号圆形截面，弹出圆形截面对话框，在"圆形直径"文本框中输入"500"，在"材料类别（1−99）"下拉列表框中选择"6：混凝土"，单击"确定"按钮退出柱截面定义对话框，回到"柱截面列表"对话框。

（8）在对话框中选取某一种截面后，再单击"布置"按钮将它布置到需要的网点上。当布置柱时，选取柱截面后，弹出柱偏心信息对话框，如图 2.27 所示，如果需要输入偏心信息，则应在对话框中的文本框中输入信息，该值将作为今后布置柱的隐含值直到下次被修改。

① 沿轴偏心。沿柱截面宽度方向（转角方向）的偏心，柱截面的形心与轴线间的距离以右偏为正。

② 偏轴偏心。沿柱截面高度方向的偏心，柱截面的形心与轴线的距离以向上为正。

③ 轴转角。柱宽边方向与 X 轴的夹角，逆时针为正。

④ 柱底高。柱底相对于本层层底的高度，低于层底为负值，可以通过柱底标高的调整实现越层柱的建模。

图2.27 柱偏心信息对话框

程序取柱顶高度为本层层高，当柱所在节点上有上节点高的调整时，柱高跟随上节点高的调整。

【实例2.13】定义截面尺寸为 250mm×600mm、200mm×450mm、250mm×650mm、250mm×700mm 的矩形截面混凝土梁并布置到需要的网格线上。

（1）选择"楼层定义/主梁布置"选项，弹出"梁截面列表"对话框，如图2.28所示。

（2）单击"新建"按钮，弹出梁截面定义对话框，设定截面类型为矩形，为1，梁宽为250mm、梁高为600mm，设定材料类别为6（混凝土）。定义完成后单击"确定"按钮，返回"梁截面列表"对话框。

（3）重复上述步骤建立梁宽为200mm、梁高为450mm，梁宽250mm、梁高650mm，梁宽250mm、梁高700mm 的梁截面，如图2.28所示。

（4）在对话框中选取某一截面后，再单击"布置"按钮将它布置到需要的网格线上。当布置主梁时，选取梁截面后，弹出主梁布置信息对话框，如图2.29所示。

① 偏轴距离。可以输入偏心的绝对值，布置梁时，光标偏向网格的哪一边，梁就偏向哪一边。

② 梁顶标高1和梁顶标高2。梁左（下）端和右（上）端离该结构标准层面的标高，以上移为正。

③ 轴转角（度）。本参数控制布置时梁截面绕截面中心的转角。

图2.28 "梁截面列表"对话框

图2.29 主梁布置信息对话框

提示：通过修改梁顶两端点的标高，可以生成越层斜梁和层间梁；错层结构要通过增加标准层的方法来建模，不能用修改梁顶标高的方式建模。

【实例2.14】定义厚度为 300mm、240mm、200mm，墙高为层高的混凝土剪力墙，并将其布置在需要的网格线上。

（1）选择"楼层定义/墙布置"选项，弹出"墙截面列表"对话框，如图2.30所示。

（2）单击"新建"按钮，弹出墙截面参数对话框，如图2.31所示，设定墙厚为"300"，墙高为"0"，材料类别为"6：混凝土"，定义完成后单击"确定"按钮。

图2.30 "墙截面列表"对话框

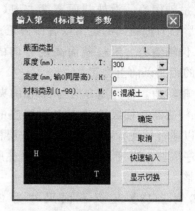

图2.31 墙截面参数对话框

（3）重复上述步骤，定义截面尺寸为240mm、200mm的混凝土墙，如图2.30所示。

（4）在"墙截面列表"对话框中，选中要布置的墙截面，单击"布置"按钮，弹出墙布置信息对话框，如图2.32所示。其中，偏轴距离指墙截面中心线与网格线的距离。

（5）选择某一墙截面后，再单击"布置"按钮将它布置到需要的网格线上。

提示：这里的墙指的是承重墙，框架填充墙的重量应作为梁间荷载输入；本层墙指的是本层楼板以下的墙。

图2.32 墙布置信息对话框

图2.33 "洞口截面列表"对话框

【实例2.15】定义底层门洞尺寸为1800mm×2400mm、1000mm×2400mm，洞口底标高为700mm；窗洞尺寸为1500mm×1500mm，洞口底标高为1600mm，并将其布置到剪力墙上。

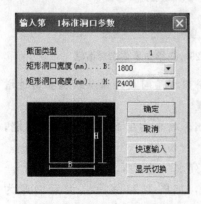

图2.34 洞口参数对话框

（1）选择"楼层定义/洞口布置"选项，弹出"洞口截面列表"对话框，如图2.33所示。

（2）单击"新建"按钮，弹出洞口参数输入对话框，输入门洞宽度为"1800"，门洞高度为"2400"，如图2.34所示。单击"确定"按钮，返回"洞口截面列表"对话框。

（3）重复步骤（2），定义尺寸为1000mm×2400mm、1500mm×15000mm的洞口，如图2.33所示。

（4）选中要布置的门洞 1800mm×2400mm，单击"布置"按钮，弹出洞口布置信息对话框，如图 2.35 所示。选择居中布置，底标高输入"700"，采用窗口方式将洞口布置在需要的剪力墙上。

图 2.35 洞口布置信息对话框

（5）重复步骤(4)布置门洞 1000mm×2400mm，窗洞 1500mm×1500mm 到需要的剪力墙上。

① 定位距离。布置洞口时，可以在洞口布置信息对话框中输入定位信息。

② 定位方式。有左端定位方式、中点定位方式、右端定位方式和随意定位方式，如果定位距离大于 0，则为左端定位；若输入 0，则该洞口在该网格线上居中布置；若输键入一个小于 0 的负数（如−D），程序将该洞口布置在距该网格右端为 D 的位置上。如需洞口紧贴左或右节点布置，可输入 1 或−1；如第一个数输入一大于 0 小于 1 的小数，则洞口左端位置可由光标直接单击确定。

③ 底部标高。洞口底部相对于该结构标准层的标高。

在结构标准层中布置剪力墙或承重砖墙洞口时，其洞口的底部标高是指与该结构层标高的相对高度。布置窗洞口时，需考虑窗台距楼(地)面的高度；门洞口与结构层标高相同，为零。对于底层需考虑基础顶至地面的距离，洞口的底部标高应由基础顶至洞口底部。例如，假定底层窗台高 900mm，±0.000 到基础顶面的距离为 700mm，则窗洞的底部标高应输入 1600mm，门洞的底标高应输入 700mm。

提示：本层洞口指的是本层楼板以下承重墙上的洞口。

【实例 2.16】次梁布置。

（1）次梁与主梁采用同一套截面定义的数据，如果对主梁的截面进行定义、修改，则次梁也会随之修改。

（2）选择"楼板生成/次梁布置"选项后，已有的次梁将会以单线的方式显示。

按屏幕左下角的提示信息，逐步输入次梁的起点、终点后即可输入次梁。

屏幕左下角接着提示"输入复制间距，(次数)累计距离＝"，如果不继续输入次梁，右击退出即可。

提示：次梁的端点一定要搭接在梁或墙上，否则悬空的部分传入后面的模块时将被删除。如果次梁跨过多道梁或墙，则传入后面的模块后，次梁自动被这些杆件打断，但在本模块中仍作为一个杆件。

因为次梁定位时不靠网格和节点，而是捕捉主梁或墙中间的一点，所以经常需要对该点进行准确定位。常用到的方法就是"参照点定位"，可以用主梁或墙的某一个端节点作为参照点。首先将光标移动到定位的参照点上，按 Tab 键后，鼠标指针即捕捉到参照点，再根据提示输入相对坐标值即可得到精确定位。

【实例 2.17】定义矩形截面尺寸为 300mm×350mm，300mm×300mm 的混凝土斜杆并布置到需要的网格线上。

(1) 选择"楼板生成/斜杆布置"选项，弹出"斜杆截面列表"对话框，如图 2.36 所示。

(2) 单击"新建"按钮，弹出斜杆截面参数对话框，如图 2.37 所示，输入截面宽度"300"，截面高度"350"，材料类别选择"6：混凝土"，输入完成后单击"确定"按钮，返回"斜杆截面列表"对话框。

图 2.36 "斜杆截面列表"对话框

图 2.37 斜杆截面参数对话框

(3) 重复步骤(2)，完成截面尺寸为 300mm×300mm 的斜杆截面定义。

(4) 选中要布置的截面，单击"布置"按钮，弹出"斜杆布置参数"对话框，如图 2.38 所示。输入布置的参数信息，完成斜杆的布置。

提示：斜杆两个端点所用的节点，不能只在执行布置的标准层有，承接斜杆另一端的标准层也应标出斜杆另一端的节点。斜柱可按斜杆输入。

4. 楼板生成

"楼板生成"子菜单按本层信息中设置的板厚值自动生成各房间楼板，同时产生了由主梁和承重墙围成的各房间信息。本菜单可用于在各标准层楼面进行楼板开洞、修改板厚、楼板错层、悬挑板布置等。"楼板生成"子菜单如图 2.39 所示。

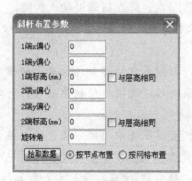

图 2.38 "斜杆布置参数"对话框

图 2.39 "楼板生成"子菜单

(1) 生成楼板。选择"楼板生成/生成楼板"选项，可自动生成本标准层结构布置后的各房间楼板，板厚默认取"本层信息"中设置的板厚值。

（2）楼板错层。对于卫生间、厨房等房间，通常将楼板进行错层处理。

选择"楼板生成/楼板错层"选项后，每块楼板上标出其错层值，弹出"楼板错层"对话框，如图2.40所示，输入错层高度后，单击需要修改的房间即可完成楼板错层定义。

（3）修改板厚。选择"楼板生成/修改板厚"选项，每块楼板上标出其当前板厚，并弹出"修改板厚"对话框，如图2.41所示。输入板的厚度值后，在图形上单击需要修改的房间即可。

图2.40 "楼板错层"对话框   图2.41 "修改板厚"对话框

（4）板洞布置。板洞的布置方式与一般构件类似，需要先进行洞口形状的定义，再将定义好的板洞布置到楼板上。

选择"楼板生成/板洞布置"选项，弹出板洞参数对话框，如图2.42所示。在对话框中输入洞口的宽度和高度，单击"确定"按钮，即可定义好一个洞口，图2.43所示。

图2.42 板洞参数对话框   图2.43 "楼板洞口截面列表"对话框

单击要布置的楼板洞口截面，单击"布置"按钮，弹出板洞布置对话框，如图2.44所示。

① 沿轴偏心。指洞口的插入点与布置节点的 X 向相对距离。

② 偏轴偏心。指洞口的插入点与布置节点的 Y 向相对距离。

③ 轴转角。指洞口图形相对于其布置节点水平向的转角（逆时针为正，顺时针为负），有转角时，此处设置的偏心值指洞口插入点在旋转后的局部坐标系中相对于原点的偏移。

图2.44 板洞布置对话框

提示：洞口布置时的参照物不是房间，而是节点，即布置过程中鼠标捕捉的是房间周围的节点而非房间或楼板本身；矩形洞口插入点在屏幕左下角，圆形洞口插入点为圆心，自定义多变形的插入点在多边形中由人工指定。

(5) 全房间洞。指将房间全部设置为开洞。当某房间设置了全房间洞时，该房间楼板上布置的其他洞口将不再显示。全房间开洞时，相当于该房间无楼板，也无楼板恒荷载和活荷载。当建模中不需在该房间布置楼板，但要保留该房间楼面恒荷载和活荷载时，可将该房间楼板厚度设置为0。

提示： 楼梯间常将楼板厚度设置为0。

(6) 布悬挑板。用于布置悬挑板，如阳台、雨棚挑板等。

悬挑板的布置方式与梁、柱等构件类似，需要先进行悬挑板形状的定义，再将定义好的悬挑板布置到楼面上，悬挑板的截面参数对话框如图 2.45 所示、布置参数对话框如图 2.46 所示。

图 2.45　悬挑板截面参数对话框

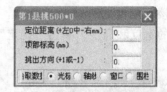

图 2.46　悬挑板布置参数对话框

(7) 布预制板。需要先选择"楼板生成/生成楼板"选项，在房间上生成楼板信息。预制板的布置方式有以下两种。

① 自动布板方式。输入预制板宽度(每间可有 2 种宽度)、板缝的最大宽度限制与最小宽度限制。由程序自动选择板的数量、板缝，并将剩余部分做成现浇带放在最右或最上，如图 2.47 所示。

图 2.47　自动布板

② 指定布板方式。由设计者指定本房间中楼板的宽度和数量、板缝宽度、现浇板带所在位置，只能指定一块现浇带。

5. 本层信息

此子菜单是每个结构标准层必须做的操作，用于输入和确认以下结构信息：板厚，板混凝土保护层厚度，梁、板、柱及剪力墙混凝土强度等级，梁柱钢筋强度等级，本标准层层高，如图2.48所示。"本标准层层高"仅用来"定向观察"某一轴线立面时作为立面高度的参考值，各层层高的数据应在"楼层组装"子菜单中输入。

提示： 板厚不仅可用于计算板配筋，还可用于计算板自重。

6. 材料强度

材料强度初设值可在"本层信息"内设置，而对于与初设值强度等级不同的构件，则可用本菜单中提供的"材料强度"选项进行赋值。

选择"材料强度"选项，弹出"构件材料设置"对话框，如图2.49所示。

图2.48 本标准层信息输入对话框　　图2.49 "构件材料设置"对话框

该对话框目前支持的内容包括修改墙、梁、柱、斜杆、楼板、悬挑板、圈梁的混凝土强度等级和修改柱、梁、斜杆的钢号。

提示： 如果构件定义中指定了材料是混凝土，则无法指定这个构件的钢号。对于型钢混凝土构件，二者都可指定。当在"构件材料设置"对话框的构件类型列表框中选择了一类构件时，图形上将标出所有该类构件的材料强度。

7. 本层修改

对已布置好的构件做删除或替换的操作，删除的方式也有4种，即逐个单击、沿轴线单击、窗口单击和任意开多边形单击。替换就是把平面上某一类型截面的构件用另一类截面替换，"本层修改"子菜单如图2.50所示。

（1）错层斜梁。指某些不位于层高处的梁。

选择"本层修改/错层斜梁"选项，可把已输入的梁逐个或成批调整为错层斜梁。

（2）构件替换和构件查改。构件替换是将平面上已布置的某一类截面的构件用另一类截面替换;构件查改是选取已布置的构件,程序自动显示构件位置信息、详细参数、截面类型等数据,可对构件信息进行查询和修改。

8. 层编辑

该子菜单用于对已建的结构标准层进行编辑、删除、复制等操作,也可用于在某结构标准层之前插入新的标准层,或将其他工程中建立的标准层复制到当前工程的结构标准层中。"层编辑"子菜单如图 2.51 所示。

图 2.50   "本层修改"子菜单   图 2.51   "层编辑"子菜单

(1) 删标准层。指删除所选标准层。

(2) 插标准层。在指定标准层后插入一个标准层,其网点和构件布置可从指定标准层上选择复制。

(3) 层间编辑。可使操作在多个或全部标准层上同时进行,省去来回切换到不同标准层再选择同一选项的麻烦,如需在 1~20 标准层上的同一位置加一根梁,则可先在"层间编辑"子菜单定义编辑 1~20 层,只需在一层布置梁后增加该梁的操作,使其自动在第 1~20 层做出,不但操作简化,而且可免除逐层操作造成的布置误差。类似操作还有绘轴线,布置、删除构件,移动、删除网点,修改偏心等。

选择"层编辑/层间编辑"选项,弹出"层间编辑设置"对话框,如图 2.52 所示,可对层间编辑表进行增删操作,全部删除的效果就是取消层间编辑操作。

在层间编辑状态下,每一个操作程序都会弹出"请选择"对话框,如图 2.53 所示,用来控制对其他层的相同操作。如果取消层间编辑操作,则单击"(5)消除层间编辑"按钮即可。

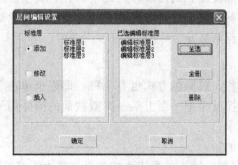

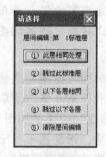

图 2.52   "层间编辑设置"对话框   图 2.53   "请选择"对话框

（4）层间复制。指可把某个标准层上的构件复制到指定的其他标准层中。

选择"层编辑/层间复制"选项，弹出一个对话框，可在该对话框中对层间复制表进行增删操作。

提示：只选要复制的标准层，被复制构件的标准层不选。

（5）工程拼装。可利用已经设置好的工程，把它们拼装在一起成为新的工程，从而简化建筑模型的输入。

提示：如果不是竖向拼装，而是平面拼装，则要使拼装工程和当前工程的层信息保持一致。

（6）单层拼装。指在结构层布置时可利用已经输好的楼层，把它们拼装在一起成为新的标准层，从而简化楼层布置的输入。

9. 截面显示

"截面显示"通过开关控制，即每单击一次开关可实现开和关的切换，程序隐含对绘在图上的构件截面显示，对截面数据尺寸不显示。显示内容有数据和截面两类。显示的数据有构件的截面尺寸和偏心。不显示的截面是把某一类构件从图面上关掉，如使柱在平面上显示，如图2.54所示。在图2.54中选中复选框表示在图中显示柱和柱截面尺寸。在显示了平面构件的截面和偏心数据后可用子菜单中的"打印绘图"选项输出这张图，便于数据的随时存档。

除此之外，单击主界面工具栏中的📇按钮，弹出"请选择"对话框，如图2.55所示，可以控制各类构件显示与否。

图2.54　"柱显示开关"对话框

图2.55　设置构件是否显示

10. 绘墙线、绘梁线

这里可以把墙、梁的布置连同它上面的轴线一起输入，省去先输入轴线再布置墙、梁的两步操作，简化为一步操作。

11. 偏心对齐

根据布置的要求自动完成偏心计算与偏心布置。

（1）柱上下齐。当上下层柱的尺寸不一样时，可按上层柱对下层柱某一边对齐（或中心对齐）的要求自动计算出上层柱的偏心并按该偏心对柱的布置自动修正。此时如选择了"层间编辑"选项可使从上到下各标准层的某些柱都与第一层的柱某边对齐。因此设计者布置柱时可先省去偏心的输入,在各层布置完后再用本选项修正各层柱偏心。

(2)梁与柱齐。可使梁与柱的某一边自动对齐,按轴线或窗口方式选择某一列梁时,可使这些梁全部自动与柱对齐,这样在布置梁时不必输入偏心,省去人工计算偏心的过程。

这里一共有 12 项对齐操作的选项,分别是柱上下齐,柱与柱齐,柱与墙齐,柱与梁齐,梁上下齐,梁与梁齐,梁与柱齐,梁与墙齐,墙上下齐,墙与墙齐,墙与柱齐,墙与梁齐。设计者可以根据工程的需要,对不同的构件采取不同的对齐方式。

图 2.56 "选择插入哪层前"对话框

12. 换标准层

完成一个标准层平面布置后,换标准层用于一个新的标准层的输入,新标准层应在旧标准层的基础上输入,以保证上下节点网格的对应,为此应将旧标准层的全部或一部分复制成新的标准层,在此基础上修改,如图 2.56 所示。

复制标准层时,可将一层全部复制,也可只复制平面的某一部分或某几部分,当局部复制时,可按照光标、轴线、窗口、围栏 4 种方式选择复制的部分。复制标准层时,该层的轴线也被复制,可对轴线增删、修、改,再形成网点生成该层新的网格。

"换标准层"也可以选择下拉列表框中的第 N 标准层选项进行设置,如图 2.57 所示。

图 2.57 第 N 标准层的选取

13. 楼梯布置

《建筑抗震设计规范》(GB 50011—2010)第 3.6.6.1 条规定:"计算模型的建立、必要的简化计算与处理,应符合结构的实际工作状况;计算中应考虑楼梯构件的影响。"条文说明中指出:"考虑到楼梯的梯板等具有斜撑的受力状态,对结构的整体刚度有较明显的影响,建议在结构计算中予以适当考虑。"

程序实现楼梯参与整体计算的方式:在 PMCAD 的模型中输入楼梯,程序自动将楼梯转化为折梁,再接力 SATWE 等模块进行结构分析计算,即包含了楼梯构件的影响。

"楼梯布置"子菜单如图 2.58 所示,各选项功能如下所述。

图 2.58 "楼梯布置"子菜单

（1）楼梯布置。选择"楼梯布置/楼梯布置"选项，程序提示设计者选择楼梯所在的四边形房间，确认后，程序弹出楼梯设计对话框，如图 2.59 所示。修改楼梯参数后，单击"确定"按钮完成楼梯定义与布置。程序提供的楼梯类型有双跑或平行的三跑、四跑。

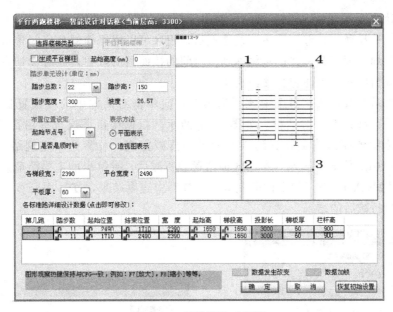

图 2.59　楼梯设计对话框

（2）楼梯修改。用于对布置好的楼梯各参数进行修改。

（3）楼梯删除。删除已布置的楼梯。

（4）层间复制。程序要求复制楼梯的各层层高相同，且必须布置和上跑梯板相接的杆件。

提示：如果设置了楼梯底标高，则要注意在"与基础相连的构件最大底标高"中正确输入参数，确保楼梯底部嵌固。

2.2.4　荷载输入

该菜单输入结构标准层上的各类荷载，包括楼面恒、活荷载，非楼面传来的梁间荷载、次梁荷载、柱间荷载、墙间荷载、节点荷载，人防荷载及吊车荷载。输入的是荷载标准值。"荷载输入"菜单如图 2.60 所示。

提示：只有结构布置与荷载布置（不包括楼面荷载）都相同的楼层才能定义为同一结构标准层。设计时一般楼、屋面层梁间荷载不同，应定义不同的结构标准层。

各选项的功能具体如下。

1. 层间复制

"层间复制"可以将其他标准层上输入的构件或节点上的荷载复制到当前标准层，当两层之间某构件在平面上的位置完全一致时，就会进行荷载的层间复制。

图 2.60　"荷载输入"菜单

2. 恒活设置

"恒活设置"用于按建模中的结构标准层为每个结构标准层指定楼面恒、活荷载的统一值。

选择"荷载输入/恒活设置"选项,弹出"荷载定义"对话框,如图 2.61 所示。

(1) 自动计算楼板自重。选中该复选框后,程序可以根据楼层各房间楼板的厚度,折合成该房间的均布面荷载,并把它叠加到该房间的楼面恒荷载中,此时设计者在这里输入的各层恒荷载值中不应该还包含楼板自重。

(2) 考虑活荷载折减。当选中该复选框时,应单击对话框中的"设置折减参数"按钮,弹出"活荷载设置"对话框,如图 2.62 所示。根据楼板情况选择活荷载折减系数,这是荷载规范中楼面活荷载导算到梁上的各种折减方式,可参见《建筑结构荷载规范》(GB 50009—2012)第 5.1.2 条。考虑楼面活荷载折减后,导算出的主梁活荷载均已进行了折减,可在 PMCAD 菜单 2"平面荷载显示校核"中查看结果,在后面所有菜单中的梁活荷载均使用此折减后的结果。

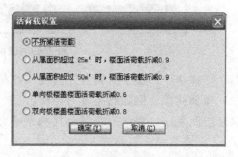

图 2.61　"荷载定义"对话框　　　　图 2.62　"活荷载设置"对话框

提示:程序仅对导算到梁上的活荷载进行折减,对导算到墙上的活荷载没有折减。此外,PMCAD 活荷载折减与 SATWE、PMSAP 等软件设置的按楼层进行活荷载的折减是可以同时进行的,如果两处都选择折减,则活荷载被折减了两次。

当在结构计算时,若考虑地下室人防荷载,则此处必须输入活荷载,否则 SATWE、PMSAP 软件将不能进行人防地下室的计算。

3. 楼面荷载

"楼面荷载"用于根据生成的房间信息进行楼面恒荷载、活荷载的局部修改。使用此菜单中的选项前,必须选择"生成楼板"选项形成过一次房间和楼板信息。

选择"楼面荷载"选项,弹出"楼面荷载"子菜单,如图 2.63 所示。

图 2.63　"楼面荷载"子菜单

(1) 楼面恒载。选择"楼面荷载/楼面恒载"选项,该标准层所有房间的恒荷载值将在图形上显示,此时可在弹出的"修改恒载"对话框(图 2.64)中输入需要修改的恒荷载值,再在模型上选择需要修改的房间。

（2）楼面活载。楼面活荷载的修改方式与楼面恒荷载的修改方式相同。

提示：输入楼板荷载前必须生成楼板，没有布置楼板的房间不能输入楼板荷载。梁、柱、承重墙的自重程序自动计算，楼板自重既可以自动计算也可以人工输入。需要自动计算时，要单击"自动计算现浇楼板自重"按钮，楼板的面层做法及板底抹灰应人工输入。

（3）导荷方式。用此选项可以修改程序自动设定的楼面荷载传导方向，程序向房间周围杆件传导楼面荷载的方式有3种，如图2.65所示。

图 2.64　"修改恒载"对话框　　图 2.65　楼板荷载导荷方式

① 对边传导方式。只将荷载向房间二对边传导，在矩形房间上铺预制板时，程序按板的布置方向自动取用这种荷载传导方式；对楼梯间定义板厚为0，设计者应设定荷载向两边传递。

② 梯形三角形传导方式。对现浇混凝土楼板且为矩形的房间程序应用这种方式。

③ 周边布置方式。将房间内的总荷载沿房间周长等分成均布荷载布置，对于非矩形房间程序选用这种传导方式。

提示：选用对边传导方式后，还需指定房间的某一受力边；选用周边布置方式后，可以指定房间的某一边或某几边为不受力边；对于全房间开洞的房间，程序会自动把面荷载值设置为0。

（4）调屈服线。主要针对梯形、三角形方式倒算的房间，当需要对屈服线角度特殊设定时使用。程序默认屈服线角度为45°。

4. 梁间荷载

"梁间荷载"可以输入非楼面传来的作用在梁上的恒荷载或活荷载标准值。

选择"荷载输入/梁间荷载"选项，弹出"梁间荷载"子菜单，如图2.66所示。

（1）梁荷定义。定义梁的标准荷载，软件将梁墙的标准荷载统一，定义完梁的荷载后，在墙的荷载定义中也会出现这些荷载。

选择"梁间荷载/梁荷定义"选项，弹出"选择要布置的梁荷载"对话框，如图2.67所示。单击"添加"按钮后，弹出"选择荷载类型"对话框，如图2.68所示，单击类型后弹出如图2.69所示的荷载参数对话框，在对话框中输入相应的参数即可。

（2）数据开关。打开/关闭荷载数据显示开关。只有在荷载显示的状态下才起作用。

（3）恒载输入。选择完某一标准荷载信息后，单击"布置"按钮将它布置到梁上。布置方式包括光标选择、轴线选择、窗口选择、围区选择4种方式。

图 2.66 "梁间
荷载"子菜单

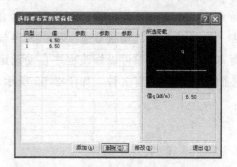

图 2.67 "选择要布置的梁荷载"对话框

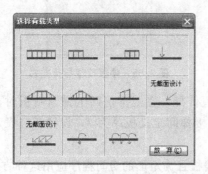

图 2.68 荷载类型选择框

图 2.69 荷载参数对话框

（4）恒载修改。修改已经布置到梁上的恒载。如果修改后的荷载值在已经定义完的标准荷载中不存在，则此荷载自动添加到标准荷载中。

（5）恒载显示。打开梁恒荷载显示开关。在执行完恒荷载输入、恒荷载修改、恒荷载删除、恒荷载拷贝后显示开关自动打开。

（6）恒载删除。删除梁上的恒荷载。删除方式包括光标选择、轴线选择、窗口选择、围区选择 4 种方式。

（7）恒载拷贝。将已输完的梁上恒荷载复制到其他梁上。

梁活荷载输入、修改和删除的菜单操作与梁间恒荷载相同。

（8）活载显示。打开梁活荷载显示开关。在执行完活荷载输入、活荷载修改、活荷载删除、活荷载拷贝操作后，显示开关自动打开。

5. 柱间荷载

"柱间荷载"主要输入柱间的荷载，操作与梁间荷载类同。

恒载输入：选择完某一标准荷载信息后，单击"布置"按钮，将它布置到柱上。

由于柱的恒载有 X 向和 Y 向两种，因此需要选择作用力方向。

柱的荷载类型有 3 种，如图 2.70 所示。

6. 墙间荷载

其操作与梁间荷载类同。

7. 节点荷载

"节点荷载"用于直接输入加在平面节点上的荷载，荷载的作用点即平面上的节点，各方向的弯矩正向以右手螺旋法则确定。节点荷载操作与梁间荷载类同，每类节点荷载需要输入6个数值，如图2.71所示。

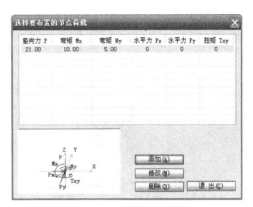

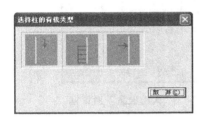

图2.70　柱的荷载类型　　　　　　　　　图2.71　选择节点荷载

单击"添加"按钮，弹出"输入节点荷载值"对话框，如图2.72所示。输入节点荷载参数值，单击"确定"按钮，选择要布置的节点荷载，单击"布置"按钮，此时设计者可以用光标方式、轴线方式、窗口方式、围区方式将节点荷载布置到节点上。

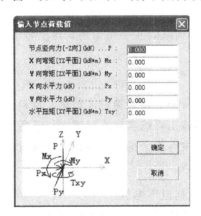

图2.72　"输入节点荷载值"对话框

8. 次梁荷载

其操作与梁间荷载类同。

提示： "次梁荷载"可供输入一级次梁及交叉次梁上的附加荷载。程序将自动把一级次梁荷载按两端简支方式向主梁上导算，交叉次梁则做交叉梁内力分析并将其支座反力导算到主梁、墙支座上。

9. 导荷方式

"导荷方式"用于修改程序自动设定的楼面荷载传导方向。

10. 人防荷载

"人防荷载"用于输入人防荷载,"人防荷载"子菜单如图 2.73 所示。

(1) 荷载设置。用于为本标准层所有房间设置统一的人防等效荷载。"人防设置"对话框如图 2.74 所示。当更改了"人防设计等级"时,顶板人防等效荷载自动给出该人防荷载的等效荷载值。

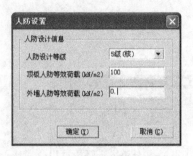

图 2.73 "人防荷载"子菜单　　　图 2.74 "人防设置"对话框

(2) 荷载修改。选择该选项可以修改局部房间的人防荷载值。在"人防设置"对话框中输入人防荷载值并单击所需的房间即可。

提示:人防荷载只能在±0.000 以下的楼层上输入,否则可能造成计算错误。当在±0.000 以上输入人防荷载时,程序退出的模型缺陷检查环节将给出警告提示。

11. 吊车荷载

"吊车荷载"可以输入吊车荷载,主要用于建筑建模时吊车的布置和吊车荷载的生成。

2.2.5 设计参数

设计参数内容是结构分析所需的建筑物总体信息、材料信息、抗震信息、风荷载信息及绘图信息,设计者要根据具体工程的实际进行输入、选择和确认。选择"设计参数"选项,弹出楼层组装对话框,其中有 5 个选项卡供设计者修改输入,如图 2.75 所示。

1. 总信息

"总信息"选项卡中主要包括以下参数。

(1) 结构体系。指本工程的结构体系,包括框架结构、框剪结构、框筒结构、筒中筒结构、剪力墙结构、砌体结构、底框结构、配筋砌体、板柱剪力墙、异形柱框架、异形柱框剪、部分框肢剪力墙结构、单层钢结构厂房、多层钢结构厂房和钢框架结构共 15 种可选项。设计者可以根据工程的结构体系进行选择。

(2) 结构主材。指本工程结构所选用的主要材料,其中包括钢筋混凝土、砌体、钢和混凝土、有填充墙钢结构和无填充墙钢结构共 5 种选项。设计者可以根据工程所选用的主要材料进行选择。

提示:劲性混凝土、钢管混凝土构件的材料属性应定义为混凝土,结构主材应为"钢和混凝土"。

(3) 结构重要性系数。按《混凝土结构设计规范》(GB 50010—2010)第 3.3.2 条的规定,根据结构的安全等级,选择结构重要性系数。对于安全等级为一级或设计使用年限为

100 年及以上的结构，不应小于 1.1；对安全等级为二级或设计使用年限为 50 年的结构，不应小于 1.0；对安全等级为三级或设计使用年限为 50 年以下的结构，不应小于 0.9。

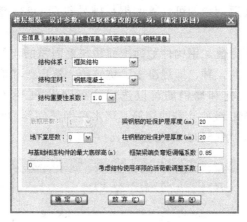

图 2.75 "总信息"选项卡

（4）地下室层数。指结构的地下层数。当用 SATWE 计算时，"地下室层数"参数对地震作用、风荷载作用、地下人防等计算有影响。程序按地下室层数结合层底标高判断是否为地下室。

（5）底框层数。当结构体系为底层框架结构时，此选项可以使用。底框层数不多于 3 层。

（6）与基础相连构件的最大底标高(m)。该标高是程序自动生成接基础支座信息的控制参数。当在"楼层组装"对话框中选中屏幕左下角"生成与基础相连的墙柱支座信息"复选框并确定退出时，程序会自动根据此参数将各标准层上底标高低于此参数的构件所在的节点设置为支座。

（7）梁钢筋的混凝土保护层厚度。根据《混凝土结构设计规范》第 8.2.1 条确定，默认值为 20mm。

（8）柱钢筋的混凝土保护层厚度。根据《混凝土结构设计规范》第 8.2.1 条确定，默认值为 20mm。

（9）框架梁端负弯矩调幅系数。根据《高层建筑混凝土结构技术规程》（JGJ 3—2010)第 5.2.3 条确定，在竖向荷载作用下，可考虑框架梁端塑性变形内力重分布对梁端负弯矩乘以调幅系数进行调幅。负弯矩调幅系数取值范围是 0.7～1.0，一般工程取 0.85。

（10）考虑结构使用年限的活荷载调整系数。根据《高层建筑混凝土结构技术规程》（JGJ 3—2010)第 5.6.1 条确定，默认值为 1.0(设计使用年限为 50 年取值为 1.0，设计使用年限为 100 年取值为 1.1)。

2. 材料信息

"材料信息"选项卡如图 2.76 所示。

（1）混凝土重度(kN/m^3)。混凝土材料重度程序的默认值为 $25kN/m^3$，当考虑梁、柱粉刷层重时，重度可以适当放大，如混凝土重度可取 $27kN/m^3$。

（2）钢材重度(kN/m^3)。程序的默认值为 $78kN/m^3$。当要考虑钢结构表面装修层重时，钢材的重度可填入适当值。

（3）轻骨料混凝土重度（kN/m³）。根据《建筑结构荷载规范》附录 A 确定。

（4）轻骨料混凝土密度等级。程序默认值取 1800。

（5）钢构件钢材。普通钢结构可计算的钢材牌号包括 Q235 钢、Q345 钢、Q390 钢和 Q420 钢。

（6）钢截面净毛面积比值。钢构件截面净面积与毛面积的比值。

（7）主要墙体材料。共 4 种，即混凝土、烧结砖、蒸压砖和混凝土砌块。

（8）钢筋级别。梁、柱和墙钢筋可以选用的级别为 HPB300、HRB335、HRB400、RRB400、HRB500 和 L550 级冷轧带肋钢筋。墙水平钢筋间距（单位为 mm）取值为 100～400，墙竖向分布钢筋配筋率（%）的取值为 0.15～1.2。

图 2.76　"材料信息"选项卡

3. 地震信息

"地震信息"选项卡中输入的是有关结构抗震设防的一些参数，包括设计地震分组、地震设防烈度、场地类别、框架及剪力墙抗震等级、计算振型个数、周期折减系数，如图 2.77 所示。

图 2.77　"地震信息"选项卡

（1）设计地震分组。指按设防烈度所取的设计地震分组，按《建筑抗震设计规范》附录 A 取值。

（2）地震烈度。指所设计结构的设防烈度，按《建筑抗震设计规范》附录 A 取值。程序可选择的设防烈度为：6(0.05g)、7(0.1g)、7(0.15g)、8(0.2g)、8(0.3g)、9(0.4g)、0(不设防)。

（3）场地类别。I_0 一类、I_1 一类、Ⅱ 二类、Ⅲ 三类、Ⅳ 四类、Ⅴ 上海专用。根据地质勘探报告输入。

（4）混凝土框架抗震等级和剪力墙抗震等级。0 特一级、1 一级、2 二级、3 三级、4 四级、5 非抗震。

钢筋混凝土房屋应根据设防烈度、结构类型和房屋高度采用不同的抗震等级，并应符合相应的计算和构造措施要求。丙类建筑的抗震等级应按《建筑抗震设计规范》中的表 6.1.2 确定。

（5）钢框架抗震等级。0 特一级、1 一级、2 二级、3 三级、4 四级、5 非抗震。根据《建筑抗震设计规范》第 8.1.3 条确定。

（6）抗震构造措施的抗震等级。提高二级、提高一级、不改变、降低一级、降低二级。根据《高层建筑混凝土结构技术规程》第 3.9.7 条调整。

（7）计算振型个数。一般规则结构取 3 个振型，且计算的振型数不大于振型质点数（指结构合并后的振动质点），以及计算的振型数不大于结构的层数。

由于 SATWE 中程序按两个平动振型和一个扭转振型输出，因此振型数宜为 3 的倍数。当考虑扭转耦联计算时，振型数不应小于 15。多塔结构振型数不应小于塔楼数的 9 倍。

（8）周期折减系数。考虑填充墙对结构周期的影响。对于框架结构，若填充墙较多，则周期折减系数可取 0.6～0.7；若填充墙较少，则周期折减系数可取 0.7～0.8。对于框架-剪力墙结构，周期折减系数可取 0.8～0.9。全剪力墙结构的周期不折减。其他结构形式可以根据填充墙多少参照调整。

4. 风荷载信息

"风荷载信息"选项卡如图 2.78 所示。

（1）修正后的基本风压(kN/m^2)。一般结构为基本风压，对于高层建筑、高耸结构以及对风荷载比较敏感的其他结构，基本风压应适当提高，并应由有关的结构设计规范具体规定。基本风压按《建筑结构荷载规范》(GB 50009—2012)附录 D 中的附表 D.5《全国基本风压分布表》取值。

（2）地面粗糙度类别。分为 A、B、C、D 4 类，根据建筑物所在的位置确定。

（3）沿高度体型分段数。由于沿建筑物高度平面体型不同，需分别根据各自体型系数计算。程序限定体型系数最多可分 3 段取值。

（4）最高层层号。指每一段的最高层号，按实际情况填写。若体型系数只有一段，则第二段、第三段的信息不填，以此类推。

（5）体型系数。建筑体型为矩形，程序默认值为 1.3。

单击"辅助计算"按钮，弹出常见风荷载体型系数对话框，如图 2.79 所示，可根据工程实际情况选用。

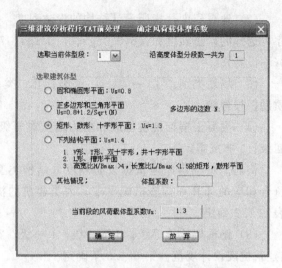

图 2.78 "风荷载信息"选项卡   图 2.79 风荷载体型系数对话框

提示：以上各设计参数在从 PMCAD 生成的各种结构计算文件中均起控制作用。

5. 钢筋信息

"钢筋信息"选项卡如图 2.80 所示。其数据根据《混凝土结构设计规范》第 4.2.3 条确定。如果设计者调整了选项卡中钢筋强度的设计值，则后续计算模块将采用修改后的钢筋强度设计值进行计算。该选项卡一般取默认值。

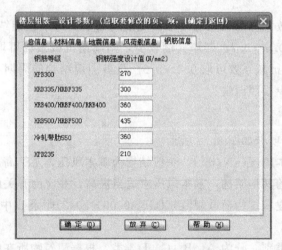

图 2.80 "钢筋信息"选项卡

2.2.6 楼层组装

此菜单主要用于完成建筑物的竖向布置，即对已经定义好的结构标准层进行布置，并输入层高连接成整体结构。选择"楼层组装"选项，弹出"楼层组装"子菜单，如图 2.81 所示。

1. 楼层组装

1) 普通楼层组装

普通楼层组装是指各楼层必须按从低到高的顺序进行串联的组装。要求设计者把已经定义的结构标准层布放在各楼层上(可在任意楼层上布置),并输入层高,完成建筑的竖向布局。这种组装方式适用于大多数常规工程。

图 2.81 "楼层组装"子菜单

选择"楼层组装/楼层组装"选项,弹出"楼层组装"对话框,如图 2.82 所示。其中,组装项目和操作框有 6 个参数需要指定。

(1) 复制层数。需要增加的楼层个数,即结构标准层需要复制的层数。

(2) 标准层。增加楼层的标准层号,即要进行复制操作的结构标准层号。

(3) 层高。增加楼层的层高。

(4) 层名。需加楼层的层名以便在后续计算程序生成的计算书等结果文件中标识出某个楼层。例如,地下室各层,广义楼层方式时的实际楼层号等。

(5) 自动计算底标高(m)。普通楼层组装应选中"自动计算底标高"复选框,以便由软件自动计算各自然层的底标高,如采用广义层组装方式,则不选中该复选框。

(6) 生成与基础相连的墙柱支座信息。除特殊情况外,通常应选中该复选框,软件可以正确判断和设置常规工程与基础相连的墙柱支座信息。除非结构支座情况十分复杂,当软件设置不正确时,可以通过"设置支座"和"删除支座"菜单中的选项来修改。

组装结果框将显示添加成功后的楼层组装信息,包括层号、结构标准层、层高、底标高等信息。

图 2.82 "楼层组装"对话框

组装项目的操作框中有 6 个按钮,现分别介绍如下。

① 增加。根据组装项目和操作框中指定的 6 个参数进行楼层组装,并把组装结果信息在组装结果列表中显示出来。

② 修改。根据参数指定框指定的标准层、层高、层名、层底标高,修改当前在组装结果框楼层列表中选中呈高亮状态的楼层。

③ 插入。根据参数指定框指定的 6 个参数在组装结果框中选择的一个楼层下面插入若干楼层。

④ 删除。将当前选择的组装结果框的楼层删除。

⑤ 全删。将组装结果框中全部楼层删除。

⑥ 查看标准层。显示组装结果框选择楼层。

2) 广义楼层组装

对比较复杂的建筑形式,如不对称的多塔结构、连体结构、楼层概念不是很明确的体育场馆、工业厂房等,按普通楼层组装的方式,程序处理起来比较困难。

引入广义楼层的概念,在楼层组装时可以为每个楼层指定"层底标高",该标高是相对于±0.000 标高的。这样,模型中每个楼层在空间的组装位置完全由本层底标高确定,不再依赖楼层组装顺序。另一方面,广义楼层组装每个楼层不局限于和唯一的上、下层相连,而可能上接多层或者下连多层,使楼层组装功能得到扩展,以控制楼层组装顺序。

2. 节点下传

"节点下传"主要用于梁托柱、墙托柱转换结构,使上层被托柱的下节点自动传递给下层的托梁或托墙,以便进行梁或墙的内力计算分析。此菜单仅在特殊情况下使用。

3. 单层拼装

"单层拼装"可调入其他工程或本工程的任意一个标准层,将其全部或部分地拼装到当前标准层上。操作和工程拼装相似。

4. 工程拼装

"工程拼装"可以将已经输入完成的一个或几个工程拼装到一起,这种方式对于简化模型输入操作和大型工程的多人协同建模都很有意义。

5. 整体模型

"整体模型"用三维透视方式显示全楼组装后的整体模型。

提示:楼层组装中的层号与工程中的表达习惯并不一致,对于框架结构(无地下室),一般来说,PMCAD 楼层组装中的第 1 层相当于工程中的一层柱和二层梁板,第二层相当于工程中的二层柱和三层梁板,依次类推。

6. 动态模型

"动态模型"可以实现楼层的逐层组装,更好地展示楼层组装的顺序,尤其可以很直观地反映出广义楼层模型的组装情况。

7. 设支座

JCCAD 程序将会根据模型底部的支座信息,确定传至基础的网点、构件以及荷载信息。

2.2.7　保存、退出

"保存"菜单用于保存建模过程中输入的数据信息,设计者在建模过程中应及时保存输入信息，以免丢失数据。

当完成PMCAD主菜单1"建筑模型与荷载输入"的建模后，即可选择"主菜单/退出"选项，此时弹出是否存盘对话框，如图2.83所示。

单击"不存盘退出"按钮，弹出"是否退出程序"对话框，如图2.84所示。如果单击"是"按钮，则程序不保存已做的操作并直接退出交互建模程序；如果单击"否"按钮，则不会退出程序。

图2.83 是否存盘

图2.84 是否退出程序

单击"存盘退出"按钮，程序保存已做的操作，同时，程序对模型整理归并，生成与后面菜单接口的数据文件，并继续弹出退出菜单对话框，如图2.85所示。

图2.85 退出菜单

1. 楼梯自动转换为梁(数据在LT目录下)

模型输入退出时，可选择是否将"楼梯自动转换为梁(数据在LT目录下)"到模型中。如果选中此复选框，则程序在当前工作目录下生成以"LT"命名的文件夹，该文件夹中保存着将楼梯转换为宽扁折梁后的模型。如果要考虑楼梯参与结构整体分析，则需将工作目录指向该LT目录重新进行计算。如果不选中该复选框，则程序不生成LT文件夹，平面图中的楼梯只是一个显示，不参与结构整体分析，对后面的计算没有影响。

当生成楼梯模型数据时，程序自动将每一跑楼梯板和其上、下相连的平台转化为宽扁折梁，三段梁的宽度均取楼梯板宽度。双跑楼梯的第一跑下接下层的框架梁，上接中间平台梁，第二跑下接中间平台梁，上接本层的框架梁。程序在中间休息平台处自动增设一根250mm×500mm的层间梁，以传接折梁到两端柱上。

2. 生成梁托柱、墙托柱的节点

若模型有梁托上层柱或斜柱，托墙上层柱或斜柱的情况，则应选中该复选框，当托梁或托墙的相应位置上没有设置节点时，程序自动增加节点，以保证结构设计计算的正确性。

3. 清理无用的网格、节点

选中该复选框可清理无用的网格和节点。

4. 生成遗漏的楼板

如果某些层没有选择"生成楼板"选项，或某层修改了梁墙的布置，对新生成的房间没有再选择"生成楼板"选项去生成，则应在此选中该复选框。程序会自动将各层遗漏的楼板自动生成。

5. 检查模型数据

选中该复选框会对整楼模型可能存在的不合理之处进行检查和提示，设计者可以选择返回建模核对提示内容、修改模型，也可以直接退出程序。

6. 楼面荷载倒算

程序做楼面上恒荷载、活荷载导算。完成楼板自重计算，并对各层及各层各房间做从楼板到房间周围梁墙的导算，如有次梁先做次梁的导算。生成作用于梁、墙的恒荷载、活荷载。

7. 竖向导荷

"竖向导荷"完成从上到下顺序地各楼层恒、活荷载的传导，生成作用在底层基础上的荷载。

2.2.8 操作注意事项

1. 错层结构的模型输入

当错层高度不大于框架梁的截面高度时，一般可以近似地忽略错层因素的影响，可以归并为同一楼层参加结构计算，这一楼层的标高可近似取两部分楼面标高的平均值；当错层高度大于框架梁的截面高度时，各部分楼板应作为独立楼层参加整体计算，不宜归并为一层，此时每个错层部分都应视为独立楼层。模型输入有 3 种方式。

1）对于框架错层结构

在 PMCAD 模型输入中，可通过给定梁两端节点高，来实现错层梁或斜梁的布置，"梁布置"、"错层斜梁"、"上节点高"选项都可实现。SATWE 前处理菜单会自动处理梁柱在不同高度的相交问题。

2）对于剪力墙错层结构

在 PMCAD 模型输入中，结构层的划分原则是"以楼板为界"，错层部分被人为地分开，因此增加了标准层。

3）对于多塔部分的错层

PMCAD 建模时可简化地输入同一层高。再利用 SATWE 的多塔定义功能，指定各塔各层的层高。也可与方式 2）一样处理，但效率较低。

2. PMCAD 程序荷载输入

（1）所有荷载均输入标准值，而非设计值。

（2）楼面均布恒荷载和活荷载必须分开输入。

（3）楼面均布恒荷载应包含楼板自重；增加了计算板自重的功能，此时楼面均布恒荷载应扣除楼板自重。

（4）梁、墙、柱自重程序自动计算，不需输入，但框架填充墙需折算成梁间均布线荷载输入。

（5）"全房间开洞"导荷时该房间荷载将被扣除，而"板厚为0"导荷时该房间荷载仍能导到梁、墙上，不被扣除，但绘平面图时不会绘出板钢筋。在 SATWE 和 PMSAP 程序中，全房间开洞和板厚为"0"，除了上述的导荷方式不一样外，其他的处理方法是一样的。

（6）程序未自动考虑梁楼面活荷载折减，设计者如需进行梁楼面活荷载折减应在荷载导荷时将活荷载折减项选中，并设置折减参数，根据规范选择所需折减项即可。

2.2.9 建筑模型与荷载输入实例

【实例 2.18】设有一框架结构 2～4 层结构平面布置如图 2.17 所示，屋顶结构平面布置如图 2.86 所示，结构空间模型示意图如图 2.87 所示，请用 PMCAD 主菜单 1 进行建筑模型与荷载输入。

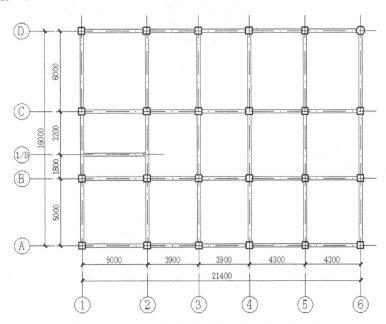

图 2.86 屋顶层结构平面布置图(mm)

1. 基本条件

矩形柱截面尺寸均为 500mm×500mm，圆柱直径为 650mm，柱均按轴线居中布置。梁均采用矩形截面，主梁尺寸 250mm×500mm，均按轴线居中布置，曲梁尺寸为 250mm×700mm，次梁尺寸均为 200mm×400mm。楼板采用现浇楼板，建筑开间大于 3900mm 的板厚 120mm，其余板厚为 100mm。梁、板、柱混凝土强度等级均为 C25，梁、柱主筋为 HRB335 级钢筋，梁、柱箍筋及楼板钢筋均为 HPB300 级钢筋，当楼板钢筋直径大于等于 10mm 时，钢筋为 HRB335 级钢筋。2～4 层、5 层⑥轴左侧沿建筑外边缘及⑥轴有轻质隔墙，考虑开洞率后，取隔墙作用在梁上的线荷载标准值为 6.5kN/m，屋顶及 5 层⑥轴右侧的女儿墙高 1.2m，为混凝土栏板，线荷载为 4.5kN/m。楼面恒、活荷载标准值分别为 4.8kN/m²(100mm 厚的板恒荷载标准值为 4.3kN/m²)，2kN/m²；楼梯间恒荷载、活荷载标准值分别为 7.2kN/m²、3.5kN/m²；楼梯间隔墙作用在梁上的线荷载为 7.5kN/m。屋面恒荷载、活荷载标准值为 5.8kN/m²，2kN/m²。本建筑共有 3 个结构标准层，2 个荷载标准层。底部 4 层为第一结构标准层，第 5 层为第二结构标准层，顶层为第三结构标准层。一层层高为 3300mm，其余层高均为 3000mm。室内外高差为 600mm，基础顶面到室外地坪的距离为 500mm。抗震设防烈度 7 度(0.10g)，设计地震分组为第一组，场地类别为 Ⅱ类，风荷载标准值为 0.45kN/m²，地面粗糙度为 B 类。

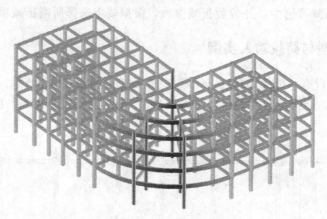

图 2.87　结构空间模型示意图

2. 详述主菜单 1 "建筑模型和荷载输入" 在实际工程中的应用

1) 轴线输入及轴线命名

轴线命名及轴线输入过程可参见实例 2.9 和实例 2.11。

2) 进行楼层定义

定义截面尺寸为 500mm×500mm 的矩形柱、直径 650mm 的圆柱，截面尺寸为 250mm×500mm、250mm×700mm、200mm×400mm 的梁。

(1) 柱布置。

选择 "楼层定义/柱布置" 选项，弹出 "柱截面列表" 对话框，在 "柱截面列表" 对话框中单击 "新建" 按钮，弹出 "输入第 1 标准柱参数" 对话框。

程序默认的矩形截面类型 "1"，输入 "500"，"500"，"6：混凝土"，完成矩形截面柱的定义。

继续单击 "新建" 按钮，弹出 "输入第 2 标准柱参数" 对话框，单击截面类型 "1" 按钮，弹出截面类型列表框，选择圆形截面 "3"，输入 "650"，"6：混凝土"，完成圆形截面柱的定义。

在柱列表框中，选中要布置的矩形柱(选中后以蓝色表示)500mm×500mm，然后单击 "布置" 按钮，弹出柱偏心信息对话框对话框，如图 2.27 所示。在对话框中设置柱的沿轴偏心、偏轴偏心、轴转角为零，对话框最后一行对应的是柱子布置时的 4 种方式(直接布置方式、沿轴线布置方式、按窗口布置方式、围栏布置方式)，这里我们选择按窗口布置方式布置矩形柱。选择圆形柱650mm，选择直接布置方式布置圆柱，柱布置完成后按Esc键返回"柱截面列表"对话框，单击"柱截面列表"对话框中的"退出"按钮，退出柱布置对话框，柱布置的结果如图2.88所示。

（2）梁布置。

选择"楼层定义/主梁布置"选项，用与柱同样的方法定义梁截面尺寸为250mm×500mm、250mm×700mm、200mm×400mm，布置完成后如图2.89所示。梁布置完成后按Esc键，单击"梁截面列表"对话框中的"退出"按钮，退出梁布置对话框。

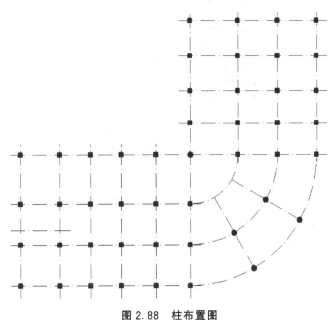

图2.88　柱布置图

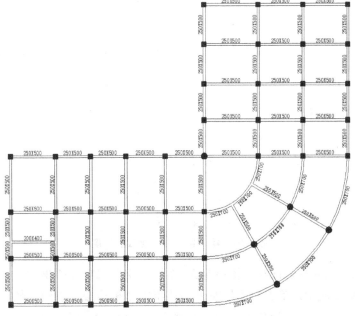

图2.89　第1、第2标准层梁柱布置图

选择"楼层定义/本层信息"选项，弹出本标准层信息对话框，修改板厚为 120mm，修改梁、板、柱混凝土强度等级为 C25，层高为 4400mm，如图 2.90 所示。单击"确定"按钮返回右侧菜单。

图 2.90　本标准层信息对话框

(3) 楼板生成。

① 楼梯间的处理。选择"楼板生成/修改板厚"选项，弹出"修改板厚"对话框，在对话框中输入"0"，单击"确定"按钮，单击楼梯间，这时楼梯间的板厚由"0.12"变为"0"。

② 楼板的处理。将跨度小于等于 3.9m 的楼板板厚改为 0.10m。第 1 结构标准层楼板厚度如图 2.91 所示。

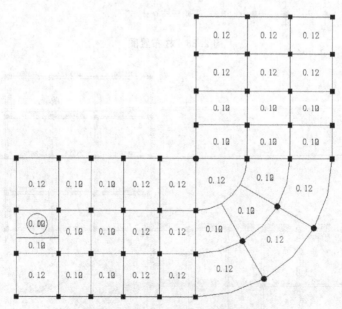

图 2.91　第 1 结构标准层楼板厚度

第 1 标准层定义好后，选择"楼层定义/换标准层"选项，弹出"选择/添加标准层"对话框，如图 2.92 所示。单击对话框左侧的"添加新标准层"按钮，使其变成蓝色，这时右侧"新增标准层方式"选项框亮显，在此选中"全部复制"单选按钮，单击"确定"

按钮。这时定义了第2结构标准层。

选择"楼层定义/本层信息"选项，弹出本标准层信息输入对话框，修改本标准层层高为3000mm，其余同图2.90所示。继续选择"楼层定义/换标准层"选项，单击对话框左侧的"添加新标准层"按钮，使其变成蓝色，在此选中"局部复制"单选按钮，单击"确定"按钮。屏幕左下角提示"用光标选择目标（Tab转换方式，Esc键返回）"，按Tab键用"窗口方式"选择⑥轴与D轴交点以左的所有梁、柱，选择完毕后右击，程序就自动新建了一个标准层，即第3结构标准层，并且将选择的构件及全部网格复制到了新建的"第3结构标准层"上，通过屏幕上方的"网点编辑/删除节点"选项将多余的节点及网格删除，第3结构标准层如图2.93所示。

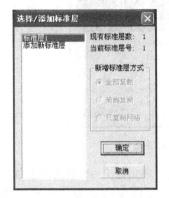

图2.92 选择/添加标准层对话框

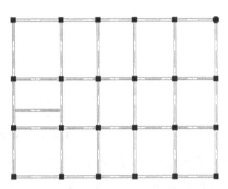

图2.93 第3结构标准层

选择"楼板生成/修改板厚"选项，弹出"修改板厚"对话框，在对话框中输入"0.10"，单击"确定"按钮，单击楼梯间，这时楼梯间的板厚由"0"变为"0.10"，修改后的第3结构标准层的板厚如图2.94所示。

选择"楼层定义/本层信息"选项，弹出本层信息对话框，修改梁、柱、板混凝土强度等级为C25，层高为3000mm，如图2.95所示。单击"确定"按钮返回右侧菜单。

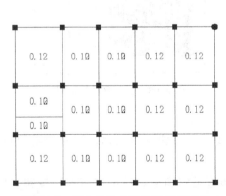

图2.94 第3结构标准层的楼板厚度

图2.95 第3结构标准层本层信息对话框

提示：第1结构标准层和第2结构标准层的结构布置完全相同，但仍然必须进行第2结构标准层的定义，因为第4结构层⑥轴左边是楼面，⑥轴右边是屋面，框架梁上的线荷载不同。程序对梁上线荷载的输入是在结构标准层上输入的，否则不能正确输入梁上的线荷载。

3. 梁间荷载定义

结构标准层定义完后，选择"主菜单"选项返回。选择"荷载输入/梁荷定义"选项，弹出梁墙荷载定义对话框，如图2.96所示。

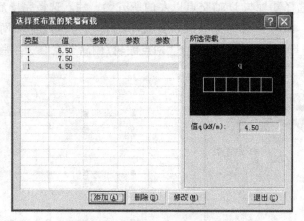

图2.96　梁墙荷载定义对话框

填充墙作用在梁上的荷载为类型1，即均布荷载。单击图2.96中的"添加"按钮，弹出"选择荷载类型"对话框，如图2.97所示，在图2.97中选中荷载类型"均布荷载"，即选中第1项，弹出荷载参数对话框，如图2.98所示。在对话框中输入梁上线荷载6.5kN/m，单击"确定"按钮。

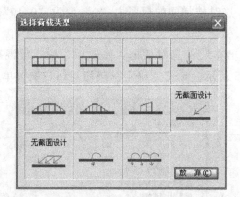

图2.97　"选择荷载类型"对话框

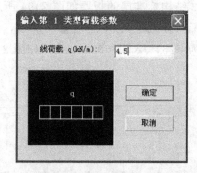

图2.98　荷载参数对话框

采用同样的操作输入梁上线荷载7.5kN/m、4.5kN/m。

定义完所有线荷载后，单击"退出"按钮，退出荷载定义对话框，返回"梁间荷载"主菜单。

选择"梁间荷载/恒载输入"选项，单击要布置的线荷载，单击"布置"按钮，屏幕左下角提示"光标方式：用光标选择目标(Tab转换方式，Esc返回)"，按Tab键，可按4种布置方式布置梁间线荷载(直接布置方式、沿轴线布置方式、按窗口布置方式、围栏布置方式)，布置结果如图2.99～图2.101所示。

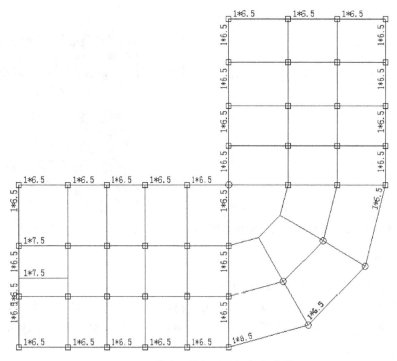

图 2.99   第 1 结构标准层梁间恒荷载

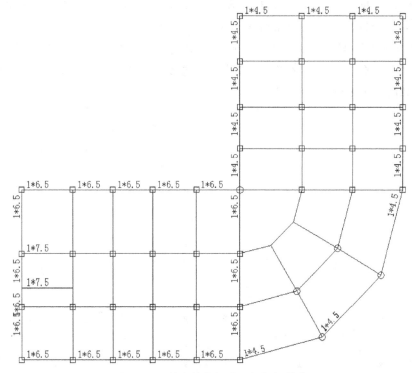

图 2.100   第 2 结构标准层梁间恒荷载

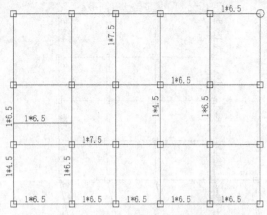

图 2.101　第 3 结构标准层梁间恒荷载

图 2.102　"荷载定义"对话框

4. 楼面荷载输入

1) 第 1 几何层楼面恒荷载、活荷载输入

选择"荷载输入/恒活设置"选项，弹出"荷载定义"对话框，如图 2.102 所示。在对话框中输入恒荷载"4.8"和活荷载"2.0"。单击"确定"按钮，即可输入本层的大多数房间的楼面恒、活荷载标准值。

选择"楼面荷载/楼面恒载"选项，在弹出的"修改恒载"对话框中将楼梯间恒荷载改为 $7.2kN/m^2$，将板厚为 100mm 的恒荷载改为 $4.3kN/m^2$。选择"楼面荷载/楼面活荷载"选项，将楼梯间活荷载改为 $3.5kN/m^2$。

选择"荷载输入/导荷方式"选项，弹出"导荷方式"对话框，对楼梯间的导荷方式进行指定，按单向传力方式。选择"回前菜单"选项，再选择"输入完毕"选项，退出第 1 几何层，如图 2.103 所示。

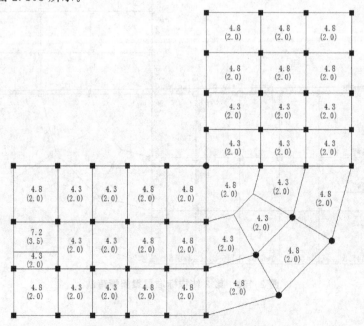

图 2.103　第 1 几何层楼面荷载输入

2）第4几何层楼面恒荷载、活荷载输入

选择第4几何层，选择"楼面荷载/楼面恒荷载"选项，将⑥轴以左的100mm板厚的恒荷载改为4.3kN/m²，将120mm厚的板恒荷载改为4.8kN/m²；将⑥轴右边的100mm厚的板恒荷载改为5.3kN/m²，将楼梯间恒荷载改为7.2kN/m²。选择"楼面荷载/楼面活荷载"选项将楼梯间活荷载改为3.5kN/m²。

选择"楼面荷载/导荷方式"选项，对楼梯间的导荷方式进行指定，按单向传力方式。选择"回前菜单"选项，选择"输入完毕"选项退出第4几何层，如图2.104所示。

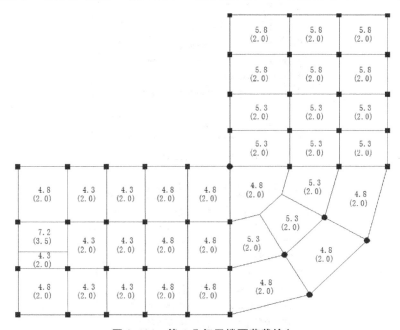

图2.104 第4几何层楼面荷载输入

3）第5几何层楼面恒荷载、活荷载输入

选择第5几何层，选择"荷载输入/恒活设置"选项，弹出如图2.102所示的"荷载定义"对话框。在对话框中输入恒荷载"5.8"和活荷载"2.0"。单击"确定"按钮，即可输入本层的大多数房间的楼面恒、活荷载标准值。

选择"楼面荷载/楼面恒载"选项，将100mm厚的板恒荷载改为5.3kN/m²，屋面的活荷载不做修改，如图2.105所示。

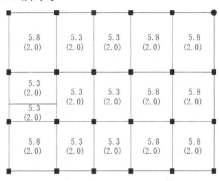

图2.105 屋面荷载输入

5. 设计参数设定

选择"设计参数"选项，弹出设计参数对话框，设计参数的输入参见本章第 2.2.5 小节中的设计参数。输入结果如图 2.106～图 2.110 所示。

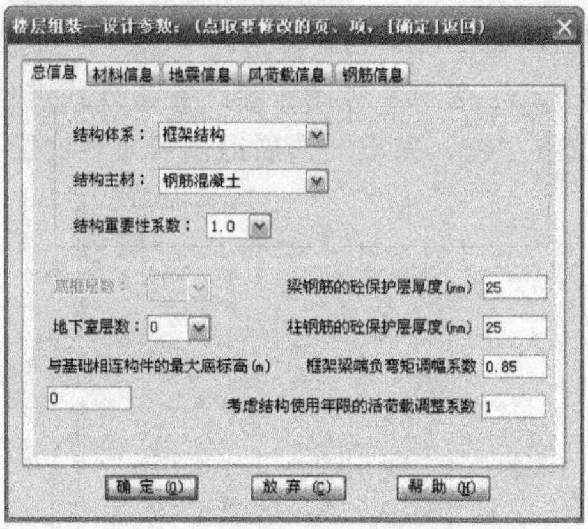

图 2.106　总信息参数

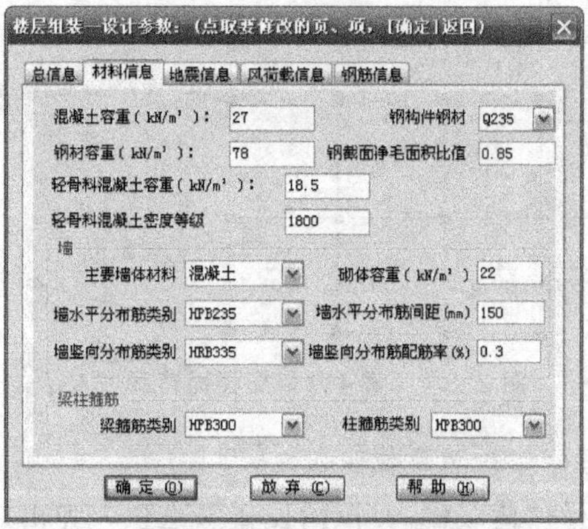

图 2.107　材料信息参数

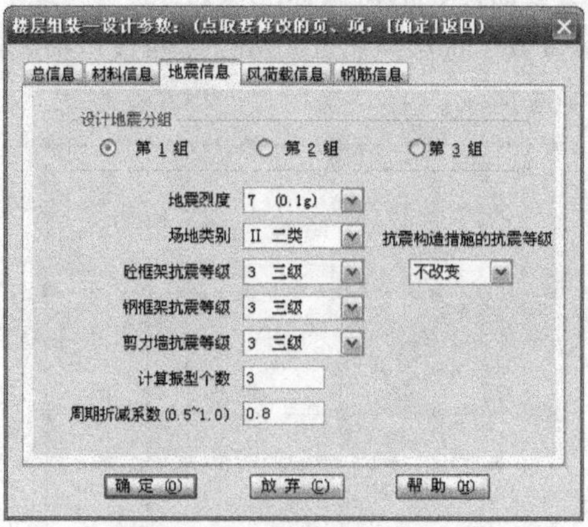

图 2.108　地震信息参数

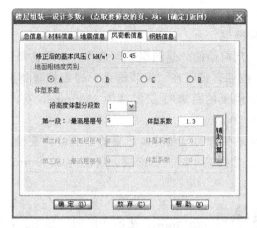

图2.109　风荷载信息参数

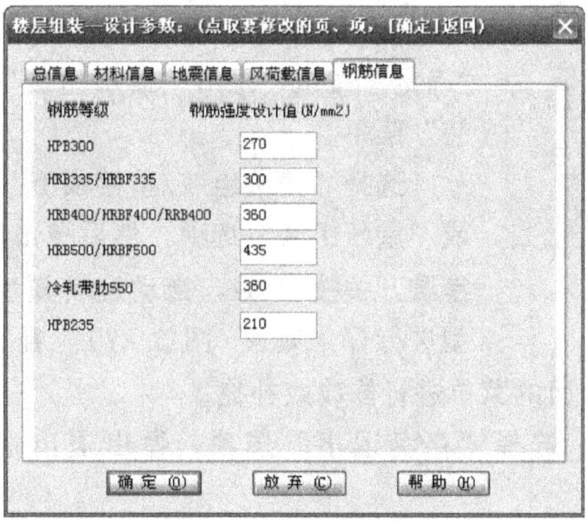

图2.110　钢筋信息参数

6. 楼层组装

选择"楼层组装/楼层组装"选项，弹出"楼层组装"对话框，如图2.111所示。

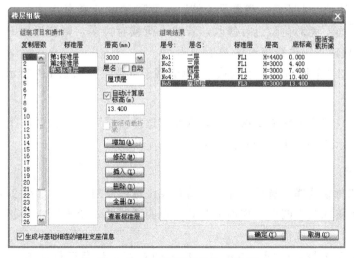

图2.111　"楼层组装"对话框

本工程共 5 层，对话框右侧"组装结果"列表框有 5 个几何层。对话框中间的"标准层"列表框有 3 个结构标准层。

做楼层组装时，第 1 几何层的"复制层数"选择 1，即选择第 1 结构标准层，层高为 4400mm。单击"增加"按钮，即可在"组装结果"列表框里得到第 1 几何层。这里的层高是指从基础顶面到 2 层楼板的距离（1 层层高为 3300mm，室内外高差为 600mm，基础顶面到室外地坪的距离为 500mm）。

提示：第 1 几何层的梁板即为结构施工图中的 2 层结构梁板。

"复制层数"选择 2，选择第 1 结构标准层，层高为 3000mm，单击"增加"按钮，得到第 2、第 3 几何层。

图 2.112　退出选项

"复制层数"选择 1，选择第 2 结构标准层，层高为 3000mm，单击"增加"按钮，得到第 4 几何层。

"复制层数"选择 1，选择第 3 结构标准层，层高为 3000mm，单击"增加"按钮，得到第 5 几何层。单击"确定"按钮，退出"楼层组装"对话框，返回"楼层组装"菜单。

选择"楼层组装/整楼模型"选项，选择"分层组装"或"重新组装"选项，然后单击屏幕上方工具栏中的实时漫游开关按钮![img] ，拖动旋转模型，可以对建立的几何模型进行仔细观察（图 2.87），看看是否与实际结构吻合，如果不吻合，则要回到前面的菜单进行修改或补充。

选择"退出"选项，选择"存盘退出"选项，弹出退出选项对话框，如图 2.112 所示。

2.3　PMCAD 平面荷载显示校核

PMCAD 主菜单 2"平面荷载显示校核"主要用于设计者交互输入和程序自动导算的荷载是否正确，而不能对荷载进行修改，若输入荷载有错误，则应返回 PMCAD 主菜单 1"建筑模型与荷载输入"进行修改。

双击主菜单 2"平面荷载显示校核"，弹出其子菜单，如图 2.113 所示。

1．选择楼层

程序进入时，默认的楼层是第一层，选择"选择楼层"选项后可选择切换到其他自然层，切换后会提示所选层属于的结构标准层。

2．荷载选择

（1）选择"荷载选择"选项。弹出"荷载校核选项"对话框，如图 2.114 所示。

楼面荷载校核选项有两个：楼面恒荷载、楼面活荷载，单击后有"√"表示选中，再次单击变为空白，表示取消。

若选中两个复选框，则同时输出各房间的恒荷载、活荷载标准值，如只选中"恒荷载"或"活荷载"复选框,则仅输出恒荷载或活荷载。

(2) 若单击"放弃"按钮,则返回前菜单。

(3) 若单击"确定"按钮,如选用图形方式输出,则显示该层荷载简图。

图 2.113 "平面荷载
显示校核"子菜单

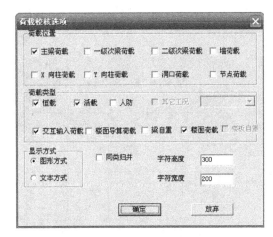

图 2.114 "荷载校核选项"对话框

3. 竖向导荷

该选项可算出作用于任一层柱或墙上的由其上各层传来的恒荷载、活荷载,可以根据荷载规范的要求考虑活荷载折减,可以输出某层的总面积及单位面积荷载,可以输出某层以上的总荷载。当同时选择了恒荷载、活荷载时,可输出荷载的设计值;当单独选恒荷载或活荷载时,可输出荷载标准值。

输出柱墙荷载图时,按每根柱或墙上分别标注由其上各层传来的恒荷载、活荷载,对于墙显示的是墙段上的合力;荷载总值是把荷载图中所有数值相加的结果。

选取活荷载折减后,弹出程序按《建筑结构荷载规范》取值的各层活荷载折减系数,设计者可根据需要进行修改。

4. 楼面荷载校核

双击 PMCAD 主菜单 2"平面荷载显示校核",弹出"平面荷载显示校核"主菜单。使主菜单中的按钮处于竖向关闭、横向关闭,楼面打开,恒载打开,活载打开状态并选择"选择楼层"选项,进行楼层选择,这样就可以看到每一层楼面或屋面的恒荷载和活荷载标准值(括号内的数值表示活荷载标准值),如图 2.103~图 2.105 所示。

5. 梁间荷载校核

选择"荷载选择"选项,弹出"荷载校核选项"对话框,在对话框中选中"主梁荷载"、"恒荷载"、"活荷载"及"交互输入荷载"复选框,其余复选框不选中,并选中"图形方式"单选按钮。单击"确定"按钮,这样就可以看到每一层输入的梁间荷载,第2~4层输入的梁间荷载如图 2.115 所示。

对所有交互输入的荷载进行校核，选择"选择楼层"选项，可以在不同楼层间切换。确认正确后，单击"退出"按钮，退出 PMCAD 主菜单 2"平面荷载显示校核"。

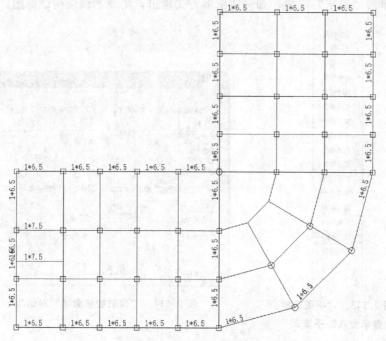

图 2.115　第 2～4 层梁间荷载校核

2.4　生成 PK 程序计算数据文件

此程序在运行主菜单 1"建筑模型与荷载输入"程序后运行。它可以生成平面上任意一榀框架的数据文件和任一层上单跨或按连续梁格式计算的数据文件。连续梁数据可一次生成能绘在一张图上的多组数据，还可生成底部框架上砖房结构的底层框架数据文件，并且在文件后部还有绘图所需的若干绘图参数。

选择 PMCAD 主菜单 4"形成 PK 文件"，单击"应用"按钮，弹出形成 PK 文件对话框，如图 2.116 所示。

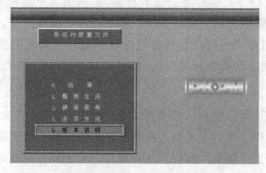

图 2.116　形成 PK 文件对话框

在界面底部显示"工程数据名称和已生成的 PK 数据文件个数"。

单击相应的 1、2 或 3 按钮，就生成一个 PK 数据文件，多次单击后就生成多个数据文件。

程序生成的 PK 数据中，梁、柱的自重都不再包括，在恒荷载中都扣除了自重部分，杆件的自重一律由 PK 程序计算。对在 PMCAD 主菜单 1 的等截面梁生成的挑梁是等截面挑梁(目前可在 PMCAD 主菜单 1 中直接输入变截面梁)，若要改为变截面挑梁，可在 PK 绘图时，用修改挑梁的对话框来将其变成变截面挑梁。如挑梁和相邻的框架梁有高差，可在 PK 绘图时，用修改挑梁的对话框来设置挑梁的高差。

1. 生成 PK 框架

单击"1 框架生成"按钮，显示底层的结构平面，如图 2.117 所示(接实例 2.18)。

右侧窗格对应有"风荷载"和"文件名称"两个按钮。

如生成第 4 轴的一榀框架数据，操作步骤如下。

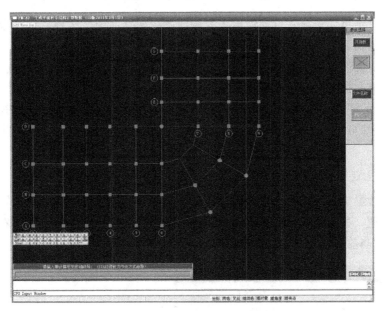

图 2.117　底层结构平面图

(1) 单击"风荷载"按钮，弹出风荷载信息对话框，如图 2.118 所示。将风荷载计算标志设置为 1，并输入其他相关信息后，单击"确定"按钮，显示每层风荷载体现系数，如正确按 Enter 键后，图 2.117 中"风荷载"下的"×"将变为"√"，则将计算风荷载。

提示：风荷载输入时要注意风力作用与所选框架方向的夹角不应为 90°，否则迎风面积将为 0，计算不出风力作用。当采用程序自动计算迎风面宽度时，若宽度不准确，可人工干预并修正各层迎风面宽度，来调整框架上的风力值。

(2) 选择"文件名称"选项，使输出文件名称变为红色，输入文件名称"PK - 4"(默认的文件名称为"PK -轴线号")，按 Enter 键，左下方提示"请输入要计算的轴线号：Tab 键转为节点方式点取"，输入"4"，按 Enter 键，屏幕左下角显示"本榀框架各层迎风面水平宽度(m)"，如正确则按 Enter 键，程序自动返回图 2.116 所示的菜单。

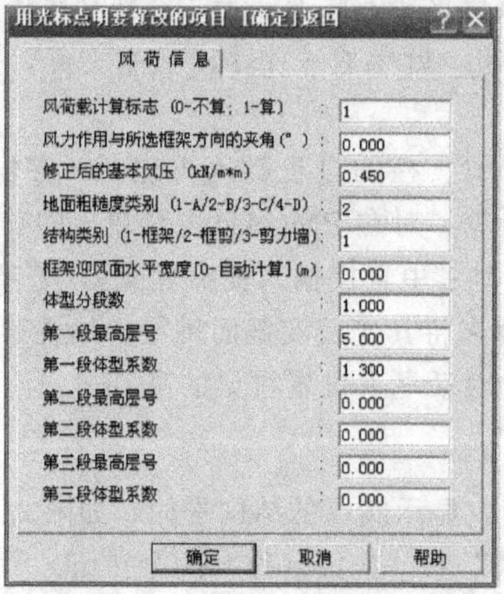

图 2.118　风荷载信息对话框

(3) 选择“结束”选项，自动绘出4号轴线的框架立面图，选择右侧菜单中的选项可查看恒荷载、活荷载、左风载及右风载简图。

进入PK主菜单1“PK数据交互输入和计算”后，单击“打开已有数据文件”按钮，弹出“打开已有数据文件”对话框，如图2.119所示，在“文件类型”下拉列表中选择“空间建模形成的平面框架文件(PK-*)”选项，在“文件名”中输入“PK-4”，单击“打开”按钮，即可应用PK程序进行内力计算并绘制施工图，PK程序的具体应用见第3章。

2. 连续梁生成

选择“连续梁生成”选项，弹出生成连续梁对话框，如图2.120所示，输入层号后单击“继续”按钮，显示PMCAD建模生成的结构布置图，如图2.121所示，右侧窗格显示“抗震等级”、“当前层号”及“已选组数”按钮。

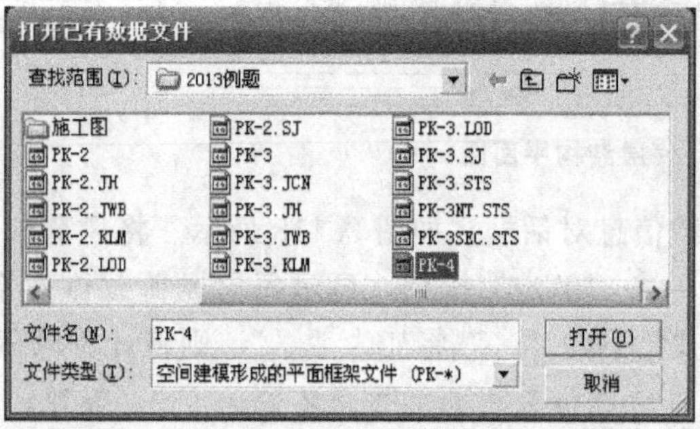

图 2.119　“打开已有数据文件”对话框

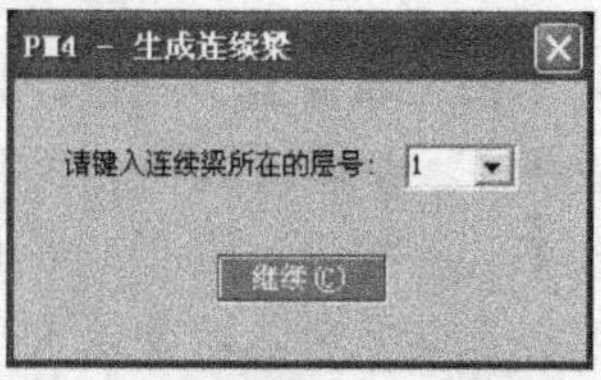

图 2.120　连续梁层号选择框

单击“抗震等级”按钮，可以设定连续梁上箍筋加密区和梁上角筋连通是否需要，若想取消加密区及角筋连通，则可设定抗震等级为5级。

单击“已选组数”按钮，还可设定PK文件程序自动生成连续梁的名称为“LL-点取文件次序号”，如“LL-01”等。当点取完一组连续梁后，若想在同一张图上绘多组连梁，则可以连续点取第二组，点取前还可以切换层号点取。

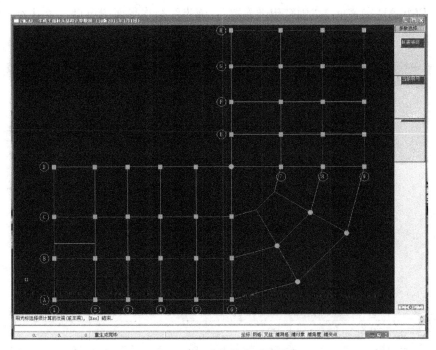

图 2.121 底层结构平面图

点取连梁时，可以选择 PM 的主梁、一级次梁、二级次梁，但要求它们连接在一条直线上。程序首先自动判断生成连续梁支座(红色为支座，蓝色为连通点)，设计者可根据需要重新定义支座情况，然后按 Esc 键结束退出。程序自动生成判断的原则：次梁与主梁的连接点必为支座点；次梁与次梁的交点及主梁与主梁的交点，当支撑梁高大于此连梁高50mm 以上时判定为支点；柱墙的支撑一定是支座点。

生成的连续梁数据文件一般应针对各层平面上布置的次梁或非框架平面内的主梁，它在连续梁绘图时的纵筋锚固长度按非抗震梁选取。

2.5 绘结构平面施工图

当设计者完成 PMCAD 主菜单 1、主菜单 2 以后，即可开始绘制结构平面图，设计者通过选择 PMCAD 主菜单 3"画结构平面图"中的选项来完成结构平面布置图的绘制，并可以完成现浇楼板的配筋计算及楼板配筋图的绘制。可选取任一楼层绘制它的结构平面图，每一层绘制在一张图样上，图的名称为 PM∗.t("∗"为层号)，图纸规格及比例等取自 PMCAD 主菜单 1 建模时定义的值，也可在这里修改。需绘图的楼层层号在一开始时键入。

2.5.1 楼板计算和输入绘图参数

绘制结构平面图主要有选择楼层、参数定义、楼板计算和绘制结构平面图 4 个主要步骤。

双击 PMCAD 主菜单 3"画结构平面图",弹出绘结构平面图窗口,如图 2.122 所示。

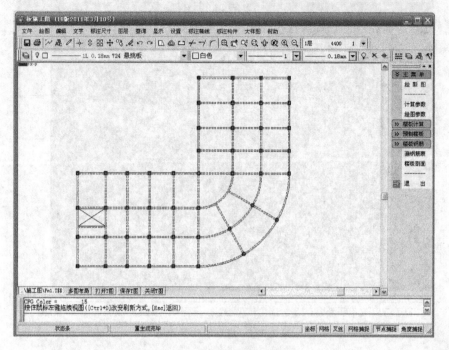

图 2.122　楼板结构施工图窗口

右侧窗格中的菜单主要为专业设计的内容,包括绘新图、计算参数、绘图参数、楼板计算、预制楼板、楼板钢筋等内容。

子菜单的主要内容为两大类:第一类是通用的图形绘制、编辑、打印等内容,操作与 PKPM 通用菜单"图形编辑、打印及转换"相同;第二类是含专业功能的 4 个子菜单,包括施工图设置、平面图标注轴线、平面图上的构件标注和构件的尺寸标注、大样详图。

下面对右侧窗格中的菜单进行简要介绍。

1. 绘新图

如果原来已经对该层执行过画平面图的操作,当前工作目录下已经有当前层的平面图,则选择"绘新图"选项后,程序提供两个选择,如图 2.123 所示。

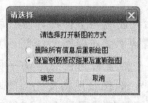

图 2.123　绘新图的方式

(1)删除所有信息后重新绘图。指将内力计算结果、已经布置过的钢筋,以及修改过的边界条件等全部删除,当前层需要重新生成边界条件,内力需要重新计算。

(2)保留钢筋修改结果后重新绘图。指保留内力计算结果及所生成的边界条件,仅将已经布置的钢筋施工图删除,重新布置钢筋。

2. 计算参数

首次对某层做计算时,应先设置好计算参数,其中主要包括计算方法(弹性或塑性)、边缘梁墙、错层板的边界条件,钢筋级别等参数,设置好计算参数后,程序会自动根据相关参数生成初始边界条件,设计者可对初始边界条件根据需要再做修改。

　　选择"计算参数"选项，弹出"楼板配筋参数"对话框，如图 2.124 所示。下面对各选项做简要介绍。

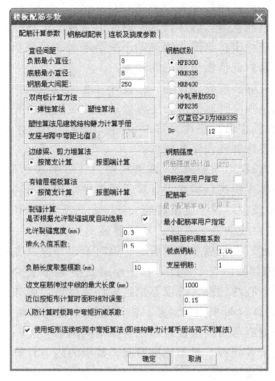

图 2.124　"楼板配筋参数"对话框

1）配筋计算参数

（1）负筋最小直径/底筋最小直径/钢筋最大间距。程序在选择实配钢筋时首先要满足规范及构造的要求，再与设计者此处所设置的数值做比较，如自动选取的直径小于设计者所设置的数值，则取设计者所设的值，否则取自动设置的结果。

　　提示：根据工程施工经验楼板支座钢筋的最小直径应≥8mm，这样施工中支座钢筋不易被踩下，可以避免楼板裂缝的产生。为了施工方便，选择板内正、负钢筋时，一般宜使它们的间距相同而直径不同，直径不宜多于两种。板分布钢筋的间距不宜大于250mm（一般取200mm），直径不小于6mm，在受力钢筋的弯折处也宜设置分布筋。

（2）双向板计算方法。可以选用弹性算法也可以选用塑性算法。当采用塑性算法时，支座与跨中弯矩的比值一般情况下根据经验可取 1.5～2.0，设计中通常取 2.0。

　　提示：双向板计算方法一般选择弹性方法，这样偏于安全。塑性算法计算配筋经济，要认真校核计算结果，并注意查看楼板裂缝宽度和挠度值是否满足规范要求。

（3）板底钢筋面积调整系数。程序隐含为1，一般情况下可取1.1。

（4）支座钢筋面积调整系数。程序隐含为1，一般情况下可取1.0。

（5）边缘梁、剪力墙算法。程序提供按固端或简支计算两种方法，一般情况下与框架梁相连的板外边界按简支计算，板支座钢筋按一般构造要求配置；与剪力墙相连的板外边界按固支计算，板边支座钢筋要锚固到墙内，并满足锚固长度要求。

(6) 有错层楼板算法。程序提供支座按固端或简支计算,当相邻楼板错层较大时按简支计算,当相邻楼板错层较小时按固定计算。

(7) 钢筋强度用户指定,钢筋强度设计值(N/mm²)。当钢筋强度设计值为非规范指定值时,设计者可指定钢筋强度,程序计算时取此值做最小配筋计算。

(8) 最小配筋率用户指定。当受力钢筋最小配筋率为非规范指定值时,设计者可指定最小配筋率,程序计算时取此值做最小配筋计算。

(9) 是否根据允许裂缝挠度自动选筋。如设计者选择按照允许裂缝宽度选择钢筋,则程序选出的钢筋不仅满足强度计算要求,还将满足允许裂缝宽度要求。

(10) 准永久值系数。在做板挠度计算时,荷载组合应为准永久组合,其中活荷载的准永久值系数采用此处设计者所设定的数值。

(11) 使用矩形连续板跨中弯矩算法(即结构静力计算手册活荷不利算法)。选中本复选框表示矩形连续板跨中弯矩按结构静力计算手册考虑活荷载不利布置的算法计算。

(12) 负筋长度取整模数。对于支座负筋长度按此处所设置的模数取整。

(13) 边支座筋伸过中线的最大长度。对于普通的边支座,一般的做法是板负筋伸至支座外侧减去保护层厚度,根据需要再做弯锚。但对于边支座过宽的情况下,如支座宽为1000mm,可能会造成钢筋的浪费,因此,程序规定支座负筋至少伸至中心线,在满足锚固长度的前提下,伸过中心线的最大长度不超过设计者所设定的数值。

(14) 近似按矩形计算时面积相对误差。由于平面布置的需要,有时候在平面中存在这样一种房间,它与规则矩形房间很接近,如规则房间局部切去一个小角,某一条边是圆弧线,但此圆弧线接近于直线等。对于此种情况,其板的内力计算结果与规则板的计算结果很接近,可以按规则板直接计算。

(15) 人防计算时板跨中弯矩折减系数。根据《人民防空地下室设计规范》(GB 50038—2005)第 4.6.6 条之规定,当板的周边支座横向伸长受到约束时,其跨中截面的计算弯矩值可乘以折减系数 0.7。根据此条的规定,设计者可设定跨中弯矩的折减系数。

提示: 当板中温度应力较大时,宜按计算的温度应力确定温度钢筋的数量。当不计算温度应力时,在可能产生温度拉应力的方向按构造配置温度钢筋,其配筋率不宜小于 0.2%,间距不宜大于 200mm。温度钢筋宜以钢筋网的形式在板的上、下表面配置。跨度大于 4m 的多跨连续板采用泵送混凝土时,亦宜按上述原则在板的上、下表面配置双向构造钢筋网。

2) 钢筋级配表

配筋计算参数修改完后,选择"钢筋级配表"选项卡,如图 2.125 所示。

表中是程序设定的隐含值,设计者可以根据工程选筋习惯对此表进行删除或添加,也可直接单击"确定"按钮采用程序设定的隐含值。

3) 连板及挠度参数

当进行连续板串计算时,选择"连板及挠度参数"选项卡,如图 2.126 所示。

(1) 左(下)端支座。指连续板串的最左(下)端边界。

(2) 右(上)端支座。指连续板串的最右(上)端边界。

(3) 次梁形成连续板支座。在连续板串方向如果有次梁,则次梁是否按支座考虑。

(4) 荷载考虑双向板作用。形成连续板串的板块,有可能是双向板,此块板上作用的荷载是否考虑双向板的作用。如果考虑,则程序自动分配板上两个方向的荷载;否则板上的均布荷载全部作用在该板串方向。

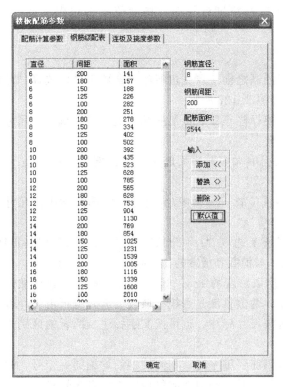

图 2.125 "钢筋级配表"选项卡

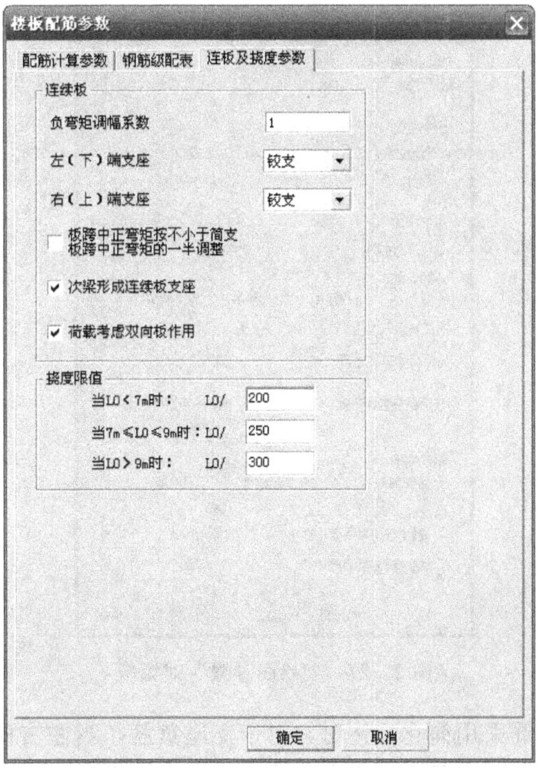

图 2.126 "连板及挠度参数"对话框

(5) 挠度限值。在做板挠度计算时，挠度值是否超限按此处设计者所设置的数值验算。

3. 绘图参数

在进行结构平面图绘制之前应首先进行相关参数定义，选择"绘图参数"选项，弹出"绘图参数"对话框，如图 2.127 所示。

在绘制施工图时，要标注正筋、负筋的配筋值，钢筋编号，尺寸等。负筋界限位置是指负筋标注时的起点位置。

(1) 绘图比例。工程中大多数平面施工图的比例为 1：100，个别工程平面施工图的比例为 1：150。

(2) 负筋位置。界线位置——梁中/梁边，一般选择梁中；尺寸位置——上边/下边，一般选择下边。

(3) 多跨负筋。当长度选取"1/4 跨长"或"1/3 跨长"时，负筋长度仅与跨度有关。当选取"程序内定"时，与恒载和活载的比值有关，当 $q_k \leqslant 3g_k$ 时，负筋长度取跨度的 1/4；当 $q_k > 3g_k$ 时，负筋长度取跨度的 1/3。其中，g_k 为永久荷载标准值，q_k 为可变荷载标准值。对于中间支座负筋，两侧长度是否统一取较大值，也可由设计者指定。

(4) 负筋标注。可按尺寸标注，也可按文字标注。两者的区别在于是否画尺寸线及尺寸界线。

(5) 钢筋编号。板钢筋要编号时，相同的钢筋均编同一个号，只在其中的一根上标注钢筋信息及尺寸。不要编号时，则图上的每根钢筋没有编号号码，在每根钢筋上均要有钢筋的级配及尺寸。画钢筋时，设计者可指定哪类钢筋编号，哪类钢筋不编号。

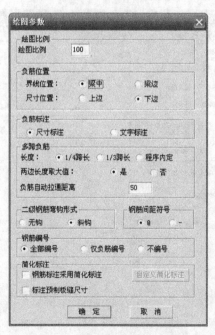

图 2.127　"绘图参数"对话框

(6) 简化标注。钢筋采用简化标注时，对于支座负筋，当左右两侧的长度相等时，仅标注负筋的总长度。设计者也可以自定义简化标注。选择自定义简化标注时，当输入原始标注钢筋等级时应注意 HPB300、HRB335、HRB400、RRB400、冷轧带肋钢筋分别用字母 A、B、C、D、E 表示，如 A8@200 表示 8@200 等。

（7）钢筋间距符号。用@或"-"表示。根据制图标准选择用@。

4. 楼板计算

选择"楼板计算"选项，程序自动由施工图状态（双线图）切换为计算简图（单线图）状态，并弹出如图 2.128 所示的子菜单。在这里程序对每个房间完成板底和支座的配筋计算，房间就是由主梁和墙围成的闭合多边形。当房间内有次梁时，程序对房间按被次梁分割的多个板块计算。下面仅对主要选项做简要介绍。

（1）修改板厚、修改荷载。首先检查板厚、楼板上的恒荷载和活荷载，如有必要在弹出的对话框中输入数据，然后单击需要修改的楼板。

（2）显示边界。板在计算之前，必须生成各板块的边界条件。首次生成板的边界条件是按以下条件形成的。

① 公共边界没有错层的支座两侧均按固定边界生成板。

② 公共边界有错层（错层值相差 10mm 以上）的支座两侧均按楼板配筋参数中的"错层楼板算法"设定。

③ 非公共边界（边支座）且其外侧没有悬挑板布置的支座按楼板配筋参数中的"边缘梁、墙算法"设定。

④ 非公共边界（边支座）且其外侧有悬挑板布置的支座按固定边界生成板。

设计者可对程序默认的边界条件（简支边界、固定边界、自由边界）加以修改。表示不同的边界条件时用不同的线型和颜色，红色代表固支，蓝色代表简支。板的边界条件在计算完成后可以保存，下次重新进入修改边界条件时，板的边界条件可读取保存的结果也可取程序默认结果。

（3）自动计算。选择"楼板计算/自动计算"选项，程序自动按各独立房间计算板的内力。

图 2.128　"楼板计算"子菜单

（4）连板计算。对设计者确定的连续板串进行计算。单击选择两点，这两点所跨过的板为连续板串，并沿这两点的方向进行计算，将计算结果写在板上，然后用连续板串的计算结果取代单个板块的计算结果。如果想取消连续板计算，则只能重新选择"楼板计算/自动计算"选项。

（5）房间编号。选择"楼板计算/房间编号"选项，可全层显示各房间编号。当自动计算时，可提示某房间计算有错误，方便设计者检查。

（6）弯矩。选择"楼板计算/弯矩"选项，则显示板弯矩图，在平面图上标出每根梁、次梁、墙的支座弯矩值（蓝色），标出每个房间板跨中 X 向和 Y 向弯矩值（黄色），该图名称为 BM＊.t。

（7）计算面积。选择"楼板计算/计算面积"选项，显示板的计算配筋图，梁、墙、次梁上的值用蓝色显示，各房间板跨中的值用黄色显示，当为 HPB300 级和 HRB335 级混合配筋时，图上数值均是按 HPB300 级钢筋计算的结果，该图名称为 BAS＊.T。

提示：HPB300 级、HRB335 级混合配筋时，配筋图上的钢筋面积均是按 HPB300 级钢筋计算的结果，如果实配钢筋取为 HRB335 级钢筋，则实配面积可能比图上的小。

（8）裂缝、挠度、剪力。选择"楼板计算/裂缝"、选择"楼板计算/挠度"和选择"楼板计算/剪力"选项，则分别显示板的裂缝宽度计算结果图（CRACK＊.T）、挠度计算结果图（DEFLET＊.T）和剪力计算结果图（BQ＊.T）。

（9）计算书。选择"楼板计算/计算书"选项，可详细列出指定板的详细计算过程。计算书仅对于弹性计算时的规则现浇板起作用，计算书包括内力、配筋、裂缝和挠度。

计算以房间为单元进行并给出每个房间的计算结果。需要计算书时，首先由设计者单击需给出计算书的房间，然后程序自动生成该房间的计算书。

（10）面积校核。选择"楼板计算/面积校核"选项，可将实配钢筋面积与计算钢筋面积做比较，以校核实配钢筋面积是否满足计算要求。实配钢筋面积与计算钢筋面积的比值小于 1 时，以红色显示。

5．预制楼板

布置预制板信息在建模过程中已经定义，在此子菜单下主要是将预制板信息在平面施工图中画出来。

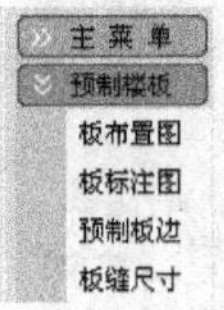

选择"预制楼板"选项，弹出右侧子菜单如图 2.129 所示。

（1）板布置图。"板布置图"是画出预制板的布置方向，板宽、板缝宽，现浇带宽及现浇带位置等。对于预制板布置完全相同的房间，仅详细画出其中的一间，其余房间只画上它的分类号。

图 2.129 "预制楼板"子菜单

（2）板标注图。"板标注图"是预制板布置的另一画法，它画一条连接房间对角的斜线，并在上面标注板的型号、数量等。先由设计者给出板的数量、型号等字符，再逐个单击该字符应标画的房间，每单击一个房间就标注一个房间，单击完毕，按 Esc 键，或右击，则返回到右侧子菜单。

（3）预制板边。"预制板边"是在平面图上梁、墙用虚线画法时，预制板的板边画在梁或墙边处，当设计者需将预制板边画主梁或墙的中心位置时，则选择"预制楼板/预制板边"选项，并按屏幕提示选择相应选项即可。

（4）板缝尺寸。"板缝尺寸"是在平面图上只画出板的铺设方向不标板宽尺寸及板缝尺寸时，选择此选项后并选择相应选项即可。

6．楼板钢筋

绘板钢筋之前，必须要已经选择过"楼板计算"选项，否则绘出钢筋标注的直径和间距都是 0 或不能正常画出钢筋。楼板计算后，程序给出各房间的板底钢筋和每一根杆件的支座钢筋。板底钢筋以主梁或墙围成的房间为单元，给出 X、Y 两个方向配筋。选择"逐间布筋"、"板底正筋"选项绘图时以房间为单元绘出板底钢筋。选择"板底通长"选项时，将由设计者指定板底钢筋跨越的范围，一般都跨越房间。程序将在设计者指定的范围和方向上取大值绘出钢筋。选择"支座通长"选项时，可把并行排列的不同杆件的支座钢筋连通，程序将在设计者指定的多个支座和方向上取大值画出钢筋。

程序给每一根梁、墙和次梁杆件都配置了支座负钢筋，而且当两支座钢筋相距很近（小于绘图参数对话框中负筋自动拉通距离）时，程序自动将两负筋合并，按拉通钢筋处理。选择"逐间布筋"选项时，不管房间的每边包含几根杆件都只在每边上的其中一根杆件上绘出支座钢筋。当选择"支座负筋"选项时可以取任一杆件绘出其上的钢筋。"支座通长"选项可把并行排列的不同杆件的支座钢筋连通，程序取各支座钢筋的大值绘出。

每个房间的板底筋和每个杆件的支座筋不会重复绘出，例如，"板底正筋"选项已绘出某房间板底筋，再选择"板底通长"选项重绘了该房间后，该房间原有的板底正筋将自动从图面上删除。又如，对已绘出的支座钢筋选择"支座通长"选项连接后，原有的支座钢筋也自动删除。

无论是"板底通长"还是"支座通长"，都只能表示钢筋在一个方向上的拉通，在与其拉通钢筋的垂直方向，只能是一个房间或一个杆件（网格）范围。对于双向范围内的拉通，就必须使用"区域"。区域是以房间为基本单位的，可以是一个房间，也可以是多个彼此相连的房间，但需能形成一个封闭的多边形。由于区域钢筋一般是表示双向拉通的，因此与普通的拉通（单向拉通）稍有不同，在绘此类钢筋时需要同时标注其区域范围。对于已经布置好的区域钢筋可多次在不同位置标注其区域范围。

程序自动拉通钢筋时，拉通钢筋取在拉通范围内所有钢筋面积的最大值。但这样做不一定经济，设计者可将拉通钢筋做适当调整，以使其满足大部分拉通范围的要求，在局部不足的地方再做补强。

在已有拉通钢筋的范围内，可能存在局部需要加强的（支座或房间）范围，此范围的钢筋与拉通钢筋的关系是补充拉通钢筋在局部的不足，此类钢筋可称为"补强钢筋"。补强钢筋必须在已布置有拉通钢筋的情况下才能布置。

下面我们简单介绍楼板钢筋各选项的用法。

选择"楼板钢筋"选项，弹出其菜单，如图2.130所示。

图 2.130　"楼板钢筋"子菜单

（1）逐间布筋。由设计者挑选有代表性的房间绘出板钢筋，其余相同构造的房间可不再绘出。

选择"楼板钢筋/逐间布筋"选项，屏幕左下角提示"请用光标点取房间。（按 Tab 键可用窗口点取，按 Esc 键退出）"。设计者只需单击房间或按 Tab 键转换为窗口选择方式，成批选取房间，程序就会自动绘出所选取房间的板底钢筋和四周支座的钢筋。

（2）板底正筋。此选项用来布置板底正筋，板底筋是以房间为布置的基本单元。

选择"楼板钢筋/板底正筋"选项，弹出板底钢筋布置方向对话框，如图2.131所示。设计者可以选择布置板底筋的方向（X 方向或 Y 方向），然后选择需布置的房间即可。

图 2.131　板底钢筋布置方向对话框

（3）支座负筋。此选项用来布置板的支座负筋。支座负筋以梁、墙、次梁为布置的基本单元，设计者选择需布置的杆件即可。

（4）补强正筋。此选项用来布置板底补强正筋。板底补强正筋以房间为布置的基本单元，其布置过程与板底正筋相同。注意：在已布置板底拉通钢筋范围内才可以布置。

（5）补强负筋。此选项用来布置板的支座补强负筋。支座补强负筋以梁、墙、次梁为布置的基本单元，其布置过程与支座负筋相同。注意：在已布置支座拉通钢筋的范围内才可以布置。

（6）板底通长。此选项的配筋方式不同于其他选项，它将板底钢筋跨越房间布置，将支座钢筋在设计者指定的某一范围内一次绘出或在指定的区间连通，这种方法的重要作用是可把几个已绘好房间的钢筋归并整理重新绘出，还可把某些程序绘出效果不太理想的钢筋布置，按设计者指定的走向重新布置，如非矩形的间处的楼板。

选择"楼板钢筋/板底通长"选项，钢筋不再按房间逐段布置，而是跨越房间布置，绘 X 向板底筋时，设计者先用光标点取左边钢筋起始点所在的梁或墙，再点取该板底钢筋在右边终止点处的梁或墙，这时程序挑选出起点与终点跨越的各房间，并取各房间 X 向板底筋最大值统一布置，此后屏幕提示点取该钢筋绘在图面上的位置，即它的 Y 坐标值，随后程序把钢筋绘出。

当通长配筋通过的房间是矩形房间时，程序可自动找出板底钢筋的平面布置走向，如通过的房间为非矩形房间，则要求设计者点取一根梁或墙来指示钢筋的方向，也可输入一个角度确定方向，此后，各房间钢筋的计算结果将向这方向投影，确定钢筋的直径与间距。

板底通长钢筋布置在若干房间后，房间内原有已布置的同方向的板底钢筋会自动消去，如它还在图面上显示，则按 F5 键重显图形后即消失了。

（7）支座通长。此选项是由设计者点取起始和终止（起始一定在左或下方，终止在右或上方）的两个平行的墙、梁支座，程序将这一范围内原有的支座筋抹去，换成一根面积较大的连通的支座钢筋。

（8）区域钢筋。选择"楼板钢筋/区域钢筋"选项，弹出"布置区域钢筋"对话框，如图 2.132 所示。设计者选择钢筋类型（正筋或负筋）以及钢筋布置角度，单击"拾取钢筋定区域"按钮，选择围成区域的房间，可点选、窗选、围栏选，选择的区域最外边界会自动加粗加亮显示，程序自动在属于该区域的各房间相同钢筋布置方向取大值，最后由设计者指定钢筋所画的位置及区域范围所标注的位置。

（9）区域标注。对于已经布置好的"区域钢筋"，可多次在不同的位置标注其区域范围。

（10）洞口配筋。对洞口做洞边附加筋配筋，只对边长或直径在 300～1000mm 的洞口才做配筋，单击某有洞口的房间即可。

提示： 洞口周围要有足够的空间以免绘线重叠。

（11）钢筋修改。此选项可对已绘在图面上的钢筋移动、删除，或修改其配筋参数。

选择"楼板钢筋/钢筋修改"选项，屏幕左下角提示"请用光标点取钢筋（按 Tab 键可用窗口点取，按 Esc 键退出）"，单击需要修改的钢筋后，弹出修正支座钢筋对话框，如图 2.133 所示。

图2.132 "布置区域钢筋"对话框

图2.133 修改支座钢筋对话框

选中"同编号修改"复选框,钢筋修改其配筋参数后,所有与其同编号的钢筋同时修改。

（12）移动钢筋。可对支座钢筋和板底钢筋用光标在屏幕上拖动,并在新的位置绘出。

（13）删除钢筋。可用光标删除已绘出的钢筋。

提示: 在平面图上,每根梁、墙的支座钢筋和每个矩形房间的板底钢筋只能绘出一次,每当用人机交互方式在新的位置指示绘这些钢筋时,这些钢筋会自动在旧的位置上消失并移动到新的位置。钢筋的编号是随时进行的,任意删除、增添和修改都不会打乱钢筋的编号次序。绘楼板钢筋时,程序在设计上尽量躲避板上的洞口,但有时难以躲开,此时请设计者用钢筋移动选项将这些钢筋从洞口处拉开,或用任意配筋选项重新设定钢筋的长度。

（14）负筋归并。程序可对长短不等的支座负筋长度进行归并。归并长度由设计者在对话框(图2.134)中给出。对支座左右两端挑出的长度分别归并,但程序只对挑出长度大于300mm的负筋才做归并处理,因为小于300mm的挑出长度常常是支座宽度限制生成的长度。

归并方法主要区分是否按同直径归并,如选中"相同直径归并"单选按钮,则按直径分组分别做归并,否则不考虑钢筋直径的影响,按一组做归并。

提示: 支座负筋归并长度是指支座左右两边长度之和。

（15）钢筋编号。对于已绘制好的钢筋平面图,由于绘图过程中的随意性,从而造成了钢筋编号从整体上来说,没有一定的规律性,想找某编号的钢筋需要反复寻找。此功能主要是对各钢筋重新按照指定的规律重新编号,编号时可指定起始编号、选定范围(点选、窗选、围栏选)、相应角度,如图2.135所示,程序先对房间按此规律排序,对于排好序的房间以先板底再支座的顺序重新对钢筋进行编号。

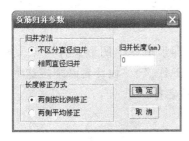

图2.134 "负筋归并参数"对话框

图2.135 "钢筋编号参数"对话框

7. 房间归并

程序可对相同钢筋布置的房间进行归并。相同归并号的房间只在其中的样板间上绘出详细配筋值，其余只标上归并号。

选择"房间归并"选项，弹出的子菜单如图 2.136 所示。

(1) 自动归并。程序对相同钢筋布置的房间进行归并，而后要选择"房间归并/重画钢筋"选项，弹出是否按楼板归并结果绘钢筋对话框，如图 2.137 所示，单击"是"按钮，则程序只在样板间内绘钢筋；单击"否"按钮，则程序在每块楼板上绘钢筋，单击按钮后，屏幕左下角提示"请用窗口选取房间"，然后用窗口选取方式选取整个结构平面，则在每块板上绘出钢筋。

(2) 人工归并。对归并不同的房间，人为地指定某些房间与另一房间归并相同，而后要选择"房间归并/重画钢筋"选项。

(3) 定样板间。程序按归并结果选择某一房间为样板间来绘钢筋详图。为了避开钢筋布置密集的情况，可人为指定样板间的位置。

图 2.136 "房间
归并"子菜单

图 2.137 是否按归并结果绘钢筋对话框

提示：此操作后要选择"房间归并/重画钢筋"选项，程序才能将详图布置到新指定的样板间内。

8. 钢筋表

选择"钢筋表"选项，则程序自动生成钢筋表，上面会显示所有已编号钢筋的直径、间距、级别、单根钢筋的最短长度和最长长度、根数、总长度和总质量等。目前施工图上一般不画钢筋表。

9. 楼板剖面

选择"楼板钢筋"选项，可将设计者指定位置的板的剖面，按一定比例绘出。

10. 退出主菜单

选择此项选项退出主菜单，这时，该层平面图即形成一个图形文件，该文件名称为PM＊.T(＊代表楼层号，如第 2 层的平面图名称为 PM1.T)。设计者必须按这个规律记住这些名称，在后面的图形编辑等操作时需要调用这些名称。

2.5.2 楼板施工图的标注

施工图的标注用菜单中的选项完成。

1. 标注设置

1) 设置/文字设置/文字标注

它主要设置施工图各种文字标注的高度，单位为 mm，是指按出图比例打印的实际尺寸，如图 2.138 所示。

2) 设置/文字设置/尺寸标注

控制施工图各类尺寸标注的长度、距离大小等，如图 2.139 所示。

图 2.138　文字标注设置　　　　　　图 2.139　尺寸标注设置

2. 标注轴线

1) 自动标注轴线

它仅对正交的且已命名的轴线才能执行，它根据设计者所选择的信息自动画出轴线与总尺寸线，设计者可以控制轴线标注的位置，如图 2.140 所示。

2) 交互标注轴线

选择"交互标注轴线"选项，屏幕左下角提示"移光标点取起始轴线"，单击轴线后屏幕提示"移光标点取终止轴线"，单击轴线后屏幕提示"移光标去掉不标的轴线(Esc 没有)"，右击，弹出"轴线标注参数"对话框，如图 2.141 所示，选择完参数后单击"确定"按钮，屏幕提示"用光标指定尺寸线位置"，指定完后，屏幕提示"用光标指定引出线位置"，指定完后即完成交互标注。

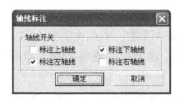

图 2.140　"轴线标注"对话框

图 2.141　"轴线标注参数"对话框

(1) 总尺寸。指是否标注起止轴线距离。

（2）轴线号。指是否标注轴线号。

（3）标注网格线。指绘制每条轴线两端点间线段，并稍有出头。

3）逐根点取

此选项可每次标注一批平行的轴线，但每根需要标注的轴线都必须单击，再按提示指示这些单击轴线在平面图上画出的位置，这批轴线的轴线号和总尺寸可以画，也可以不画。标注的结果与单击轴线的顺序无关。

4）标注弧长

它指定起止轴线(圆弧网格两端轴线)，程序自动识别起止轴线间的轴线，并用红色线显示；挑出不标注的轴线；指定需要标注弧长的弧网格；指定标注位置；指定引出线长度。

"标注角度"、"标注半径"、"半径角度"、"弧角径"的操作方法同"标注弧长"。

5）楼板标高

"楼板标高"指在施工图的楼面位置上标注该标准层代表的若干个层的各标高值，各标高值均由设计者键盘输入(各数中间用空格或逗号分开)，再单击这些标高在图面上的标注位置，输入对话框如图 2.142 所示。

图 2.142　楼面标高对话框

6）标注图名

"标注图名"指标注平面图图名。图名内容由程序自动生成，主要包括层号及绘图比例信息，设计者可指定标注位置。

7）层高表

"层高表"指在当前图面指定为插入工程的结构楼层层高表。由程序根据当前楼层的楼层表信息自动生成。

8）拷贝他层

施工图设计过程中，有些情况下需要将其他图上的内容复制到当前图面上，"拷贝他层"可以将选中图上特定层的内容复制当前图面上。

3．标注构件

选择"标注构件"菜单中的各项选项，来完成对梁尺寸、梁截面、柱尺寸、柱截面、墙尺寸、板厚、墙洞口、板洞口、次梁定位、柱、梁、墙上标注说明字符，并可将梁和柱经 SATWE 的归并计算结果编号标注在图中。

提示：注柱字符和注梁字符时，可同时把柱、梁的截面尺寸标注在平面图上。

2.5.3 楼板配筋图绘制实例

【**实例** 2.19】请用 PMCAD 主菜单 3 "画结构平面图"接实例 2.18 绘制二层楼板配筋图并将其转换成 AutoCAD 图。

下面我们分 5 步完成楼板施工图的绘制。

1. 进入 PMCAD 主菜单 3

双击 PMCAD 主菜单 3 "画结构平面图",绘图区显示的结构平面图为(1 几何楼层号)1 层。

2. 参数定义

1) 配筋参数

选择 "参数定义"选项,弹出 "楼板配筋参数"对话框,在对话框中进行参数设定,如图 2.143 所示。

提示：工程上与框架梁或圈梁相连的板外边界按简支计算,与剪力墙相连的板外边界按固支计算。

选择 "钢筋级配表"选项卡,可以进行删除和添加。本工程我们选择 3 种钢筋直径 8mm、10mm、12mm,每种钢筋间距选择 100mm、150mm、200mm。将不需要的钢筋直径和间距删除,单击 "确定"按钮关闭对话框。

2) 绘图参数

选择 "绘图参数"选项,弹出 "绘图参数"对话框,本工程修改后的绘图参数如图 2.144 所示。单击 "确定"按钮返回主菜单。

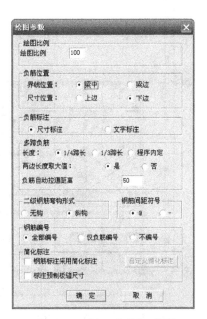

图 2.143 "楼板配筋参数"对话框   图 2.144 "绘图参数"对话框

3. 楼板计算

选择"楼板计算/自动计算"选项，可以查看计算后的板筋面积、弯矩、剪力、挠度和裂缝等，也可查看每块板的计算书。

4. 进入绘图

选择"进入绘图/标注轴线/自动标注"选项，弹出自动标注对话框，选择完后单击"确定"按钮即可完成轴线标注。选择"主菜单"选项退出轴线自动标注菜单。

选择"楼板钢筋/房间归并/自动归并"选项，然后选择"重画钢筋"选项，弹出提示对话框，如图 2.145 所示。

图 2.145　选择楼板钢筋绘图方式

单击"否"按钮，程序自动绘出楼板钢筋，如图 2.146 所示。选择"主菜单/存图退出"选项，此时程序形成的图形文件名为 PM1.T，1 为第 1 几何层，即结构施工图中的 2 层楼板。

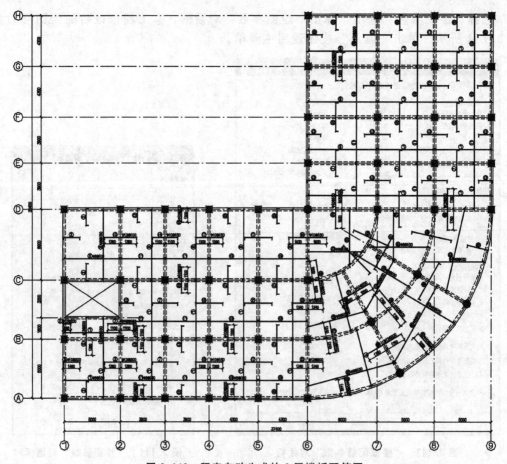

图 2.146　程序自动生成的 2 层楼板配筋图

5. PM1. T 转换为 PM1. DWG

双击 PMCAD 主菜单 7 "图形编辑、打印及转换",选择屏幕上方 "工具/T 图转 DWG" 选项,在 "工作文件夹/施工图" 中找到 PM1. T,单击 "打开" 按钮即转化为 PM1. DWG,这样可在 AutoCAD 中对结构平面施工图进行修改。

提示:绘制屋顶楼板配筋图时,考虑温度应力作用,应选择 "楼板钢筋/支座通长" 菜单中选项布置支座钢筋通长。

习　题

一框架-剪力墙结构共 6 层,分 3 个结构标准层。第一结构标准层如图 2.147 所示,为建筑 2 层;第二结构标准层为建筑 3~6 层;第三结构标准层为建筑屋面。

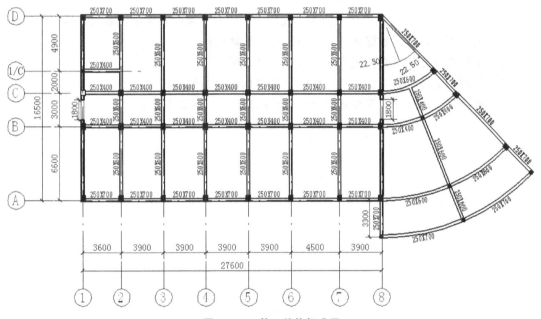

图 2.147　第一结构标准层

第一结构标准层。平面布置如图 2.147 所示,图中梁居中布置,截面尺寸如图 2.147 所示。柱布置如图 2.147 所示,矩形柱子截面尺寸为 400mm×500mm,圆形柱子直径为 350mm。外周柱子同边梁外平,剪力墙上柱子与剪力墙一侧平。楼板厚 100mm,混凝土强度等级为 C25。在图示 1~2 轴与 C~D 轴之间设有洞口为楼梯间。剪力墙厚 250mm,剪力墙上居中布置有 1800mm×2400mm 的门洞,室内外高差为 0.600m,基础顶面到室外地坪的距离为 500mm。

第二结构标准层。在第一标准层的平面布置中,去除 8 轴右侧圆弧部分及 A 轴前面的梁和圆柱,剪力墙上布置有 1800mm×1500mm 的窗洞,底标高 0.900m。其余同第一结构标准层。

第三结构标准层。在第二结构标准层的平面布置中,去处 1~2 轴与 C~D 轴之间的楼梯梁，楼板不开洞。其余同第二结构标准层。

楼面恒荷载标准值为 3.8kN/m²，活荷载标准值为 2kN/m²；楼梯间恒荷载标准值为 7.2kN/m²，活荷载标准值为 3.5kN/m²。

屋面恒荷载标准值为 5.6kN/m²，活荷载标准值为 2.0kN/m²。

每层楼周边梁均有恒载标准值为 10.5kN/m 的线荷载，屋面周边梁均有恒荷载为 5.6kN/m 的线荷载。

第一层层高 3300mm(**提示**：PMCAD 建模时一层层高应从二楼板算到基础顶面的距离，即 4400mm)。

第 2～6 层层高 3600mm。

地震烈度 7 度(0.10g)第一组，场地类别为 Ⅱ 类，周期折减系数为 0.80，振型数为 3，梁端负弯矩调幅系数为 0.85，框架抗震等级为 3 级，剪力墙抗震等级为 2 级；考虑风荷载，基本风压为 0.45kN/m²，地面粗糙度类别为 B 类，体系系数为 1.3。

要求：

(1) 进行 PMCAD 交互式数据输入。柱、梁布置；主梁荷载标准值输入，楼面恒、活荷载标准值输入；设计参数输入；楼层组装形成整体结构。

(2) 结构楼面布置信息。进行楼板开洞、修改板厚等。

(3) 楼面荷载传导计算。进行楼面恒活荷载标准值的修改。

(4) 绘制二层结构布置及楼板配筋，并转换成 AutoCAD 图形。

第**3**章
PK 平面结构计算与施工图绘制软件

PK 是框排架结构设计程序模块，是进行单层排架结构设计的常用程序。在本书第 2 章中已介绍过它可以接 PMCAD 建立的结构模型，生成任一轴线框架或任一连续梁结构的 PK 数据文件。本章主要介绍 PK 的交互建模功能，单独建立结构模型并进行分析计算与施工图的绘制，使设计者了解 PK 模块的基本使用方法。

▌3.1 PK 的应用范围

1．PK 采用二维内力计算模型

PK 可对平面框架结构、框排架结构、排架结构、连续梁、桁架、空腹桁架、拱形结构和剪力墙简化为壁式框架结构进行内力分析、抗震验算及裂缝宽度计算等。杆件材料为混凝土或钢结构，杆件连接可以为刚接或铰接。对于钢结构，应采用钢结构设计软件 STS 建模计算。

2．应用范围

在排架和框排架结构计算时，柱段总根数不大于 100 根，吊车荷载组数不大于 15 组。排架的跨数不大于 20 跨，排架柱的柱段总数不大于 100 根。可计算位于同一跨的上下双层吊车的作用组合。采用多、高层三维软件 SATWE 和 PMSAP 计算时，PK 可以绘制 100 层以内的钢筋混凝土框架梁柱施工图。

3.2 PK 数据交互输入和计算

选择"PK"选项后,屏幕显示 PK 程序主菜单,如图 3.1 所示。

图 3.1　PK 程序主菜单

由图 3.1 可知,PK 主菜单各项的操作从结构计算到完成施工图设计,需执行两个操作步骤:一是 PK 数据交互输入和计算,二是施工图绘制。第一步操作提供了结构模型的主要信息源,第二步操作时还需补充输入绘制施工图需要的相关信息。

下面介绍操作步骤一:PK 主菜单 1"PK 数据交互输入和计算"。

双击主菜单 1"PK 数据交互输入和计算"选项后,弹出如图 3.2 所示的选择框。

如单击"打开已有交互文件"按钮,则设计者直接选择已有的交互式文件,文件名称为(*.JH)。

如单击"打开已有数据文件"按钮,指从 PMCAD 主菜单 4 生成的框架(PK-*)数据文件、连续梁(LL-*)数据文件,或以前用手工填写的结构计算数据文件(*.SJ)。单击该按钮后,弹出"打开已有数据文件"对话框,如图 3.3 所示。选择指定的数据文件后可用人机交互方式进行修改并计算。

如单击"新建文件"按钮,指从零开始建立一个框、排架或连续梁结构模型,则需输入要建立的新交互式文件的名称(*.JH)。输入文件名称后,弹出 PK 数据交互输入窗口,如图 3.4 所示。

设计者可用鼠标或键盘,采用和 PMCAD 平面轴线定位相同的方式,在屏幕上勾画框架立面图。框架立面可由各种长短、各种方向的直线组成,再在立面网格上布置柱、梁截面,最后布置恒荷载、活荷载及风荷载。建模输入完成后程序可自动对模型进行检查,发现问题后提示设计者，并可生成框架立面、恒荷载、活荷载及风荷载的各种布置简图。

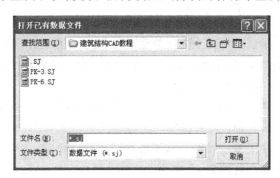

图 3.2 进入 PK 选择框   图 3.3 "打开已有数据文件"对话框

图 3.4 PK 数据交互输入窗口

下面介绍图 3.4 中各菜单的功能及用法。

3.2.1 参数输入

选择"参数输入"选项，弹出"PKPM 设计参数"对话框，如图 3.5 所示。

该对话框共有 5 个选项卡，分别为总信息参数、地震计算参数、结构类型、分项及组合系数、补充参数。对于一个新工程，程序自动将上述所有参数赋值(取多数工程中的常用值作为其隐含值)，在每次修改这些参数后，程序都自动存盘。

1. 总信息参数

"总信息参数"选项卡如图 3.5 所示，各参数的含义如下。

(1) 梁、柱混凝土强度等级 IC。梁、柱混凝土强度等级，若强度等级为 C20，则在文本框中填 20，若强度等级为 C25，则在文本框中填 25，以此类推，设计者根据工程设计输入梁、柱混凝土强度等级。

(2) 柱梁主筋级别 IG。钢筋级别有 HPB300、HRB335、HRB400、冷轧带肋 550 和 HRB500 共 5 种，可根据实际工程需要进行选择。

(3) 柱梁箍筋级别。箍筋级别同主筋，也共 5 种，程序默认为 HPB300 级，可根据实际工程需要进行选择。

(4) 梁、柱主筋混凝土保护层厚度(mm)。程序默认为 20mm，可根据《混凝土结构设计规范》规定和实际需要进行设置。

(5) 梁支座弯矩调幅系数 U1。在竖向荷载作用下，钢筋混凝土框架梁设计允许考虑混凝土的塑性变形内力重分布，适当减小支座负弯矩，相应增大跨中正弯矩，一般取 0.85。

(6) 梁惯性矩增大系数 U2。对于现浇楼板结构，可以考虑楼板对梁刚度的贡献而对梁刚度进行调整，程序默认为 1.0，一般一边有楼板的取 1.5，两边有楼板的取 2.0。

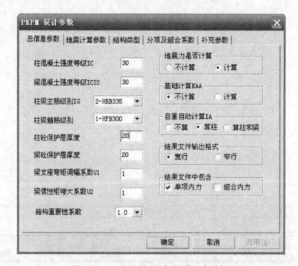

图 3.5　"总信息参数"对话框

(7) 结构重要性系数。由设计者按《混凝土结构设计规范》取值，计算抗震时取 1.0。

(8) 地震力是否计算。这是地震作用时，是否计算控制参数，其含义如下：不计算，即不计算地震作用；计算，即计算左、右两个方向的地震作用。

(9) 基础计算 KAA。不计算，即不计算基础数据；计算，即输出基础计算结果。

(10) 自重自动计算 IA。不算，即程序不进行梁、柱自重计算，需要设计者自己输入；算柱，即程序自动对柱自重进行计算，设计者不需对柱自重进行输入，但梁自重需要设计者输入；算柱和梁，即程序自动对柱和梁自重进行计算，不需设计者输入。

(11) 结果文件输出格式。选中"宽行"单选按钮，则程序计算结果按 130 行幅宽输出；选中"窄行"单选按钮，则程序计算结果按 80 行幅宽输出。

（12）结果文件是一个多选参数设置。选中"单项内力"复选框，则结果文件包含单项内力计算结果。选中"组合内力"复选框，则结果文件包含组合内力计算结果。同时选中"单项内力"和"组合内力"复选框，则结果文件中包含单项内力和组合内力的计算结果。

2. 地震计算参数

"地震计算参数"选项卡，如图3.6所示。

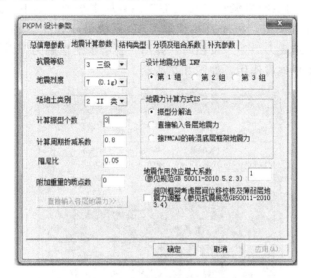

图3.6　"地震计算参数"选项卡

本选项卡显示了有关地震作用的信息，若在"总信息参数"选项卡中选择了不计算地震作用，则框架抗震等级应按实际情况填写，其他参数均可不设置程序默认即可，上述参数的含义及取值原则如下。

（1）抗震等级。可取值1、2、3、4、5，其中1、2、3、4分别代表一、二、三、四级抗震设计等级，5代表不考虑抗震构造要求。

（2）地震烈度。地震烈度的取值有6度(0.05g)、7度(0.1g)、7度(0.15g)、8度(0.2g)、8度(0.3g)和9度(0.4g)，可根据工程实际情况和《建筑抗震设计规范》要求进行设置。

（3）场地土类别。场地土类别可取值0、1、2、3、4、5分别代表全国的 I_0、I、II、III、IV类土和上海地区。

（4）计算振型个数。它与层数有关，一般可取3个振型，但应注意计算的振型数≤振动质点数(指框架合并后的振动质点)，如一层框架取1，二层框架取2，否则会造成地震作用计算异常。

（5）计算周期折减系数。周期折减的目的是充分考虑框架结构的填充砖墙刚度对计算周期的影响。纯框架结构取1.0；有填充墙的框架、框架-剪力墙，应视填充墙数量的多少而定，可取0.5～0.8。

（6）阻尼比。对于一些常规结构，程序给出了结构阻尼的隐含值，设计者可通过这选项改变程序的隐含值。

（7）附加重量质点数。附加重量是指未参加结构恒载、活载分析的重量，但该重量应在统计各振动质点重量时计入。若 IW＝0，则表示无附加重量的节点；若 IW≠0，则表示有 IW 个附加重量的节点个数。

（8）设计地震分组 INF。依据实际工程和《建筑抗震设计规范》选择地震设计分组。

（9）地震力计算方式 IS。选中"振型分解法"单选按钮，按振型分解法计算地震作用；选中"直接输入各层地震力"单选按钮，必须由设计者直接输入各层水平地震作用，如框架-剪力墙结构经过空间协调计算得到的框架各层水平力；选中"接 PMCAD 的砖混底层框架地震力"单选按钮，程序直接读取 CAD 系统另一程序 XTJS 得出的地震效应；单击"直接输入各层地震力＞＞"按钮时，弹出"各层水平地震力"对话框，这时可直接输入每个振型下的水平地震作用，如图 3.7 所示。

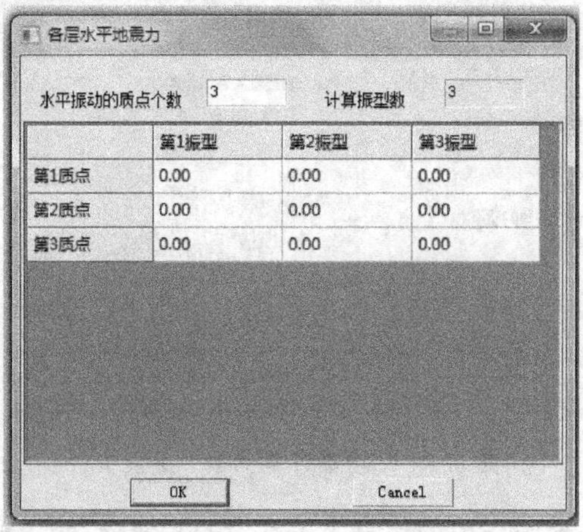

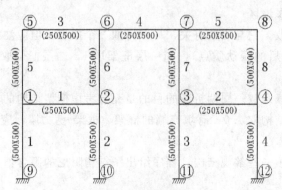

图 3.7　"各层水平地震力"对话框

① 输入水平振动的质点个数 NO。

② 依次输入各振型下的自下而上的各水平振动质点处的水平地震作用，先输入第一振型的，再输入第二振型的……，共 NV×NO 个。

对于较为规则的框架，有几层就有几个水平振动质点，自下而上排列，程序会自动做出判断。对于非规则框架，设计者需判断水平振动质点的个数和顺序，如图 3.8 所示的框架，其水平振动质点有 3 个，分别是节点①、节点⑤和节点③，此时需依次输入①、⑤、③处的水平地震作用。

图 3.8　框架立面图

（10）地震作用效应增大系数。参见《建筑抗震设计规范》第5.2.3.1条规定，当规则结构不进行扭转耦联计算时，平行于地震作用的两个边榀，其地震作用效应应乘以增大系数。一般情况下，短边可按1.15采用，长边可按1.05采用；当扭转刚度较小时，宜按不小于1.3采用。

（11）规则框架考虑层间位移校核及薄弱层地震力调整。若选中此项，设计者可参见《建筑抗震设计规范》第3.4.2～3.4.4条的规定进行设置。

3. 结构类型

结构类型包括框架、框排架、连梁、排架、底框、框支6种，设计者可根据实际工程进行选择。

结构类型选项如图3.9所示。

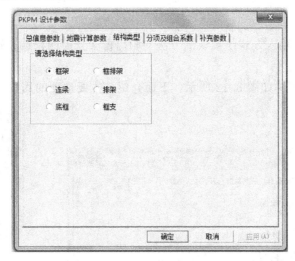

图3.9　结构类型选项

4. 分项及组合系数

"分项及组合系数"选项卡如图3.10所示。

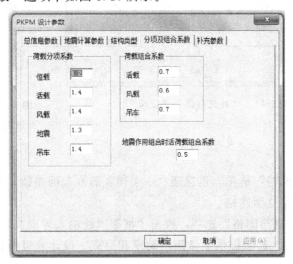

图3.10　"分项及组合系数"选项卡

设计者可以在本选项卡中指定各个荷载工况的分项系数和组合系数。

提示：程序内部将自动考虑"1.35 恒载＋0.7×1.4 活载"的组合。

5. 补充参数

"补充参数"选项卡如图 3.11 所示。

（1）剪力墙分布钢筋配筋率(%)。设计者可在此输入剪力墙分布钢筋配筋率，若输入0，则由程序自动确定。

（2）二台、四台吊车的荷载折减系数。计算排架时，多台吊车的竖向荷载和水平荷载的标准值，应乘以规范规定的折减系数，参见《建筑结构荷载规范》第 5.2.2 条规定，设计者可在此输入多台吊车的荷载折减系数，若输入 0 或 1，则由程序自动取 1.0。

3.2.2 网格生成

用 PMCAD 交互输入方式绘直线的方法勾画出框架立面网格线，这些网格线应该是柱的轴线或梁的顶面线。

"网格生成"子菜单如图 3.12 所示。下面介绍各主要选项的用法。

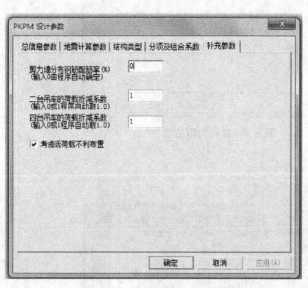

图 3.11 "补充参数"选项卡 　　图 3.12 "网格生成"子菜单

1. 框架网格

可以利用"框架网格"选项，迅速建立一个规整的框架网格线，再经过修改，就可以形成设计者需要的框架立面网格。

选择"网格生成/框架网格"选项，弹出"框架网线输入导向"对话框，如图 3.13 所示。其中，"数据输入"选项提供了常用的跨度和层高，设计者可根据对话框提示快速建立框架模型。

在"数据输入"下拉列表中，程序给定了常用的跨度和层高值。选择跨度和层高，通过数据输入选择合适的数据，单击"增加"按钮后会在"跨度列表"列表框中显示已输入的信息，在右侧会显示输入的网格，设计者可以检查和修改输入的网格。

初始化。该按钮可以使"数据输入"和"跨度列表"中的数值清空。设计者需注意初始化会删除以前输入的网格线。

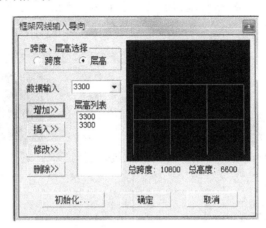

图 3.13 "框架网线输入导向"对话框

2. 两点直线、平行直线

通过"两点直线"和"平行直线"选项，可勾画框架立面网格，线条布置与定位的操作均与 PMCAD 建模相同。

3. 删除图素

"删除图素"用来删除已绘好的网格。绘好的线条会自动计算出它们之间相交或端点的每一个节点，在屏幕上以白色点显示。

4. 轴线命名

"轴线命名"用来定义每一根竖向柱列轴线的轴线号，轴线号信息可传给后面绘图菜单在施工图中显示。

5. 删除节点、删除网格、恢复节点、恢复网格、平移节点等选项

这些选项用来编辑修改已有的红色网格线和白色节点，布置完柱、梁荷载后，多余的网格节点应该删掉，有些在直线柱中间、直线梁中间的多余节点（并非变截面处）也应该删掉，通过"平移节点"选项可随意改变网格的形状，平移节点后其上已布置的网格、构件与荷载均可自动移动到新的位置。

删除节点或网格后，在被删除的部位已布置的柱、梁荷载会丢失，但在其余未改动部位一般不变。

3.2.3 柱布置

1. 柱布置的操作步骤

选择"柱布置"选项，弹出其子菜单，如图 3.14 所示。下面介绍柱布置的操作步骤。

（1）截面定义。选择"柱布置截面定义"子菜单，弹出"柱子截面数据"对话框，如图 3.15 所示。

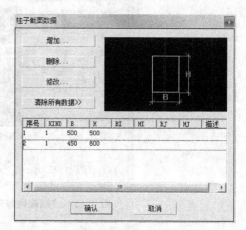

图 3.14　"柱布置"子菜单　　　　　图 3.15　"柱子截面数据"对话框

（2）单击"增加"按钮，弹出"截面参数"对话框，如图 3.16 所示。

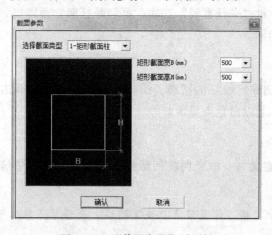

图 3.16　"截面参数"对话框

（3）选择截面类型。截面类型有矩形截面柱、工形截面柱、圆形截面柱、刚性杆、带刚域矩形截面、矩形剪力墙、T形剪力墙、倒 T形剪力墙和工形剪力墙。当设计者选择某一种截面类型时，右侧截面参数会发生相应的变化，设计者在此选择柱截面类型，并进行截面参数设置。完成后，程序会在表格中显示已定义的截面类型及相关参数。

（4）柱布置。选择"柱布置/柱布置"选项，弹出对话框，单击定义好的一种柱截面，将其单击到相应的框架立面上，可有直接布置、轴线布置和窗口布置 3 种方式，3 种方式之间用 Tab 键进行切换。布置柱时，要输入该柱对轴线的偏心值，以左偏为正。

提示：在同一网格或轴线上，布置上新的柱截面后旧的截面即被自动取代覆盖。

2．删除柱

用光标单击某一网格后，它上面已布置的柱即被删除。

3．偏心对齐

多层框架柱偏心时，用该选项可简化偏心的输入，即设计者只需输入底层柱的准确偏心，上面各层柱的偏心可通过左对齐、中对齐和右对齐3种方式自动由程序求出，左对齐就是上面各层柱左边线与底层柱左边对齐，中对齐就是上、下柱中线对齐，右对齐就是上面各层柱右边线与底层柱右边对齐。

4．计算长度

程序按照现浇楼盖的要求自动生成各柱的计算长度，并取框架平面外的计算长度与框架平面内相同。这里用于设计者审核、修改。

对有吊车荷载时的排架柱，程序还将生成排架方向和垂直排架方向柱的计算长度。

5．支座形式

梁支座可以是柱、墙、梁。设计者输入梁支座时，先按柱输入，再用该命令修改，绘图时将反映出具体的支座情况。柱、墙、梁支座宽度不必修改，采用原来输入的柱宽度，对于梁支座还应输入梁高。

3.2.4　梁布置

梁的布置操作与柱布置相同，布置时程序将梁顶面与网格线齐平，无偏心操作。

除截面定义、梁布置、梁删除选项外，还有"挑耳定义"选项，设计者可自行定义所需的梁截面形状。

1．挑耳定义

选择"挑耳定义"选项，弹出"截面形状定义和布置"对话框，如图3.17所示。

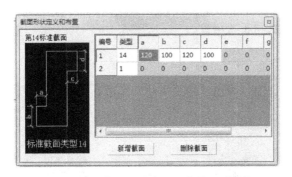

图3.17　"截面形状定义和布置"对话框

在"类型"中选择所需截面类型，共15种，在后面的参数设置中输入合适的数值即可完成梁截面形状的定义。选择合适的梁截面类型，在屏幕上选取轴线即可完成梁布置；或选择已布置梁的轴线，将前面输入的梁覆盖。

2．次梁

选择"次梁"选项，弹出"次梁"子菜单，如图3.18所示。添加"次梁"的操作

图 3.18 "次梁"
子菜单

步骤如下。

(1)选择"次梁/增加次梁"选项,命令行提示"请点取要增加次梁的主梁按 Esc 键退出",单击主梁后,弹出"次梁数据"对话框,如图 3.19 所示。

(2)在对话框中输入次梁的集中力设计值、截面宽、截面高和次梁距主梁左端的距离,这样即可在主梁上布置次梁。

修改次梁:"修改次梁"选项可以对已布置的次梁数据进行修改。

图 3.19 "次梁数据"对话框

3.2.5 铰接构件

设计者可以增加或修改梁、柱铰接信息。选择"铰接构件"选项,弹出"铰接构件"子菜单,如图 3.20 所示。设定铰接构件的操作步骤如下。

(1)布置梁铰。选择"铰接构件/布置梁铰"选项,命令行提示"直接布置:请用光标选择目标,左下端铰接(1)左上端交接(2)/两端铰接(3)<3>:"。

(2)若为两端铰接则按 Enter 键,再单击需要布铰的梁即可。程序在铰接处以白色圆圈表示。

(3)布置柱铰。方法同布置梁铰。

3.2.6 特殊梁柱

选择"特殊梁柱"选项,弹出"特殊梁柱"菜单,如图 3.21 所示。

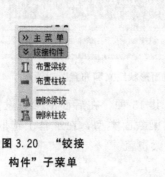

图 3.20 "铰接
构件"子菜单

图 3.21 "特殊
梁柱"子菜单

设计者可以定义底框梁、框支梁、受拉压梁,中柱、角柱、框支柱,计算特殊梁、柱的配筋时需要用到这些信息。设计者可以利用约束信息修改节点的约束状态。指定约束后，相应方向的位移便被约束了。

3.2.7 改杆件混凝土

设计者可以指定任意杆件的混凝土强度等级，若混凝土强度等级为 C20，则填 20，若混凝土强度等级为 C25，则填 25，以此类推。

3.2.8 荷载输入

1. 恒载输入

选择"恒载输入"选项，弹出"恒载输入"子菜单，如图 3.22 所示。

（1）节点恒载。选择"恒载输入/节点恒载"选项，弹出"输入节点荷载"对话框，如图 3.23 所示。可输入作用节点的弯矩、垂直力及水平力，每节点只能加一组力，加上新的一组后旧的一组将被覆盖。

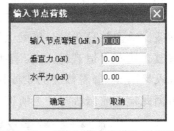

图 3.22 "恒载输入"子菜单　　图 3.23 "输入节点荷载"对话框

（2）柱间恒载。选择"恒载输入/柱间恒载"选项，弹出"柱间荷载输入(恒荷载)"对话框，如图 3.24 所示。选择所需荷载类型，在对话框右侧进行参数设置，每一柱间只能加一组柱间荷载(如柱间荷载多于一个，则可在生成的数据文件中添加)。

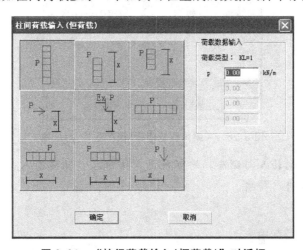

图 3.24 "柱间荷载输入(恒荷载)"对话框

（3）梁间恒载。选择"恒载输入/梁间恒载"选项，弹出"梁间荷载输入(恒荷载)"对话框，如图 3.25 所示。荷载输入方式同柱，每根梁上可逐次相加多个不同的荷载。

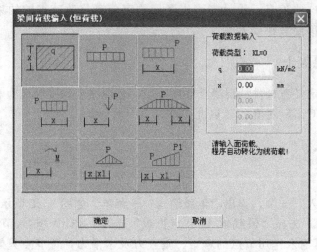

图 3.25 "梁间荷载输入(恒荷载)"对话框

（4）删节点载。单击某节点后，该节点上的荷载均被删除。

（5）删柱间载。单击某根柱子后，该柱上的所有荷载均被删除。

（6）删梁间载。单击某根梁后，该梁上的所有荷载均被删除。

（7）荷载查改。选择"恒载输入/荷载查改"选项，命令行提示"请用光标选择查询或修改荷载的柱或梁"，单击需修改的梁或柱，程序会显示构件上作用荷载的类型及相关参数，设计者可据此检查或修改构件上所作用的荷载，如图 3.26 所示。

图 3.26 "梁间荷载编辑(恒荷载)"对话框

提示：以上荷载的输入与删除，均可采用直接输入、轴线输入、窗口输入 3 种方式，3 种方式可按 Tab 键进行转换。

2. 活载输入

其操作方法同恒荷载输入。

节点活载中有"互斥活载"选项，设计者可设定互斥活荷载的组数及当前要输入的组号，操作方法同恒荷载输入。

3. 左风输入

除直接输入风荷载的方式外，程序还提供了"自动布置"选项，可自动生成作用在框架上的左、右风荷载，如图 3.27 所示。

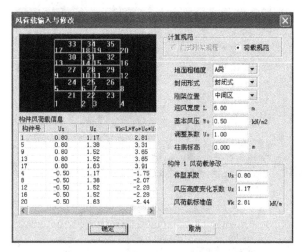

图 3.27 "风荷载输入与修改"对话框

"构件风荷载信息"表格显示了该榀框架或排架左、右侧柱号及所对应的相关风荷载信息，设计者可在表格中对对应的构件进行查改，当选择表格中任一行数据时，在上面立面简图中会以红色线段表示所选构件，在右侧参数项中进行设置后，程序自动完成风荷载的布置。

提示："柱底标高"指室外天然地坪标高，输入"0"程序按室外地坪到基础顶面的距离为 0.5m 考虑。

4. 右风输入

同左风输入。

5. 吊车荷载

选择"活载输入/吊车数据"选项，弹出"吊车数据"对话框，如图 3.28 所示。

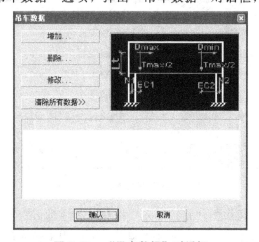

图 3.28 "吊车数据"对话框

设计者可根据此对话框进行吊车数据的输入或已有数据的修改，单击"增加"按钮可得到如图 3.29 所示的"吊车参数输入"对话框，设计者根据工程吊车资料进行参数设置。

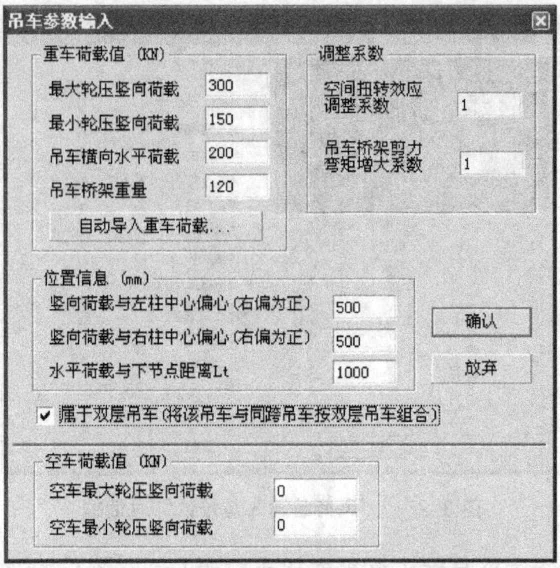

图 3.29　"吊车参数输入"对话框

当某组吊车荷载属于在同一跨的上下双层吊车时，可选中对话框中的"属于双层吊车（将该吊车与同跨吊车按双层吊车组合）"复选框，程序又弹出对话框的下半部分，让设计者输入该组吊车的空车荷载。

吊车布置要由设计者把每组吊车荷载布置到框架上，布置每组吊车荷载要点取左、右一对节点。

单击"自动导入重车荷载"按钮，弹出"吊车荷载输入向导"对话框，如图 3.30 所示。

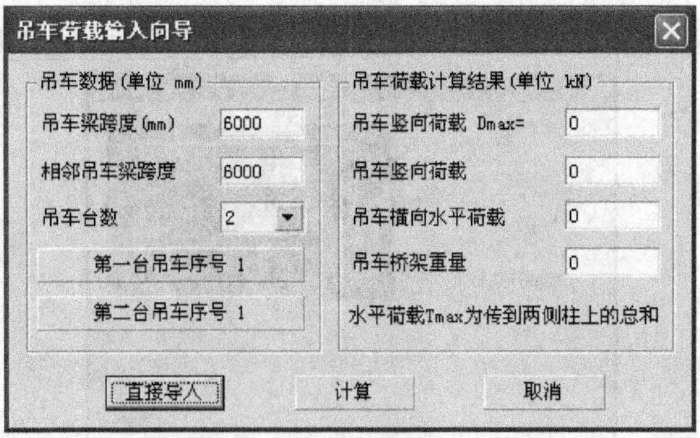

图 3.30　"吊车荷载输入向导"对话框

单击"计算"按钮，再单击"直接导入"按钮，程序即可自动导入吊车荷载。

在菜单中有"抽柱排架"选项，抽柱排架吊车荷载用来输入吊车荷载作用多跨的吊车荷载数据。设计者需输入抽柱排架吊车荷载作用的节点数 N，然后输入 N 组各节点荷载数据，数据之间用空格分割，以及考虑空间工作和扭转影响的效应调整系数、吊车桥架引起的地震剪力和弯矩增大系数、吊车桥架重量。

选择"抽柱排架/吊车数据"选项，弹出"抽柱吊车荷载"对话框，如图 3.31 所示。

单击"增加≪"按钮，弹出"抽柱吊车荷载输入"对话框，如图 3.32 所示。

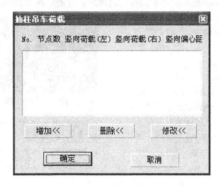

图 3.31 "抽柱吊车荷载"对话框

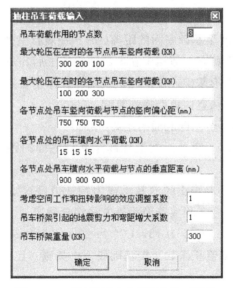

图 3.32 "抽柱吊车荷载输入"对话框

提示： 吊车梁和轨道等产生的自重为恒荷载，应作为节点恒荷载中的竖向力、竖向力产生的偏心弯矩输入。吊车横向水平荷载是左右两边横向水平荷载之和。

6. 补充数据

可以在此进行附加重量、基础参数、地震作用内力及梁轴向力的输入。

（1）附加重量。在节点上补充输入地震作用时要考虑的附加重量。

提示： 目前软件抗震分析没有考虑吊车桥架重和吊重，可在"附加重量"中输入。

（2）基础参数。用于输入设计柱下基础的参数，如图 3.33 所示。图 3.33 中 D 是天然地面到基底的距离，不是室外地面到基底的距离。

① 附加墙重量。指未参加结构静力分析,直接通过基础梁作用于基础的重量。

② 附加墙与柱中心距离。指基础梁重心到柱中心的距离,此距离与基础梁传来的垂直力产生顺时针弯矩者,距离为正值,反之为负值。

③ 距离 T(m)。指杯口宽度,即柱边到第 1 阶边的距离。

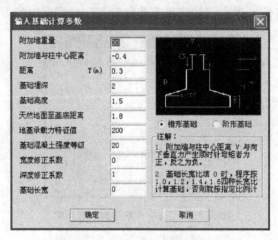

图 3.33 输入基础计算参数对话框

④ 基础埋深。室外地面至基础底面的距离(m)。一般自室外地面标高算起。在填方整平地区,可自填土地面标高算起,但填土在上部结构施工后完成时,应从天然地面标高算起。对于地下室,当采用箱形基础或筏基时,基础埋置深度自室外地面标高算起;当采用独立基础或条形基础时,应从室内地面标高算起。

⑤ 基础高度。基础顶面至基础底面的距离(m)。

⑥ 天然地面至基底距离。室外天然土标高至基础底面的距离,用于准确确定深度修正系数。

⑦ 地基承载力特征值。未修正的地基承载力特征值(kN/m²)。可由载荷试验或其他原位测试、公式计算,并结合工程实践经验等方法综合确定。

⑧ 基础混凝土强度等级。C15 为 15,C20 为 20,C25 为 25 等。

⑨ 宽度修正系数、深度修正系数。按基础底下土类查《建筑地基基础设计规范》(GB 50007—2011)确定(表 3.1)。

⑩ 基础长宽。基础长宽填 0 时,程序按 1.0、1.2、1.4、1.6 四种长宽比计算基础,否则按指定比例计算。

表 3.1 承载力修正系数

土的类别		宽度修正系数	深度修正系数
淤泥和淤泥质土		0	1.0
人工填土 e 或 I_L 大于等于 0.85 的黏性土		0	1.0
红黏土	含水比 $\alpha_w > 0.8$	0	1.2
	含水比 $\alpha_w \leqslant 0.8$	0.15	1.4

续表

土的类别		宽度修正系数	深度修正系数
大面积压实填土	压实系数大于0.95、黏粒含量 $\rho_c \geqslant 10\%$ 的粉土	0	1.5
	最大干密度大于 $2.1t/m^3$ 的级配砂石	0	2.0
粉土	黏粒含量 $\rho_c \geqslant 10\%$ 的粉土	0.3	1.5
	黏粒含量 $\rho_c < 10\%$ 的粉土	0.5	2.0
e 及 I_L 均小于0.85的黏性土		0.3	1.6
粉砂、细纱(不包括很湿与饱和时的稍密状态)		2.0	3.0
中砂、粗砂、砾砂和碎石土		3.0	4.4

注:① 强风化和全风化的岩石,可参照所风化成的相应土类取值,其他状态下的岩石不修正。

② 地基承载力特征值按《建筑地基基础设计规范》附录 D 深层平板载荷试验确定时,AMD 取 0。

(3)底框数据。选择"底框数据"选项,弹出"底框数据"子菜单,如图 3.34 所示。

① 地震力。可以输入节点上的地震作用,包括水平作用和垂直作用。

② 梁轴向力。可输入梁轴向力,包括恒荷载、活荷载。

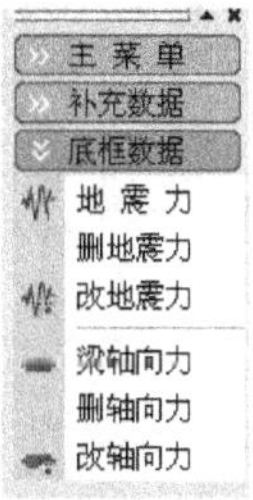

图 3.34 "底框数据"子菜单

3.2.9 计算简图

这里对已建立的几何模型和荷载模型做检查,出现不合理的数据时,显示错误的内容,指示设计者错误的数据在哪一部分、哪一行和哪个值。计算简图包括以下内容。

(1)框架立面(KLM.T)。

(2)恒载简图(D-L.T)。

(3)活载简图(L-L.T)。

(4)左风载图(L-W.T)。

(5)右风载图(R-W.T)。

(6)吊车荷载图(C-H.T)。

(7)地震力图(DZL.T)。

以上简图可打印存档。

退出交互式输入后,程序会把以上输入的内容写成一个按 PK 结构计算数据文件格式写成的数据文件,文件名为进入本程序时设计者输入的名称加扩展名 .SJ。同时,程序生成了传给结构计算用的文件 PK0.PK。

3.2.10 计算

选择"计算"选项,弹出如图 3.35 所示的对话框。若输入一个文件名,则计算结果都存到这个文件里,程序默认的计算结果为 PK11.OUT。单击"OK"按钮后,可绘制和显示各种计算结果的包络图和弯矩图,如图 3.36 所示。

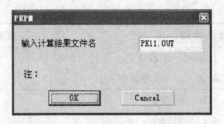

图 3.35　计算结果文件名对话框

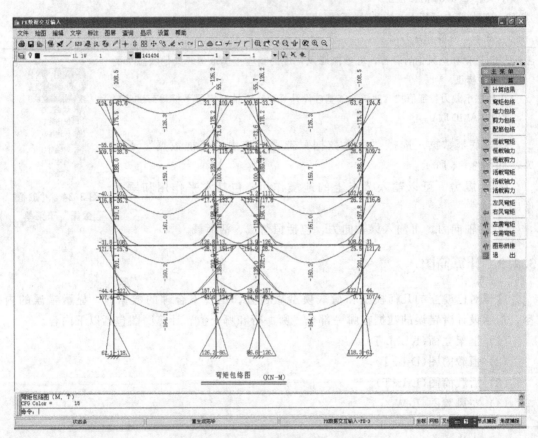

图 3.36　PK 计算结果内力图及菜单

(1) 计算结果。指显示计算结果文件。

(2) 弯矩包络图(M. T)。

(3) 轴力包络图(N. T)。

(4) 剪力包络图(V. T)。

(5) 配筋包络图(AS. T)。

(6) 恒载弯矩图(D-M. T)。

(7) 恒载轴力图(D-N. T)。

(8) 恒载剪力图(D-V. T)。

(9) 活载弯矩图(L-M. T)。

(10) 活载轴力图(L-N. T)。

（11）活载剪力图（L-V. T）。

（12）左风弯矩图（WL. T）。

（13）右风弯矩图（WR. T）。

（14）左震弯矩图（EL. T）。

（15）右震弯矩图（ER. T）。

（16）图形拼接。

可把这里生成的各种图形拼接在一起，再用打印设备输出。拼接内容还包括"计算简图"菜单中生成的 KLM. T、D-L. T、L-L. T、L-W. T、R-W. T 等。

以上（2）～（5）为设计值图形，（6）～（15）为标准值图形。

3.3 PK 施工图绘制

选择绘制施工图的相应选项时，必须首先输入绘制施工图需补充的信息，如绘图比例、图纸大小、控制钢筋构造的参数，选用不同的出图方法，补充某些构件等。这些信息程序会提供相关参数对话框及菜单来完成。

下面主要讲解操作步骤二：施工图的绘制（框架绘图、排架绘图、连续梁绘图等）。

3.3.1 框架绘图

选择 PK 主菜单 2 即可进入框架绘图，"框架绘图"主菜单如图 3.37 所示。

1. 参数修改

1）参数输入

选择"主菜单/参数修改"选项，弹出"参数修改"子菜单，如图 3.38 所示。下面依次讲述主菜单下各选项的用法。

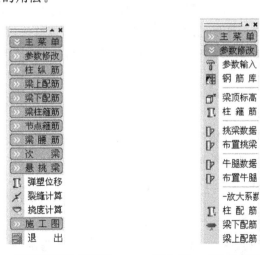

图 3.37 "框架绘图"主菜单　　图 3.38 "参数修改"子菜单

选择"参数修改/参数输入"选项，弹出参数输入对话框，选项卡分别为归并放大等、绘图参数、钢筋信息、补充输入，主要完成选筋、绘图参数设置，如图 3.39 所示。各选项卡含义如下。

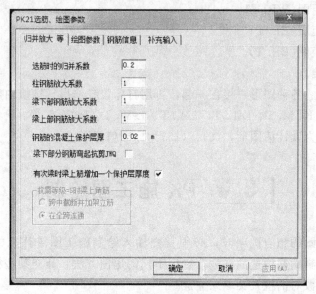

图 3.39　参数输入对话框

（1）归并放大等。

① 选筋时的归并系数。程序根据选筋归并系数将相差不大于选筋归并系数的计算配筋按同一规格选择，如 0.2 表示将相差不大于 20% 的计算配筋按同一规格选钢筋（取其上限值），此数越大则梁、柱剖面种类越少。

② 柱钢筋放大系数，梁下部、上部钢筋放大系数。输入放大系数，是设计人员对计算结果加以人工干预的一种方法。结构计算得出的钢筋面积将乘以放大系数，再选出合适的根数与直径。放大系数填 1 表示设计者对计算结果不放大。

③ 钢筋的混凝土保护层厚。程序首先读取结构计算前设计者输入的梁、柱的混凝土保护层厚度数值，将其作为这里的隐含值。设计者在此可以修改数值。

④ 梁下部钢筋弯起抗剪。选中此复选框，程序会将梁下部纵向受力钢筋的两根或一根弯起，参与抗剪设计。不选中此复选框则梁下部钢筋不弯起抗剪。

⑤ 有次梁时梁上筋增加一个保护层厚度。选中此复选框，则当有次梁时在该梁上部钢筋增加一个保护层厚度。

⑥ 抗震等级＝5 时梁上角筋。仅当抗震等级＝5 时该选项组才可以设置。选中"跨中截断并加架立筋"单选按钮，则梁角筋在跨中截断，按构造要求在跨中设置架立筋。选中"在全跨连通"单选按钮，则梁角筋全跨连通。

（2）绘图参数。

选择"绘图参数"选项卡，如图 3.40 所示。

① 图纸号。填 1 或 2 或 3，1 表示 1 号图纸，2 表示 2 号图纸，以此类推。

② 图纸加长、加宽比例。如填 0.5 表示图纸加长 1/2，填 0.25 表示图纸加长 1/4。

③ 立面比例 BLK、剖面比例 BLP。当 BLP：BLK＝0 时，框架整体图按 1：50 绘制，

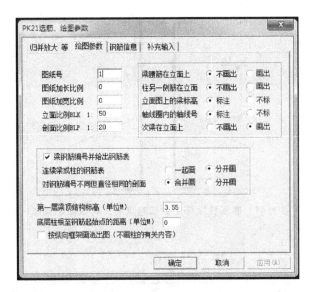

图 3.40 "绘图参数"选项卡

BLK＝＊＊时，框架整体图按 1：＊＊绘制，如填 40，则框架整体图按 1：40 绘制。BLP＝0 时，剖面图按 1：20 绘制。

有时按设计者给出的比例不能满足布图要求，程序将自动调整比例。当不允许程序自动调整比例时，可在 BLK 或 BLP 中插入的数前加一个负号。

④ 梁腰筋在立面上、柱另一侧筋在立面。设计者在此选择梁腰筋和柱另一侧钢筋是否在立面图上绘出。

⑤ 立面图上的梁标高。选中"标注"单选按钮，则在立面图上标注梁标高，否则不标注。

⑥ 轴线圈内的轴线号。选中"标注"单选按钮，则在轴线圈内标注 PK 主菜单 1 中输入的轴线号；否则只绘出轴圈，不标注轴线号。

⑦ 次梁在立面上。选中"画出"单选按钮，则在立面上绘出次梁线框图，否则不画出。

⑧ 梁钢筋编号并给出钢筋表。这是一个复选框，如不需钢筋表，则程序做剖面归并时仅参照截面尺寸、钢筋根数与直径，不再考虑钢筋长短弯勾等构造，从而使剖面的数量减少，减少出图数量。

⑨ 连续梁或柱的钢筋表(一起画或分开画)。当接 PK 连续梁或梁柱分开画时，几根连梁的钢筋可列在一个表内，也可以给每根梁(或柱)分开列钢筋表。

⑩ 第一层梁顶结构标高。用来确定各结构层标高。

⑪ 底层柱根至钢筋起点的距离(单位：m)。结构计算时底层柱根部至底层柱钢筋起点的距离 JGL(m)，如图 3.41 所示。它用于在绘框架立面图底层柱钢筋时确定钢筋的起始点。

⑫ 按纵向框架画法出图(不画柱的有关内容)。选中该复选框，则施工图只显示柱框架，不绘柱钢筋(PK 平面杆系计算横向纵向两个方向框架，一般横向框架在整榀框架绘图中应该绘钢筋，当为纵向框架在整榀框架绘图中钢筋可不绘出)。

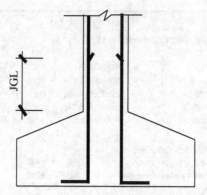

图 3.41　底层柱根部至钢筋起点的距离 JGL 示意图

(3) 钢筋信息。

选择"钢筋信息"选项卡，如图 3.42 所示。

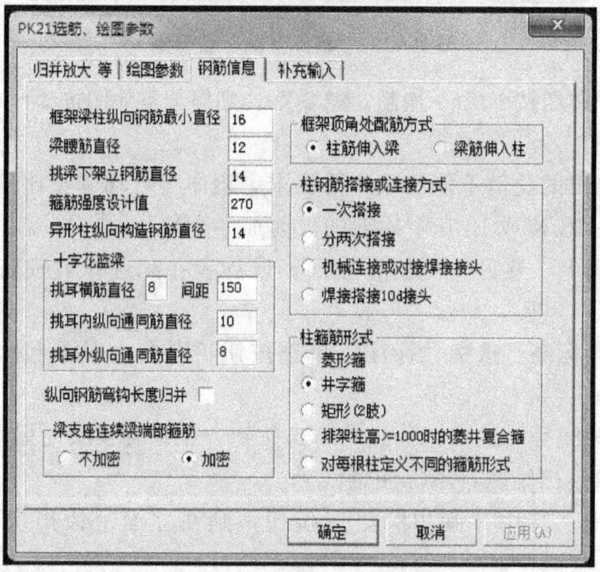

图 3.42　"钢筋信息"选项卡

设计者可根据对话框提示进行钢筋参数的设置。

① 挑梁下架立钢筋直径。程序隐含挑梁下架立筋直径为 $\phi 14$，设计者可以修改该直径。

② 梁支座连续梁端部箍筋。当次梁、连梁当作主梁输入且用 TAT 计算后接 PK 绘图时，设计者可在此设定这样的梁是否需要箍筋加密，一般选择加密。

③ 框架顶角处配筋方式。有柱筋伸入梁和梁筋伸入柱两种方式供选择。当选择柱筋伸入梁时，在框架顶角节点处将柱筋伸入梁锚固，梁上筋不再伸到柱的梁下皮位置以下[图 3.43(a)]；当选择梁筋伸入柱时，在框架顶角节点处将梁的上筋伸入柱内梁上皮以下 1.7 倍锚固长度处[图 3.43(b)]。

(4) 补充输入。

选择"补充输入"选项卡，如图 3.44 所示。

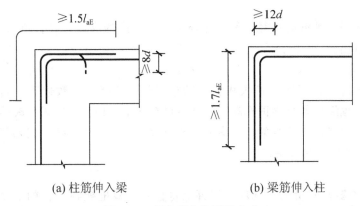

(a) 柱筋伸入梁　　　　　　　(b) 梁筋伸入柱

图 3.43　框架顶角处配筋方式

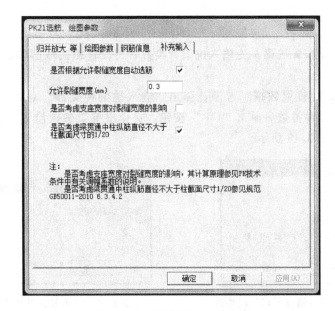

图 3.44　"补充输入"选项卡

① 是否根据允许裂缝宽度自动选筋。选中此复选框，则"允许裂缝宽度"复选框变为可编辑，程序将根据设计者输入的裂缝宽度自动配筋，配筋结果满足裂缝宽度要求；否则程序默认允许裂缝宽度为 0.3mm。

提示：选中此复选框后，程序将调整放大钢筋用量，使之不但满足结构计算结果要求，而且满足控制裂缝宽度要求。

② 是否考虑支座宽度对裂缝宽度的影响。选中此复选框，程序将自动考虑支座宽度的影响，对梁支座处弯矩加以折减进而影响裂缝宽度，如选中了"是否根据允许裂缝宽度自动选筋"复选框，则可以减少实配钢筋。

③ 是否考虑梁贯通中柱纵筋直径不大于柱截面尺寸的 1/20。《建筑抗震设计规范》第 6.3.4.2 条规定：一、二、三级框架梁内贯通中柱的每根纵向钢筋直径，对矩形截面柱，不宜大于柱在该方向截面尺寸的 1/20；对圆形截面柱，不宜大于纵向钢筋所在位置柱截面弦长的 1/20。

2) 钢筋库

程序隐含按照 8 种钢筋直径选筋，选择设计中使用的纵筋直径，单击"OK"按钮确认，按 Esc 键退出。

3) 梁顶标高

有梁错层情况时，可在此输入相关梁的错层值，选择"参数修改/梁顶标高"选项，屏幕上将显示该榀框架各个梁顶标高，设计者可在屏幕上任意选取需修改的梁。

提示：当该梁顶高于同层梁顶标高时，为正值(m)；当该梁低于同层梁顶标高时，为负值(m)；当该梁顶与同层梁顶齐平时，为 0。

4) 柱箍筋

选择"参数修改/柱箍筋"选项，屏幕上将显示该榀框架各个柱的箍筋类型，数字表示图 3.45 所示对话框中从上至下各箍筋类型顺序号，共 4 种，设计者可以修改任意柱的箍筋类型。

5) 挑梁数据

本选项用于补充布置挑梁，先输入挑梁种类数，再设置相关截面参数，最后将挑梁布置在柱的顶端。

选择"参数修改/挑梁数据"选项，弹出"输入挑梁种类数"对话框，如图 3.46 所示。设计者输入挑梁种类数后单击"OK"按钮，将弹出挑梁参数设置对话框，如图 3.47 所示，挑梁形状如图 3.48 所示。

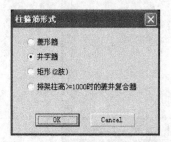

图 3.45　"柱箍筋形式"对话框

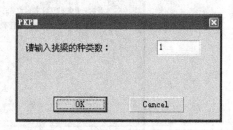

图 3.46　输入挑梁种类数对话框

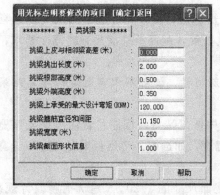

图 3.47　挑梁参数设置对话框

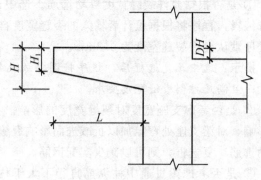

图 3.48　挑梁形状

每类挑梁填入 8 个数据，输入完一类，再输入下一类。

(1) 挑梁上皮与相邻梁高差用 DH 表示，高于相邻梁时为正(m)。

（2）挑梁挑出长度用 L 表示（m），从挑梁的柱或墙外侧算起。

（3）挑梁根部高度用 H 表示（m）。

（4）挑梁外端高度用 H_1 表示（m）。

（5）挑梁上承受的最大弯矩设计值（kN·m），程序根据此数据算出挑梁受力筋，此值应为标准荷载乘以荷载分项系数后的设计值。

（6）挑梁箍筋的直径与间距，格式为 ＊.＊＊，小数点前数字为箍筋直径（mm），小数点后数字为箍筋间距，如珔 8@100（mm），写成 8.1 即可；又如珔 10@150（mm），写成 10.15 即可。

（7）挑梁宽度（m）。

（8）挑梁截面形状信息。

设计者根据提示完成挑梁参数设置。

6）布置挑梁

先要给出挑梁类别序号，再选取需布置挑梁的柱，选中某柱后，程序将在该柱顶端无梁一侧布置挑梁，挑梁以粉红色显示。

7）牛腿数据

本选项的输入方式同挑梁，不同点为需输入牛腿上受的最大垂直力设计值（kN）、牛腿上受的最大水平力设计值（kN）、垂直力距外皮的距离（m）。牛腿尺寸输入对话框如图 3.49 所示。

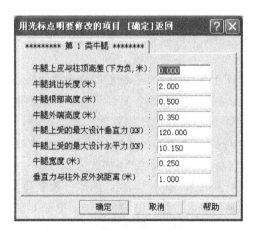

图 3.49　牛腿尺寸输入对话框

8）布置牛腿

对于图 3.50 中的框架，若 1～3 间的杆件为一个柱单元，则不能在该柱右侧安放牛腿，因该柱右侧已有梁，为此，可在牛腿处做一节点 2，该杆件分为 2 段柱，①柱右侧按放牛腿。

对于图中柱①、柱③上端左右均无框架梁的柱杆件，当牛腿位于柱上端左侧时，在该牛腿所属的牛腿类别号前加"＋"号，牛腿位于柱上端右侧时，牛腿类别号前加"－"号。

9）放大系数

放大系数包括柱配筋、梁下配筋、梁上配筋放大系数，设计者可根据需要，给不同的构件定义不同的放大系数。

2. 柱纵筋

本菜单中的选项主要完成柱钢筋的审核及修改，包括平面内配筋、平面外配筋、柱筋连通等。柱平面内纵筋是程序根据计算结果给出的，程序默认柱平面外配筋与平面内相同，设计者可在此修改。

选择"柱纵筋"选项，屏幕显示框架立面配筋图并弹出"柱纵筋"子菜单如图 3.51所示。

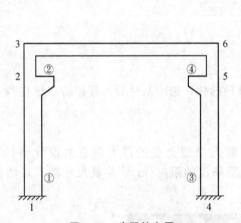

图 3.50　牛腿的布置

图 3.51　"柱纵筋"子菜单

1) 平面内配筋

(1) 修改钢筋。柱配筋图上显示的是对称配筋的柱单边的根数与直径，柱左边数字为钢筋根数，柱右边数字为直径。柱选筋的规则：直径可有一种或两种，两种直径时每种直径的根数各占一半，修改钢筋时，也必须按此规则修改。需修改时，选择"柱纵筋/-平面内配筋-/修改钢筋"选项，命令行提示"请选择需改钢筋的柱，移动光标至需作修改的柱处"，按 Enter 键后提示"第一种钢筋的根数和直径"，如改为 2，20+2，18 则输入 2，20，命令行又提示"第二种钢筋的根数和直径"，输入 2，18，图形上数字马上做出相应改动。当直径根数仅有一种时，在提示第二种钢筋时，输入 0 或按 Enter 键即可，如图 3.52 所示。

(2) 相同拷贝。把某一根柱的配筋复制到其他柱，先单击提供复制数据的柱，再逐个单击被修改的柱。

(3) 计算配筋。柱立面上显示柱计算配筋包络图，从而便于设计者对程序选择的实配钢筋校核。

2) 平面外配筋

它主要用于录入和修改各柱框架平面外方向(除角筋之外)选的钢筋。

提示：程序默认平面外配筋与平面内相同，设计者可在此修改。

(1) 柱筋连通。一般情况下，柱钢筋在上柱根部切断，并与上柱绑扎搭接或焊接起来，设计者可在此处令钢筋在某些柱不切断，或每根柱列从上到下都不切断，而直接穿过各柱，这样做可适应一些工程习惯并减少剖面个数。

(2) 取消连通。是与柱筋连通相对应的选项，选择此选项可以取消柱筋连通的操作。

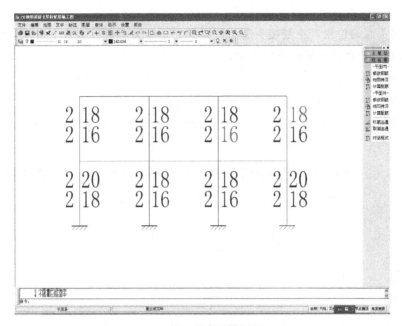

图 3.52　柱平面内配筋图(ZJ.T)

（3）对话框式。单击某一根柱后，弹出该柱钢筋修改对话框，该对话框左边是钢筋的直径、根数等参数供设计者修改，右边的详图可随左边参数的变化而变化，如图 3.53 所示。

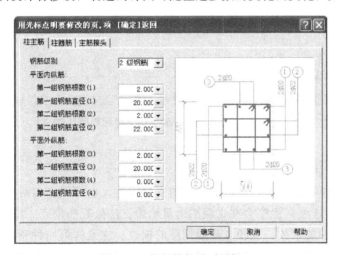

图 3.53　柱钢筋修改对话框

① 柱主筋。"柱主筋"选项卡用来设置柱主筋级别及两个方向柱筋的根数和直径，两个方向指平面内和平面外，每个方向的钢筋分成两组，分组情况可从右侧简图查看。

② 柱箍筋。"柱箍筋"选项卡用来设置箍筋形式及节点区和柱身段处的箍筋信息。箍筋形式有菱形、井字、矩形和拉结筋 4 种。

设计者可以设置节点区和柱身段处箍筋参数，在节点区，设计者只需输入箍筋级别和直径，程序即会自动完成箍筋的配置；在柱身段处，程序会根据柱信息给出箍筋配置默认值，设计者可以进行查改。

③ 主筋接头。设计者可以在此选项卡中确定主筋在该柱段是否设置接头，设计者还需设置主筋接头起始位置，主筋接头起始位置指主筋接头至楼板上或下边缘的距离，程序默认为 500mm、柱宽和柱高中的较大值。

3. 梁上配筋

本菜单中的选项主要用于修改梁上部的支座钢筋。

选择"梁上配筋"选项，弹出"梁上配筋"子菜单，如图 3.54 所示，配筋图如图 3.55 所示。

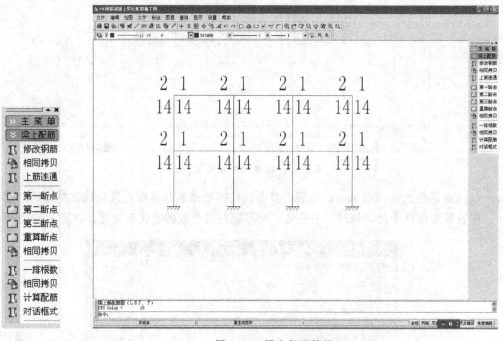

图 3.54 "梁上配筋"子菜单

图 3.55 梁上部配筋图(LSJ. T)

1) 修改钢筋、相同拷贝

改变程序对支座筋的配置，选取的是梁的支座部位，也可用窗口成批选取。选择"梁上配筋/修改钢筋"选项，程序会在立面图上显示梁支座处配筋信息。修改内容如下。

(1) 第一种钢筋的根数、直径、连通钢筋的根数。这里的第一种钢筋是包括连通钢筋在内的钢筋，程序设定梁上的 2 根角部钢筋在同层各跨连通，因此当设计者仅需梁上的 2 根角部钢筋连通时，连通钢筋的根数可以省略不输入。

(2) 第二种钢筋的根数和直径。

设计者可以指定梁上部钢筋连通的根数大于 2 根。如上部第一排内共有 6 根直径 18 的钢筋，虽然按计算两根角筋连通已经足够，但如果设计者希望将其中 4 根连通，那么在这里输入连通筋的根数是 4，即输入 6、18、4。

2) 上筋连通

可由设计者设定将梁上部第一排的钢筋(不仅是角筋)全部连通并选择最大直径，以满足某些设计的要求。

上筋断点可由设计者修改程序算出的梁上钢筋的断点位置，分为"第一断点"，"第二断点"，"第三断点"，分别为梁上排除二角筋外其他筋，第二排两边二钢筋，第二排除二边筋外的其他钢筋（第三排如有筋也划为此类），某类钢筋无配筋则断点长度为0，每类钢筋断点只能有一个。

如设计者将断点长度指定为跨长一半以上，则这类钢筋自动与相邻支座连接而在该跨连通。

3）重算断点

当设计者修改过角筋和其他钢筋的直径后重新计算梁上筋断点时，因原有断点是修改前由程序定义的直径计算的，程序并不能根据设计者定义的新直径而重算断点，使得某些情况下断点位置不能满足新直径的要求，故在此由设计者指定重算断点。

4）相同拷贝

将一根梁的配筋复制到其他梁。

5）一排根数

可由设计者修改放在梁上部第一排钢筋的根数或第二、三排筋能摆放的最多根数，由此来调整钢筋的疏密排列。程序自动设定的一排根数是可满足规范要求的，但如设计者有新的考虑或特殊设计习惯，也可在此调整，特别是设计者在修改了钢筋的根数后常应随后修改一排钢筋的根数设定，如程序原配有 6 22，且第一排 4 根，第二排 2 根，其一排为 4 根，设计者改为 5 25 后，如不改一排根数，则程序第一排放 4 根、第二排放一根，设计者改一排根数为 3 后程序绘图时第一排放 3 根，第二排放 2 根，就配置得比较均衡了。

6）计算配筋

"计算配筋"用来显示梁立面上计算配筋包络图，从而便于设计者对程序选择的实配钢筋校核。

7）对话框式

其用法同柱，只不过显示的是相关梁的信息，设计者可以根据提示进行校核与修改。

4. 梁下配筋

其主要用于修改梁下配筋。"梁下配筋"子菜单如图 3.56 所示。

设计者用光标或开窗口选取每根梁来修改，每根梁下部钢筋的直径最多可有两种，每一种直径的根数可定义为 4 类中的一类或几类钢筋包含的根数，类的定义如图 3.57 所示。

图 3.56　"梁下配筋"子菜单

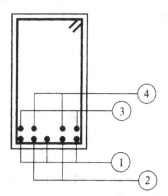

图 3.57　钢筋分类图

图中：①类为一排其余钢筋，根数为一排总根数减 2；②类为第一排筋靠中部的两根；③类为二排二边筋；④类为二排其余筋，如有三排筋时也放入④类。

梁下部配筋示意图如图 3.58 所示。

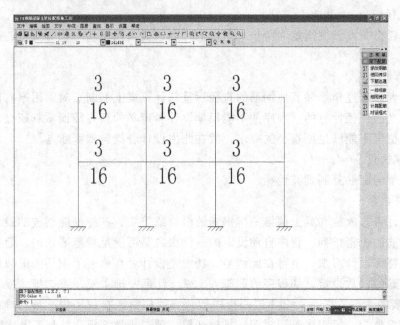

图 3.58　梁下部配筋(LXJ. T)

1）下筋连通

可由设计者指定对等高等宽且无高差梁的梁下部钢筋(所有钢筋，不仅是第一排钢筋)在同层各跨连通，并选其中最大直径和根数。可一次指定对所有可能连通的梁连通，也可分别定义某几根梁连通，定义连通钢筋的梁绘图时其钢筋不再伸过支座处根据锚固长度切断，而是与相邻跨连接起来。

2）一排根数

它用来修改梁下部第一排钢筋的总根数或第二、三排能摆放的最多根数，梁下部一排筋的修改应和梁上部一排筋的修改配合进行，以免造成上下排列不对应的构造剖面。

3）相同拷贝、计算配筋、对话框式

其用法同梁上配筋。

5. 梁柱箍筋

它先显示箍筋的直径及级别图，设计者可修改梁与柱箍筋的配置状况，其子菜单如图 3.59 所示。

1）修改钢筋、相同拷贝

这两个选项用来修改柱或梁箍筋的直径和钢筋级别。

2）加密长度

此选项用来修改梁端箍筋加密长度和柱上部(其下部肯定大于此值)箍筋加密长度，程序计算的梁端箍筋加密长度为 $1.5h$，柱上端、下端的计算长度如表 3.2 所示。

图 3.59　"梁柱箍筋"子菜单

表 3.2　柱上下端箍筋加密长度

抗震等级	箍筋加密区长度	箍筋间距	箍筋最小直径
一级	矩形截面长边尺寸		Φ10
二级	层间柱净高的 1/6		Φ8
三级	500mm		Φ8
四级	三者中的最大者	100mm	Φ6(柱根Φ8)

柱在刚性地坪上、下各 500mm 范围内，应按表中规定设置箍筋。程序将标高±0.000 处当刚性地坪处理。底层柱根箍筋加密长度且大于柱净高的 1/3。

$H_n/h \leqslant 4$ 的框架柱和按一级抗震等级设计的框架角柱沿柱全长加密箍筋、箍筋间距 100mm。

在箍筋加密区长度以外，对一、二级抗震等级箍筋间距不大于 $10d$（定为 150～200），三级抗震等级箍筋间距 200（d 为纵向钢筋直径）。

柱下端加密长度还要根据柱筋的搭接状况，底层的柱还要考虑地坪的位置。当梁左右端或柱上下端加密长度接近全跨或全高时，程序则自动对梁全跨或柱全高做箍筋加密。

3）加密间距

本选项用来修改程序隐含设定的加密间距值，一般为 100mm。

6. 节点箍筋

本选项用来修改柱上节点区的箍筋直径和级别，仅在抗震等级为一或二时才起作用，节点箍筋间距定为 100mm。

7. 梁腰筋

《混凝土结构设计规范》第 9.2.13 条规定，当梁的腹板高度 $h_w \geqslant 450$mm 时，在梁的两个侧面应沿高度配置纵向构造钢筋，每侧纵向构造钢筋（不包括梁上部、下部受力钢筋及架力钢筋）的截面面积不应小于腹板截面面积 bh_w 的 0.1%，且其间距不宜大于 200mm。腹板高度 h_w 对矩形截面，取有效高度；对 T 形截面，取有效高度减去翼缘高度；对工形截面，取腹板净高。

8. 悬挑梁

本选项用来修改挑梁的各参数，也可把已有的悬挑梁转变成端头支承梁，使悬挑的这一部分按端支承梁的构造配筋。还可把端支承梁改成挑梁。

1）修改挑梁

因 PK 程序现在大多与 PMCAD 程序配合使用，故这个选项对设计者定义挑梁的设计十分有用，PMCAD 建模时梁一般为等截面梁，且悬挑梁与楼层梁均为等高，这里修改的挑梁参数为：挑梁上皮与相邻梁高差（mm），挑梁挑出长度（mm），挑梁根部高度（mm），挑梁外端高度（mm），挑梁箍筋的直径和间距，挑梁外端与内端高差（上为正）。

因此设计者在这里重新修改挑梁参数就可在绘图时得到变截面挑梁和与楼层梁有高差的挑梁设计。

2）挑梁支座

PMCAD 在生成框架整榀数据文件时把端跨外端支承在梁上的梁均未写出它的支承情况，在绘图时即当作挑梁的构造来绘（虽然该部分的支承荷载已按实际考虑且计算是符合实际受力状况的），挑梁支座可用来将这种梁定义为端支承梁而在绘图时不再按挑梁的要求配筋。

3）改成挑梁

这里可把 PMCAD 传来的位于左端跨或右端跨的支承梁改为挑梁。

9. 次梁

选择该选项，则在立面图上用红色箭头标出次梁位置，黄色数字表示次梁集中力，如该力小于 0 则显示 0，设计者可以通过该选项查改次梁集中力及次梁下的吊筋配置。

提示：如果单击修改次梁吊筋后，图中次梁下没有吊筋配置，说明此次梁计算后不需要配置吊筋，箍筋即可满足规范要求。

10. 弹塑位移

本选项在地震烈度 7 度～9 度时起作用，程序按梁柱的实际配筋、材料强度的标准值和重力荷载代表值完成该框架在罕遇地震下的弹塑性位移计算，计算结果在屏幕上显示，如图 3.60 所示。

不满足要求时，可即时地修改柱梁钢筋再进入本选项重新计算。

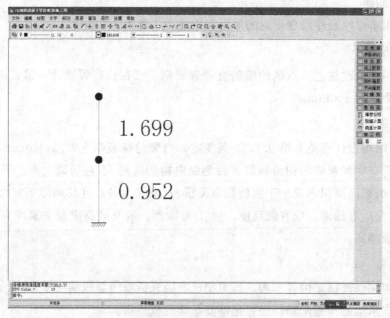

图 3.60　各楼层屈服强度系数(YIELD.T)

11. 裂缝计算

裂缝计算考虑荷载效应的标准组合，即恒荷载、活荷载、风荷载标准值的组合，取梁矩形截面，取程序选取的梁下部与梁上部实配的钢筋根数与直径，按《混凝土结构设计规范》第 7.1.2 条的公式计算。

当计算裂缝宽度≥设计者输入的允许裂缝宽度时，该裂缝宽度用红色在图上显示，如图 3.61 所示。

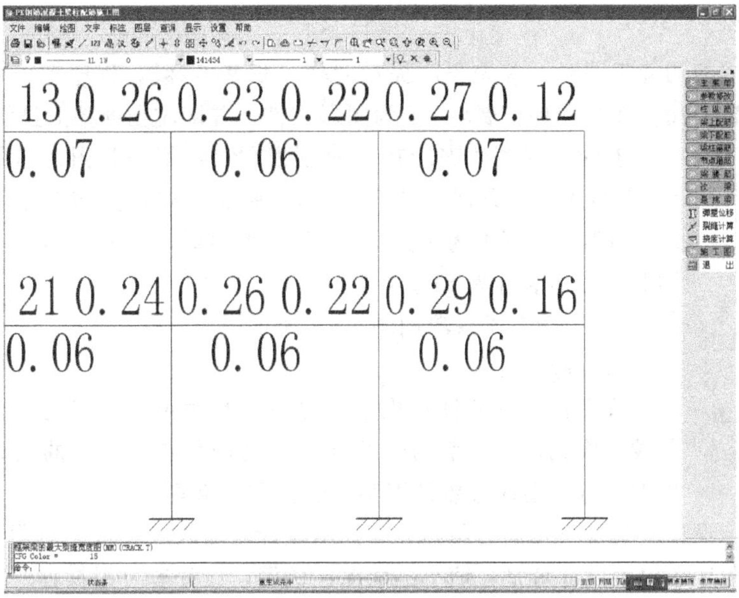

图 3.61 最大裂缝宽度图

12. 挠度计算

按照《混凝土结构设计规范》第 7.2 节进行梁的挠度计算。对于荷载长期效应组合，设计者需输入活荷载的准永久值系数，该系数设计者可查询《建筑结构荷载规范》第 4.3.1 条中的表 4.3.1 给出，程序隐含值取 0.4。

程序按《混凝土结构设计规范》第 7.2.2 条式(7.2.2-2)计算长期刚度 B，按第 7.2.3 条式(7.2.3-1)计算短期刚度 B_s，在每个同号弯矩区段内按该区段最大值计算一个 B，计算按照梁上下的实配钢筋和考虑梁翼缘的影响，对现浇板处的 T 形梁翼缘计算宽度按《混凝土结构设计规范》第 5.2.4 条中的表 5.2.4 取值。计算结果如图 3.62 所示。

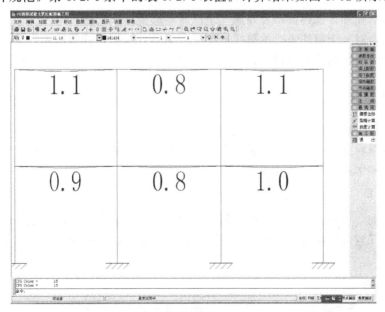

图 3.62 梁的最大挠度

13. 施工图

做出整榀框架的施工图时,首先程序提示"输入框架名称",程序把该名称作为施工图的图文件名称,而框架名称加扩展名.T为图形文件,并即时在屏幕上显示输出。

图 3.63 "施工图"子菜单

有时一榀框架需绘在二或三张图上,第一张图的名称为该框架名称(即绘图补充数据文件名),第二张图的名称为该框架名称前加字母A,如第一张图纸为 KJ-1.T,第二张图纸为 AKJ-1.T,出第三张施工图时,图样名称为 BKJ-1.T。

"施工图"子菜单如图 3.63 所示。

1)画施工图

程序在这里的计算内容大致有:每根梁柱详细的钢筋构造,钢筋归并生成钢筋表,剖面合并计算出剖面总数,相同的层和跨合并减少出图数量,图面布置计算和出图张数计算等。

程序会提示设计者是否将相同的层归并、提示设计者输入该榀框架名称,如果图形超出图样范围,程序会提示设计者是否缩小剖面图比例等,设计者可根据程序提示逐步完成施工图设计。

2)下一张图

如果一张图样放不下,则程序会分几张图来绘制施工图,这时选择本选项可以分别生成这几张图。

3)移动标注

设计者可以通过此选项移动立面或剖面图上的各种标注。

4)移动图块

程序对立面图、各个剖面图及钢筋表等均按图块形式进行管理,设计者可以利用本选项来调整图面。

5)图块炸开

将上述图块炸开,使得整图合并成一个没有局部坐标系的图。

可以看出,对于无钢筋表时的图样,在立面上即可读到每种钢筋的数量和构造,在剖面图上可看到它的排列及构造钢筋,图样表达直观,节省图面,缺点是无材料统计表。

3.3.2 排架柱绘图

排架柱绘图子菜单如图 3.64 所示。

提示:排架柱要正确绘制的条件:①必须布置吊车荷载;②柱上端必须布置两端铰接的梁,否则程序不执行排架柱绘图程序。

1. 吊装验算

绘排架柱前,可先对每根排架柱做翻身、单点起吊的吊装验算,每根柱的节点由设计者用光标在柱任意位置指定,并可反复调整,柱最后配筋将考虑结构计算与吊装计算结果的较大值。

2. 修改牛腿

"修改牛腿"子菜单如图 3.65 所示。下面介绍各参数的含义。

图 3.64　排架柱绘图子菜单　　　图 3.65　"修改牛腿"子菜单

（1）牛腿尺寸。程序会在排架立面图上标注出牛腿尺寸。

（2）相同修改。将一个牛腿的信息复制给另一个牛腿。

（3）牛腿荷载。程序会在排架立面图上显示牛腿处作用的水平、竖向荷载。

（4）轴线位置。显示各排架柱与轴线的关系，并可修改轴线位置。右偏为正，单位(m)。

（5）放大系数。输入放大系数，是设计者对计算结果加以人工干预的一种方法，程序将显示排架柱上下柱的钢筋放大系数，设计者可根据实际工程进行校核。

（6）其他信息。其他信息包括共 4 个选项，如图 3.66 所示，设计者根据需要进行设置。

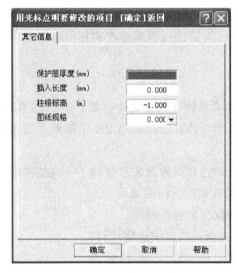

图 3.66　"其他信息"对话框

① 保护层厚度。设计者在此输入混凝土保护层厚度(mm)。

② 插入长度。指排架柱插入基础部分的长度，当插入长度填 0 和不填时，程序自动按 $0.9H$（H 为底段柱截面高度)并取整求出该柱插入基础部分的长度。否则，取设计者输入的长度。

③ 柱根标高。柱根标高指结构计算时柱底的实际标高值，一般应为柱与基础的连接处，当该值小于 0 时，不能丢掉前面的负号，程序由该值求出各柱段标高值。

④ 图纸规格。图纸规格有 1 号图纸和 2 号图纸两种，由设计者根据需要进行选择。

3. 修改钢筋

"修改钢筋"子菜单如图 3.67 所示。

图 3.67 "修改钢筋"子菜单

程序会在排架柱立面图上显示各个菜单所对应的配筋值及所在位置，设计者根据实际工程进行校核。

4. 施工图

此选项卡主要完成排架柱的施工图设计，设计者可以在此设置绘图参数，程序会提示设计者输入排架柱的序号，顺序为从左至右。

5. 说明

排架柱绘图步骤如下。

(1) 主菜单 1，人机交互建立排架计算数据并计算。在结构计算数据文件中一定要有吊车荷载，否则程序不执行排架柱绘图命令。如结构上无吊车作用，可仍按照格式填入吊车荷载，但令荷载值为 0。

(2) 选择主菜单 3，进行排架柱绘图，程序产生若干排架柱图形文件。

设计者还可在此时对程序选出的柱筋直径与根数直接在屏幕上修改。还可以修改程序设定的各牛腿的高度。

每张图纸只绘一根排架柱，各张图纸名称分别为绘图补充数据文件名前加 "A"，"B"，"C"，……，后缀为 .T，如文件名为 PJ-1，则从左至右各排架柱施工图名称为 APJ-1.T，BPJ-1.T，CPJ-1.T，……

(3) 选择主菜单 A 对 *.T 图进行编辑修改和打印输出。

3.3.3 连续梁绘图

这里指的是单独填写连续梁计算数据文件，或 PMCAD 主菜单 4 生成的单根或多根连续梁的数据文件经 PK 主菜单 1 计算后，再用 PK 主菜单 4 的连续梁绘图等操作绘出的连续梁施工图。

PMCAD 主菜单 4 生成的连续梁数据常常是如下一些结构类型。

(1) 各层上的非框架梁或某些纵向框架梁。

(2) PMCAD 主菜单 3 按次梁输入的梁。

(3) 弧梁(近似按跨度为弧长的直线连梁计算)。

(4) 砖混结构的平面梁。

(5) 底框结构中承担上层砖房的连续梁。

这里的操作应注意以下几点。

① PMCAD 生成连续梁数据时，对于梁支承处支座的模型要确认它是支座还是非支座(非支座时支座梁将变为次梁)，这一点对于计算和绘图影响很大，对于端跨来说，如设为非支座，则端跨成为挑梁。

② 连续梁只能承担竖向的恒荷载和活荷载，不能承担水平力。

③ 直接交互生成连续梁计算数据时，柱要当做两端铰支杆，柱截面高要反映连梁支座的实际宽度，因为绘图时要根据支座宽度计算梁筋锚固长度。

④ 抗震等级这一参数对绘图影响很大。

抗震等级为四级时，程序认为应按框架梁构造绘图，设置箍筋加密区，梁上角筋在同层各跨连通，且梁支座处上筋下伸入支座的锚固长度均按抗震设防考虑。

抗震等级为五级时，不设箍筋加密区，梁上部跨中的角筋在不需要点以外时可能被切断而用一段架立筋代替，梁下筋伸入支座的锚固长度要小得多(柱梁墙支座均为II级钢时为15d)。

3.3.4 绘梁柱施工图

框架计算后不是按整榀框架出施工图，而是仅绘框架梁的施工图。

设计者要双击 PK 主菜单 6 "绘制梁施工图"(执行程序是 PK21W 3)。

1. 挑选在当前图上要绘的梁段

屏幕上显示框架整体立面图后，屏幕上提示"这张图上需要绘几根梁段?"。一个梁段就是要绘的一根单跨或多跨的连续梁；再循环提示"各梁段的绘制范围和名称"，该名称将标在每根连梁下面。挑选完梁段后进入图面布置过程。

2. 梁施工图的形成

布图完成后将生成一张框架梁施工图，该图名称程序隐含为 L?.T，?代表图样序号，如在该框架上挑选的第一批梁绘的图即为 L1.T。该名称可由设计者修改。

该图完成后，进行程序判断。如果该框架仍有未绘的梁段，则可以通过"画施工图"或"下一张图"选项重复前面挑选梁段的操作，屏幕上又显示框架整体立面图，但已挑选绘出的梁段则 被用不同的颜色标出，提示设计者可不再挑选。

3.3.5 PK 框架结构设计实例

【实例】某两层三跨框架结构，底层层高为 4.0m，二层层高为 3.0m，跨度分别为 6m、3m、6m。6m 跨梁的截面尺寸为 250mm×600mm，3m 跨梁的截面尺寸为 250mm×400mm，柱子截面尺寸为 400mm×400mm，混凝土强度等级为 C25，采用 HRB335 纵向受力钢筋，地震设防烈度为 7 度(0.1g)，框架的抗震等级为三级，设计地震分组为第 1 组，II 类场地，荷载如图 3.68 所示(梯形荷载 $x=2500$mm；三角形荷载 $x=0$，$x_1=1500$mm)。要求用 PK 程序进行建模及计算并绘制框架施工图。

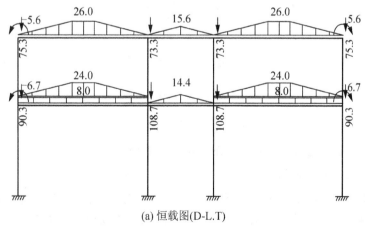

(a) 恒载图(D-L.T)

图 3.68 框架荷载图

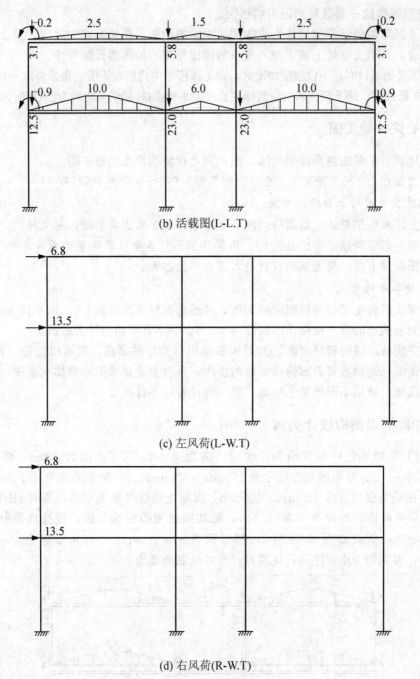

(b) 活载图(L-L.T)

(c) 左风荷(L-W.T)

(d) 右风荷(R-W.T)

图 3.68 框架荷载图(续)

下面介绍 PK 程序建模计算及施工图绘制的具体操作过程。

1. PK 数据交互输入和计算

（1）启动 PK 主菜单 1 "PK 数据交互输入和计算"，单击"新建文件"按钮，弹出输入文件名对话框，输入文件名 PK-1，单击"确定"按钮，进入 PK 数据交互输入主界面。

（2）参数输入。选择"参数输入"选项，在"总信息参数"选项卡中输入如图3.69所示的数值，在"地震信息参数"选项卡中输入如图3.70所示的信息。在"结构类型"选项卡中选择"框架"选项，其他参数选项卡采用程序默认值，单击"确定"按钮退出参数输入对话框。

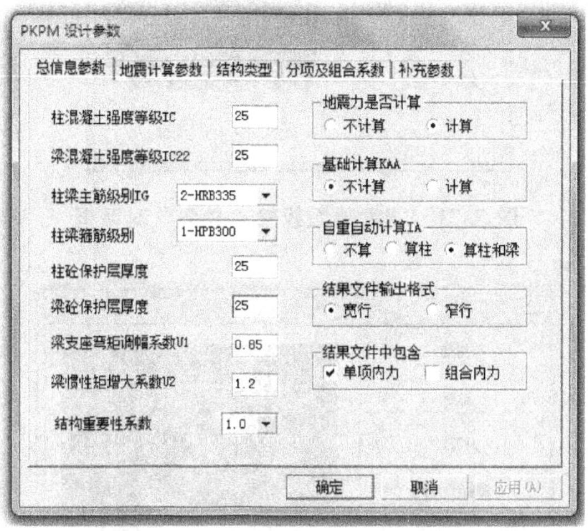

图3.69　"总信息参数"选项卡

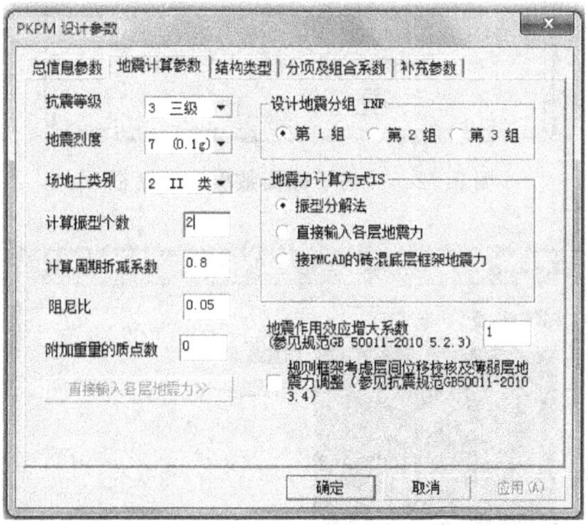

图3.70　"地震计算参数"选项卡

（3）选择"网格生成/框架网格"选项，弹出"框架网格输入导向"对话框，输入正确的跨度和层高，如图3.71所示。单击"确定"按钮，屏幕显示红色的轴线。

选择"轴线命名"选项，给框架输入轴线名，方法同PMCAD中的轴线命名。

（4）选择"柱布置/截面定义"选项，弹出"柱子截面数据"对话框，如图3.72所示。单击"增加"按钮，弹出"截面参数"对话框，分别在截面宽、截面高文本框中输入"400"，如图3.73所示。单击"确认"按钮，新定义的截面显示在"柱子截面数据"对话框中。

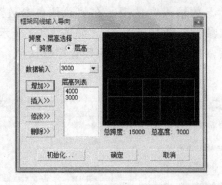

图 3.71 "框架网线输入导向"对话框

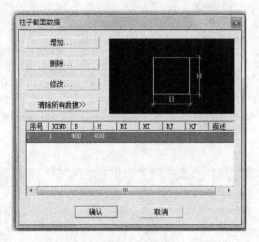

图 3.72 "柱子截面数据"对话框

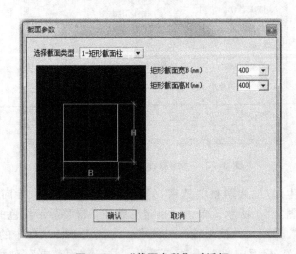

图 3.73 "截面参数"对话框

选择"柱布置/柱布置"选项,弹出柱对轴线的偏心对话框,如图 3.74 所示。在对话框中键入"-75",用光标点取轴线 A,按 Esc 键返回"柱子截面数据"对话框;在图 3.74 对话框中输入 0,布置 B、C 轴,输入 75 布置 D 轴。

（5）选择"梁布置/截面定义"选项，梁截面的定义方法同柱截面，定义尺寸250mm×600mm，250mm×400mm的梁截面，然后选择"梁布置"选项，进行梁布置，完成后的布置图如图3.75所示。

图3.74　柱对轴线的偏心信息对话框

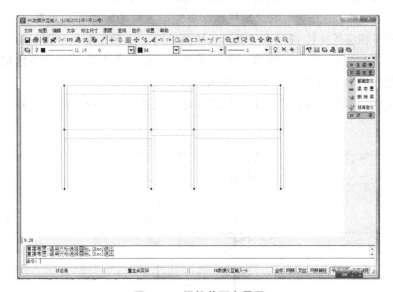

图3.75　梁柱截面布置图

（6）恒荷载输入。本例没有柱间荷载，只有节点荷载和梁间荷载。

选择"恒载输入/节点荷载"选项，弹出"输入节点荷载"对话框，如图3.76所示，输入节点弯矩（顺时针为正，逆时针为负）、垂直力、水平力，单击"确定"按钮，用光标点取左下节点。用同样的方法输入其他节点荷载。

选择"恒荷载输入/梁间荷载"选项，弹出"梁间荷载输入（恒荷载）"对话框，如图3.77所示。选择荷载类型，在"荷载数据输入"选项组中输入相关数据，单击"确定"按钮，进行梁间荷载的布置。

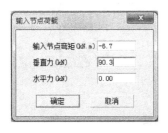

图3.76　"输入节点荷载"对话框

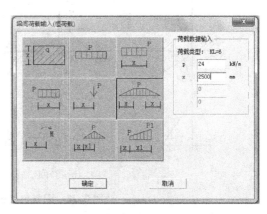

图3.77　"梁间荷载输入（恒荷载）"对话框

（7）活荷载输入。方法同恒荷载输入。

（8）左风输入。方法同节点荷载输入（水平力由左向右为正）。

（9）右风输入。方法同节点荷载输入（水平力由右向左为负）。

（10）计算简图。选择"计算简图"选项可以查看框架立面、恒荷载、活荷载、左风载、右风载。

（11）计算。选择"计算"选项，弹出输入结果文件名 PK11.OUT，如采用程序默认文件名，则可单击"确定"按钮。在这里可以查看配筋包络图和各种内力简图，如图 3.78 所示。每个图都有相应的文件名，写在图形文件的下方，包括弯矩包络图、轴力包络图、剪力包络图、配筋包络图、恒载弯矩图、恒载轴力图、恒载剪力图、活载弯矩图、活载轴力图、左风弯矩图、右风弯矩图、左震弯矩图、右震弯矩图等。

检查各简图，如果没有超限或超出规范限制的信息，就可以绘制框架施工图。

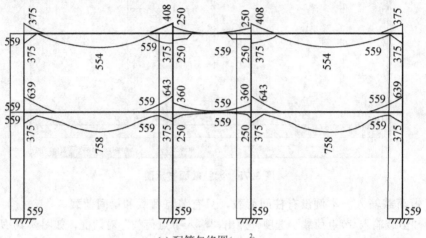
(a) 配筋包络图(mm^2)

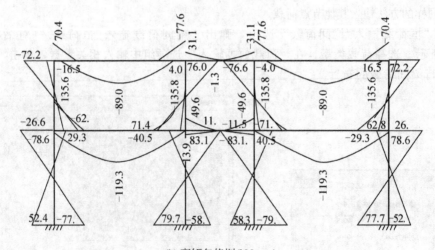
(b) 弯矩包络图(kN·m)

图 3.78 配筋包络图和内力简图

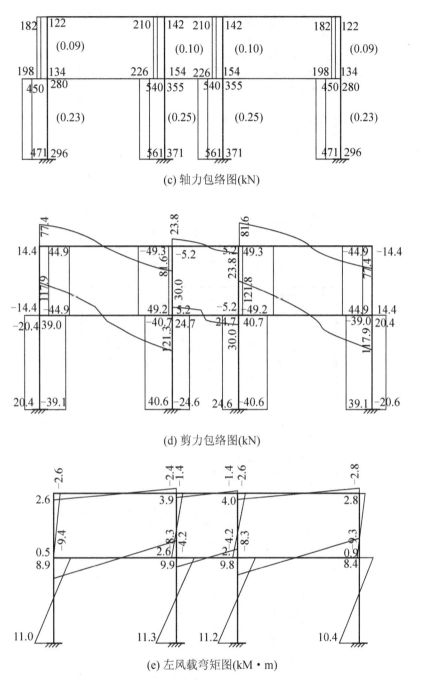

(c) 轴力包络图(kN)

(d) 剪力包络图(kN)

(e) 左风载弯矩图(kM·m)

图 3.78　配筋包络图和内力简图(续)

2. PK 框架结构绘图

选择 PK 主菜单 2 "框架绘图" 选项，程序弹出输入绘图参数对话框，设计者按要求输入相关绘图参数，如图 3.79～图 3.82 所示，单击 "确定" 按钮。在梁、柱钢筋修改子菜单中设计者可以修改梁、柱实配钢筋，也可以不修改。

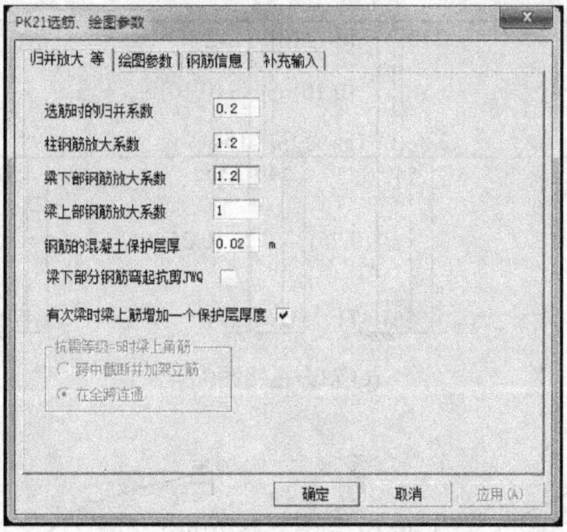

图 3.79   "归并放大等"选项卡

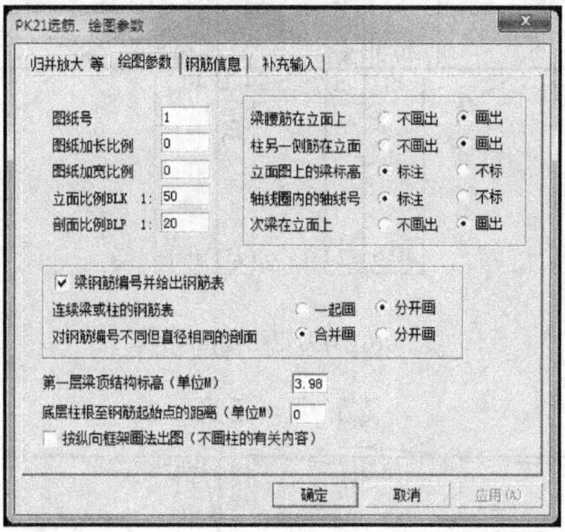

图 3.80   "绘图参数"选项卡

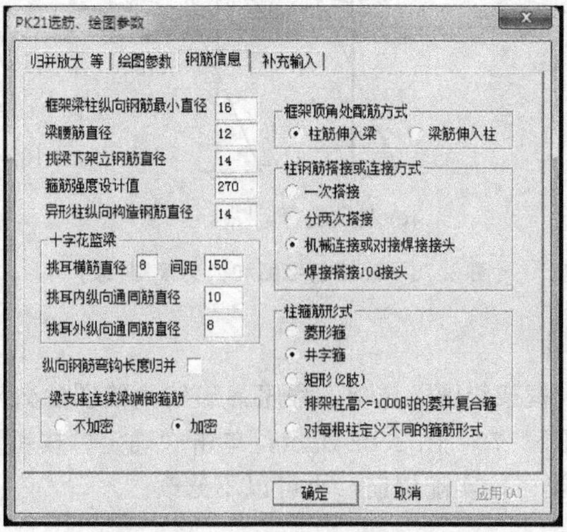

图 3.81   "钢筋信息"选项卡

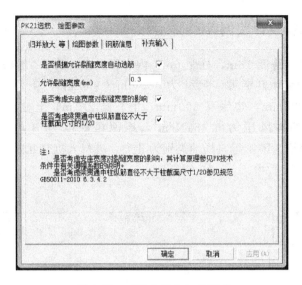

图 3.82　"补充输入"选项卡

选择"施工图/画施工图"选项，程序提示"输入出图文件名"，输入文件名 kj-3，单击"OK"按钮，程序会在绘图区生成施工图，如图 3.83 所示。

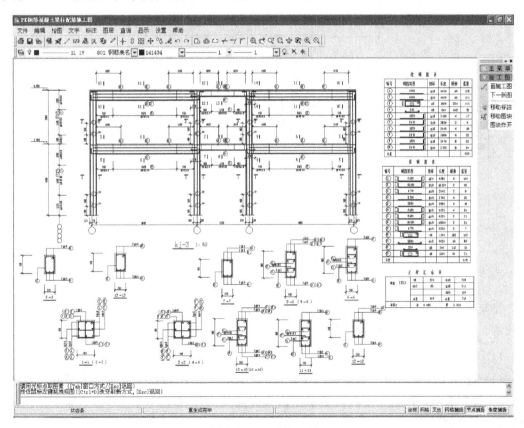

图 3.83　框架施工图

3.3.6　PK 排架结构设计实例

某单层单跨厂房，跨度 18m、柱距 6m，内有两台 10t 的 A4 级桥式吊车，排架柱下柱高 8.4m，下柱截面为工字型，尺寸为 400mm×900mm，工字形截面腹板厚度为 150mm，翼缘根高 225mm，边缘高 200mm；上柱高 2.1m，上柱截面为矩形，尺寸为 400mm×400mm，基本风压为 0.45kN/m²，地面粗糙度为 B 类；地震烈度为 7 度 (0.1g)，设计地震分组为第 1 组，场地类别为 Ⅱ 类。进行人机交互式建模，并进行排架施工图的绘制，如图 3.84 所示。

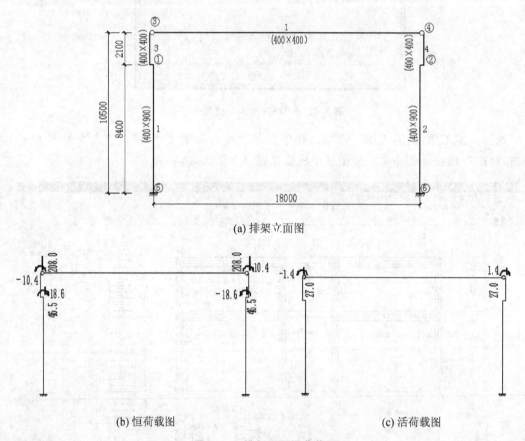

(a) 排架立面图

(b) 恒荷载图　　　　　　　　　　　　　　　　(c) 活荷载图

图 3.84　排架立面及荷载图

排架结构用 PK 程序设计分两个步骤：①PK 数据交互输入和计算；②排架结构施工图绘制。下面详细介绍其操作步骤。

1. PK 数据交互输入和计算

(1) 建立文件夹，进入主菜单。双击 PK 主菜单 1 "PK 数据交互输入和计算"，选择 "新建文件" 选项，弹出文件名对话框，输入交互式文件名 PJ—1，单击 "确定" 按钮，进入人机交互界面。

(2) 参数设置。选择 "参数设计" 选项，弹出 "PKPM 设计参数" 对话框，如图 3.85 所示，进行计算参数的设置。

188888888888888888888888

888888888888888

① 总信息参数。柱混凝土强度等级取 C30，柱梁主筋级别取 HRB335，柱梁箍筋级别取 HPB300，柱保护层厚度取 20，其他参数的选择如图 3.85 所示。由于本例为混凝土排架结构，梁参数对结构计算不起作用，因此对梁参数不做调整。

② 地震信息。抗震等级为三级，地震烈度为 7 度（0.1g），设计地震分组为第 1 组，场地类别为二类，计算振型个数为 2 个，计算周期折减系数为 0.8，阻尼比为 0.05，其他参数如图 3.86 所示。

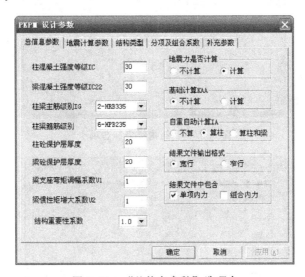

图 3.85　"总信息参数"选项卡

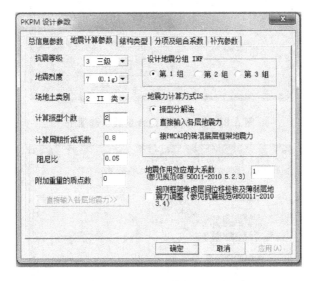

图 3.86　"地震计算参数"选项卡

③ 结构类型。选择"结构类型"选项卡，选择排架结构如图 3.87 所示。

④ 分项及组合系数。本例题取程序默认值，如图 3.88 所示。

⑤ 补充参数。本例两台 10t 的 A4 级桥式吊车，在"二台吊车荷载折减系数（输入 0 或 1 程序自动取 1.0）"文本框中输入"0.9"，如图 3.89 所示。

图 3.87　"结构类型"选项卡

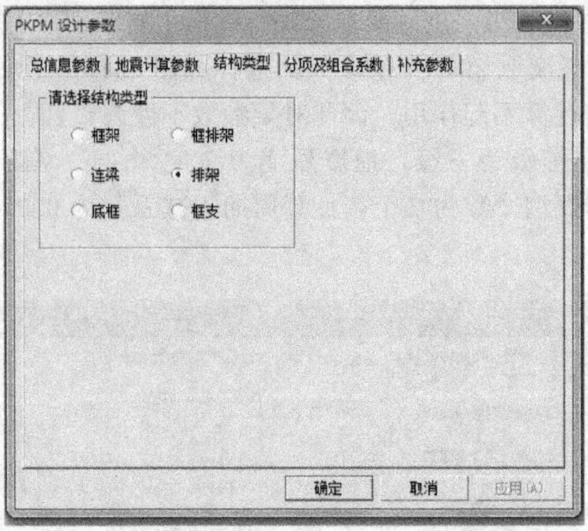

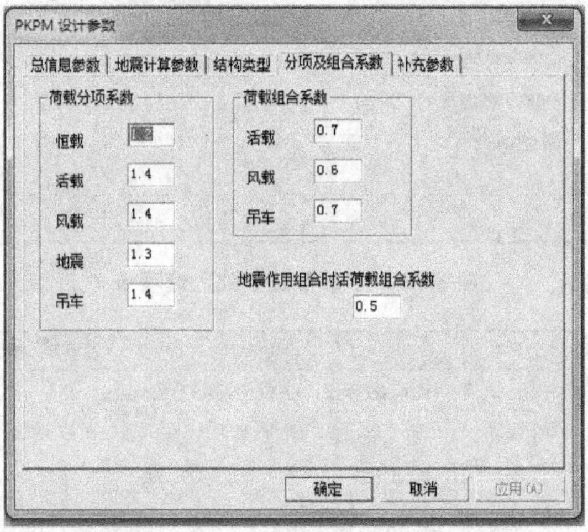

图 3.88　"分析及组合系数"选项卡

图 3.89　"补充参数"选项卡

（3）网格生成。下面介绍排架结构网格线绘制的操作步骤。

① 选择"网格生成/平行直线"选项。注意屏幕左下角提示。

输入第一点：在屏幕绘图区单击。

输入下一点：输入 0，10500，按 Enter 键，屏幕上即出现左柱网格线（红色）。

输入复制间距，（次数）：输入 18000，按 Enter 键，屏幕上即出现右柱网格线（红色）；按 Esc 键取消轴线复制。

输入第一点：用光标点取左柱上端。

输入下一点：用光标点取右柱上端，屏幕上即出现梁的网格线（红色）。

输入复制间距，（次数）：输入－2100，按两次 Esc 键退出"平行直线"菜单，在两牛腿节点之间形成一条红色网格线。

② 选择"网格生成/删除网格"选项。屏幕提示"请用光标选择网格"，用光标选取牛腿之间的水平网格线，屏幕提示"请确认是否删除该网格"，按 Enter 键，按 Esc 键返回主菜单，此时牛腿位置已形成节点。形成的排架网格线如图 3.90 所示。

图 3.90　排架网格线

（4）柱布置。生成网格后进行柱子的布置，首先定义柱截面，如图 3.91 和图 3.92 所示。

① 选择"柱布置/截面定义"选项。弹出"柱子截面数据"对话框，单击"增加"按钮，弹出"截面参数"对话框，"选择截面类型"选择"1-矩形截面柱"，在"矩形截面宽"文本框中输入 400，在"矩形截面高"文本框中输入 400，完成上柱的定义，定义完后单击"确认"按钮。继续单击"增加"按钮定义下柱截面，下柱截面的定义如图 3.92 所示。

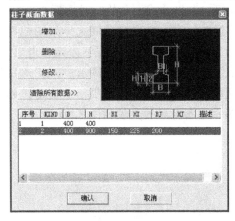

图 3.91　"柱子截面数据"对话框

② 选择"柱布置/柱布置"选项。弹出"柱子截面数据"对话框，如图 3.91 所示，选择第 1 组数据，单击"确认"按钮后，屏幕提示"请输入柱对轴线的偏心（毫米，左偏

为正)(0.0)", 输入 0, 按 Ente 键, 屏幕提示"请用光标选择目标", 用光标分别选择左、右上柱, 按 Esc 键返回"柱子截面数据"对话框。

选择第 2 组数据, 单击"确认"按钮后, 屏幕提示"请输入柱对轴线的偏心(毫米, 左偏为正)(0.0)", 输入 0, 按 Enter 键, 屏幕提示"请用光标选择目标", 用光标选择左、右下柱, 按 Esc 键返回"柱子截面数据"对话框, 单击"退出"按钮退出"柱布置"菜单。

③ 选择"柱布置/偏心对齐"选项。屏幕提示"柱左端对齐/中心对齐/右端对齐(−1/0/1)?", 输入−1, 按 Enter 键, 屏幕提示"请用光标选择轴线", 用光标选择左柱轴线, 右击退出"偏心对齐"菜单。

选择"柱布置/偏心对齐"选项, 屏幕提示"柱左端对齐/中心对齐/右端对齐(−1/0/1)?", 输入 1, 按 Enter 键, 屏幕提示"请用光标选择轴线", 用光标选择右柱轴线, 右击退出"偏心对齐"菜单。柱布置图如图 3.93 所示。

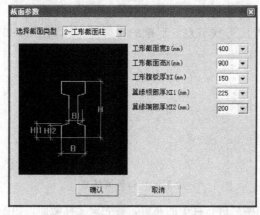

图 3.92　"截面参数"对话框

(5) 梁布置。首先进行梁截面定义, 然后进行梁布置和梁铰定义, 操作步骤如下。

① 选择"梁布置/截面定义"选项。弹出"梁截面数据"对话框, 单击"增加"按钮, 弹出"截面参数"对话框, 选择截面类型"1−矩形截面梁", 输入梁截面宽 400、截面高 400, 单击"确认"按钮, 退出"截面参数"对话框。

② 选择"梁布置/梁布置"选项。弹出对话框选择梁的截面, 单击"确认"按钮, 屏幕提示"请用光标选择目标", 单击梁的轴线, 按 Esc 键, 退出"梁布置"菜单。

③ 选择"铰接构件/布置梁铰"选项。屏幕提示"左下端铰接(1)/右上端铰接(2)/两端铰接(3)<3>:", 选择两端铰接并单击, 屏幕提示"请用光标选择目标", 单击梁顶面, 右击, 退出"布置梁铰"菜单。布置后的梁铰如图 3.94 所示。

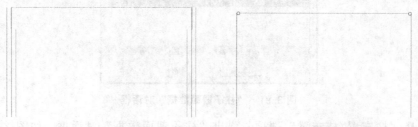

图 3.93　柱布置图　　　　　　　　　图 3.94　铰接梁布置图

（6）恒荷载输入。用节点荷载输入恒荷载，操作步骤如下。

① 选择"恒载输入/节点恒载"选项。弹出"输入节点荷载"对话框，输入节点弯矩"−10.4"kN·m，垂直力"208"kN，如图3.95所示。

② 单击"确定"按钮，屏幕提示"请用光标选择目标（<Tab>转换方式）"，单击左柱柱顶节点。

③ 右击，返回"输入节点荷载"对话框。重复步骤①、步骤②继续输入其他节点恒荷载。

④ 输入完节点荷载后，单击"取消"按钮，退出"输入节点荷载"对话框。

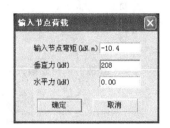

图3.95 "输入节点荷载"对话框

提示：节点弯矩顺时针为正，逆时针为负，垂直力方向向下为正，水平力方向向右为正。

（7）活荷载输入。用节点荷载输入活荷载，操作方法同节点恒荷载输入一样。

（8）左风输入。在交互输入主菜单下选择"左风输入/自动布置"选项，弹出"风荷载输入与修改"对话框，如图3.96所示，在地面粗糙度中选择"B"类，刚架位置选择"中间区"，迎风宽度输入"6"，基本风压输入"0.45"，柱底标高输入"0"，单击"确定"按钮，再输入节点左风7kN，如图3.97所示。

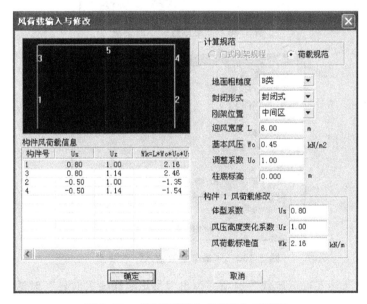

图3.96 "风荷载输入与修改"对话框

（9）右风输入。在交互输入主菜单下选择"右风输入/自动布置"选项，弹出右风自动输入对话框，单击"确定"按钮后，再输入节点右风−7kN，如图3.98所示。

（10）吊车荷载输入。①选择"吊车荷载/吊车数据"选项。弹出"吊车数据"对话框，如图3.99所示。单击"增加"按钮后，弹出"吊车参数输入"对话框，如图3.100所示。

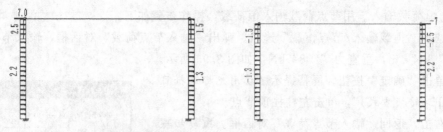

图 3.97　自动输入的左风图　　　　　　图 3.98　自动输入的右风图

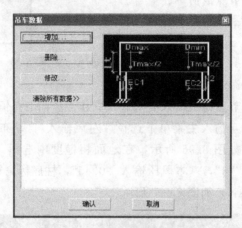

图 3.99　"吊车数据"对话框

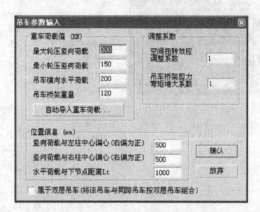

图 3.100　"吊车参数输入"对话框

② 选择"自动导入重车荷载"选项。弹出"吊车荷载输入向导"对话框,如图 3.101

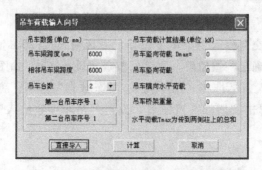

图 3.101　"吊车荷载输入向导"对话框

所示，在该对话框中，吊车台数选择 2，再单击"第一台吊车序号 1"按钮，弹出"吊车数据"对话框，如图 3.102 所示；在该对话框中单击"从吊车库选择数据"按钮，弹出"吊车数据库"对话框，如图 3.103 所示；选择第 35 项，单击"确定"按钮后，再单击"增加"按钮，弹出"吊车数据"对话框，如图 3.104 所示。

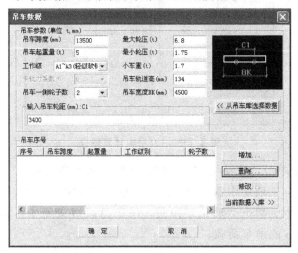

图 3.102　"吊车数据"对话框

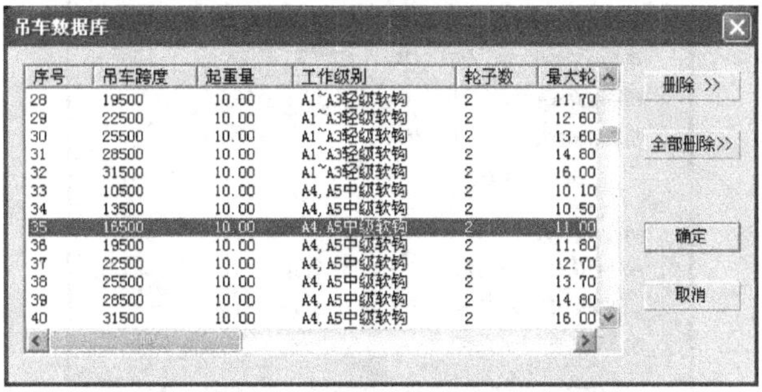

图 3.103　"吊车数据库"对话框

图 3.104　10t 吊车的数据

③ 单击"确定"按钮后，再单击"计算"按钮。程序将吊车计算结果数据填入吊车荷载计算结果中，如图 3.105 所示。

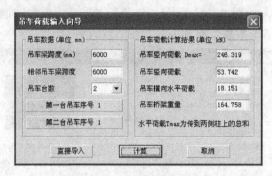

图 3.105　10t 吊车计算数据

④ 在图 3.105 中单击"直接导入"按钮。弹出"吊车参数输入"对话框，如图 3.106 所示；在"位置信息"选项组中输入相关信息，单击"确定"按钮，弹出"吊车数据"对话框，如图 3.107 所示；单击"确认"按钮，吊车荷载定义完毕，本例定义了 2 台 10t、跨度 16.5m、柱距 6m 的吊车荷载。

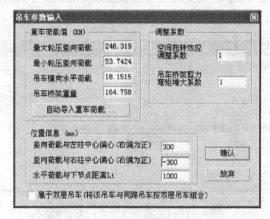

图 3.106　"吊车参数输入"对话框

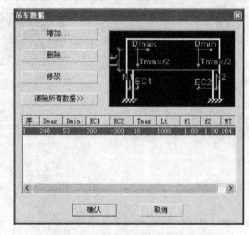

图 3.107　10t 吊车荷载定义

⑤ 选择"吊车荷载/布置吊车"选项。在弹出的对话框中选择吊车序号1，单击"确认"按钮，屏幕提示"请点取吊车荷载作用的左边节点Esc键结束点取"，用光标点取左柱牛腿处的节点，屏幕提示"请点取吊车荷载作用的右边节点"，用光标点取右柱牛腿处的节点，布置后的吊车荷载如图3.108所示。右击，退出"吊车荷载"菜单。

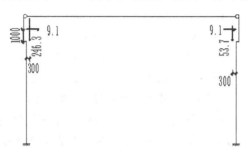

图 3.108　布置后的吊车荷载

提示： 程序要求输入的吊车最大轮压、最小轮压和最大水平刹车力应该是经过影响线计算后得到的标准值，而不是吊车厂家直接提供的数据。吊车梁和吊车轨道等产生的自重为永久荷载，应作为节点恒荷载（竖向力、竖向力产生的偏心弯矩）输入。吊车水平刹车力是左右两边水平荷载之和。

（11）补充参数。选择"补充数据/基础参数"选项，弹出"输入基础计算参数"对话框，输入相关参数，如图3.109所示。单击"确定"按钮，关闭该对话框。

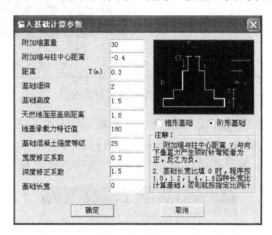

图 3.109　"输入基础计算参数"对话框

（12）计算简图。选择"计算参数"选项，可以查看排架立面、恒载图、活载图、左风载、右风载和吊车荷载。如输入没有问题，可进行结构计算，如有问题可返回前面相关菜单进行修正。

（13）计算。选择"计算"选项，弹出配筋包络图，通过子菜单中的选项可以查看结构在各种荷载工况下内力和配筋以及计算结果文件。

2. 排架结构施工图绘制

完成PK数据交互建模和计算后，可进行排架结构施工图的绘制。具体操作步骤如下。

双击 PK 主菜单 3 "排架柱绘图",屏幕显示排架模板图及菜单。

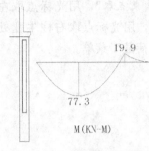

图 3.110　左柱吊装弯矩图

(1) 选择 "吊装验算" 选项。选择排架柱序号 1,单击 "OK" 按钮,屏幕提示 "请输入吊装验算时的混凝土强度等级",输入 20,单击 "OK" 按钮,弹出左柱吊装弯矩图,如图 3.110 所示。

(2) 选择 "修改牛腿/牛腿尺寸" 选项。屏幕提示 "请选择需要修改尺寸的牛腿! 按 Esc 退出",单击左柱牛腿,弹出牛腿信息对话框,设置伸出的长度为 200mm,根部截面高度为 600mm,外端截面高度为 400mm,竖向设计荷载为 401kN,竖向力作用位置为－150mm,水平设计荷载为 12kN,吊车梁截面高度为 1000mm,结果如图 3.111 所示。单击 "确定" 按钮,关闭牛腿信息对话框。

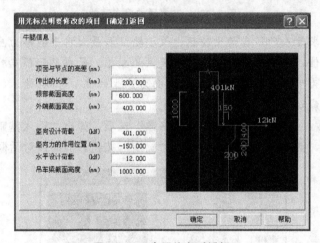

图 3.111　牛腿信息对话框

(3) 选择 "修改牛腿/其他信息" 选项。弹出其他信息对话框,如图 3.112 所示。设置保护层厚度为 20mm,插入长度为 800mm,柱根标高为－0.800m(用于确定牛腿标高和柱顶标高),图纸号选用 2 号,单击 "确定" 按钮,关闭其他信息对话框。

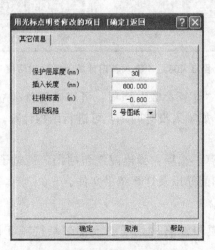

图 3.112　其他信息对话框

④ 选择"主菜单/施工图"选项。选择 1 号柱，排架柱施工图如图 3.113 所示。

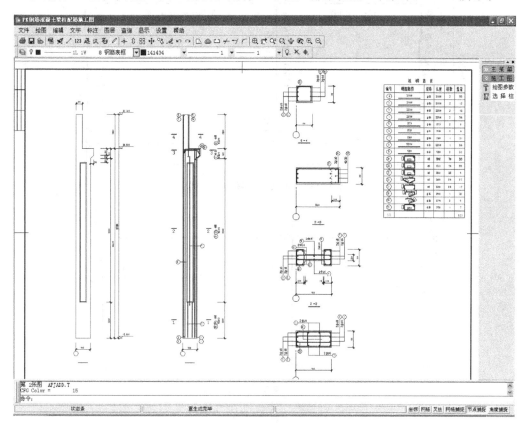

图 3.113 排架柱配筋图

习　　题

已知某两跨等高排架如图 3.114 所示，划分为 9 个节点，6 个柱段，图中圆圈中数字为节点编号，柱左数字为柱段编号，一共 3 根排架柱，其上柱截面皆为矩形，尺寸分别为 400mm×400mm、500mm×600mm、500mm×500mm，下柱截面皆为工字型，尺寸分别为 400mm×900mm、500mm×1200mm、500mm×1200mm，工字形截面腹板厚为 150mm，翼缘根高 225mm，边缘高 200mm，屋面梁皆为铰支，做 8 度（0.2g）抗震设防。抗震等级为二级，II 类场地，设计地震分组为第一组，周期折减系数 0.7，按振型分解法求解地震作用产生的内力，结构阻尼比 0.05，附加重量节点个数为 0。梁、柱混凝土强度等级 C30，混凝土保护层厚度 20mm，结构重要性系数为 1.0，采用 HRB335 级纵向受力钢筋，HPB300 级箍筋，计算柱的自重，已知该排架的结构立面图、恒荷载图、活荷载图、风荷载图、吊车荷载图如图 3.114～图 3.119 所示。空间扭转效应调整系数 1.0，吊车桥架剪力弯矩增大系数 1.0，吊车桥架重量 100kN。试交互建立排架结构计算数据文件，绘制排架柱施工图。

建筑结构 CAD 教程(第 2 版)

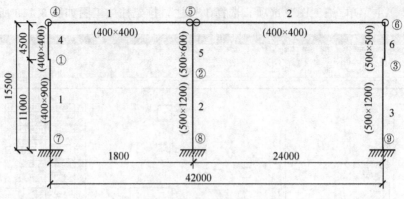

图 3.114　排架立面图(KLM.T)

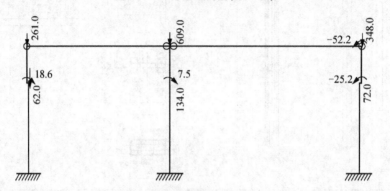

图 3.115　恒荷载图(D-L.T)

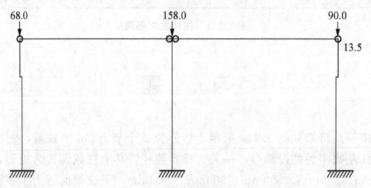

图 3.116　活荷载图(L-L.T)

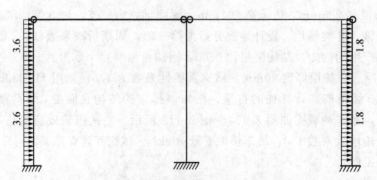

图 3.117　左风荷载图(L-W.T)

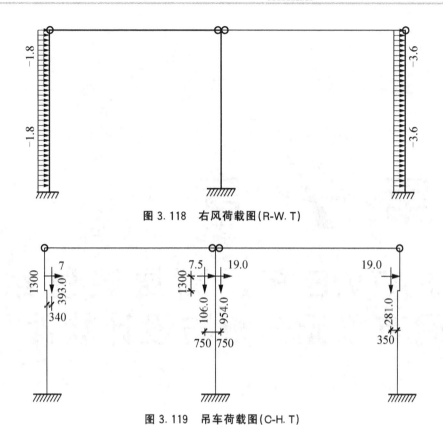

图 3.118 右风荷载图(R-W.T)

图 3.119 吊车荷载图(C-H.T)

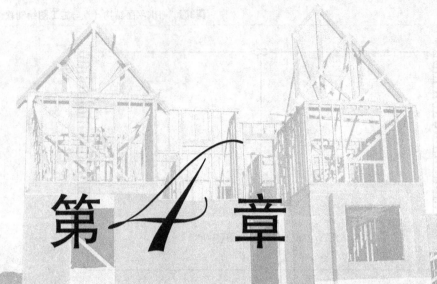

第4章

SATWE 多、高层建筑结构空间有限元分析与设计软件

本章重点讲述多、高层建筑结构空间有限元分析软件 SATWE 的用法，包括计算参数设置，特殊构件设定，特殊荷载设定，计算分析方法，计算结果分析，控制参数调整及 SATWE 在实际工程中的应用例题。

4.1 SATWE 的特点及应用

SATWE 是多、高层建筑结构分析与设计有限元分析软件。该软件解决了剪力墙和楼板的模型简化问题，减小了模型简化后的误差，提高了分析精度，使分析结果能够更好地反映出多、高层结构的真实受力状态。

1. SATWE 软件的特点

1）分析精度高

SATWE 采用空间杆单元模拟梁、柱及支撑等杆件。它采用在壳元基础上凝聚而成的墙元模拟剪力墙。对于尺寸较大或带洞口的剪力墙，按照子结构的基本思想，由程序自动进行细分，然后用静力凝聚原理将由于墙元的细分而增加的内部自由度消去，从而保证墙元的精度和有限的出口自由度。墙元不仅具有墙所在的平面内刚度，也具有平面外刚度，可以较好地模拟工程中剪力墙的实际受力状态。对于楼板，SATWE 给出了 4 种简化假定。

（1）楼板平面内为刚性，适用于多数常见结构。

（2）分块楼板为刚性，适用于多塔或错层结构。

（3）分块楼板用刚性用弹性板带连接，适用于楼板局部开大洞、塔与塔之间上部相连的多塔结构及某些平面布置较特殊的结构。

（4）楼板为弹性，可用于特殊楼板结构或要求分析精度高的高层结构。

在应用中，可根据工程实际情况和分析精度要求，选用其中一种或多种简化假定。

2）前后处理功能强

SATWE软件以PMCAD软件为其前处理模块。SATWE软件读取PMCAD软件中生成的几何数据及荷载数据，自动将其转换成空间有限元分析所需的数据格式，并自动传递荷载、划分墙元及弹性楼板单元。

SATWE软件以"墙梁柱施工图"软件为后处理模块。由SATWE软件完成的内力分析和配筋计算结果，可接"墙梁柱施工图"模块绘制梁、柱和剪力墙施工图，并可为各类基础软件提供柱、墙底内力作为各类基础的设计荷载。

2．SATWE软件的基本功能

（1）可自动读取经PMCAD主菜单1形成的几何数据和荷载数据，自动将这些数据转换成高层结构空间有限元分析所需的数据格式，并为设计者保留编辑修改几何数据文件及荷载数据文件的机会。

（2）软件中的空间杆单元除了可以模拟常规的柱、梁外，还可有效地模拟铰接梁、支撑等。

（3）梁、柱及支撑的截面形状不限，考虑了各种异形截面情况，构件材料也不限，可以是混凝土的、钢的，也可以是复合材料的，如劲性混凝土、钢管混凝土等。

（4）剪力墙的洞口仅考虑矩形洞，其空间位置及大小不限，无需为结构模型简化而开计算洞。

（5）考虑了多塔、错层、转换层及楼板局部开大洞等结构的特点，可以高效、准确地分析这些特殊结构。

（6）适用于多层结构、工业厂房及体育场馆等各种复杂结构，并实现了在三维结构分析中考虑活荷载不利布置功能、底框结构计算和吊车荷载计算。

（7）自动考虑了梁和柱的偏心、刚域影响。

（8）具有自动导荷、剪力墙墙元和弹性楼板单元自动划分功能。

（9）具有较完善的数据检查和图形检查功能，较强的容错能力。

（10）具有模拟施工加载过程的功能，恒、活荷载可以分开计算，并可以考虑梁上的活荷载不利布置作用。

（11）任意指定水平力作用方向，程序自动按转角进行坐标变换及风荷载导算。

（12）在单向地震作用时，可考虑偶然偏心的影响；可进行双向水平地震作用下的扭转地震作用效应计算；可计算多方向输入的地震作用效应；对于复杂体型的高层结构，采用振型分解反应谱法进行耦联抗震分析和动力弹性时程分析。

（13）对于高层结构，程序可以考虑 $P-\Delta$ 效应。

（14）对于底框结构，可进行底框部分的空间分析和配筋设计。

（15）对于复杂砌体结构，可进行空间有限元分析和抗震验算。

（16）可进行吊车荷载的空间分析和配筋设计。

（17）可考虑上部结构与地下室的联合工作，上部结构与地下室可同时进行分析与设计。

（18）具有地下室人防设计功能，在进行上部结构分析与设计的同时进行分析与设计。

（19）具有梁、柱配筋整楼归并功能，归并结果自动传给 PMCAD，可在平面施工图上自动标注出归并结果。

（20）可接力"墙梁柱施工图"绘墙、梁、柱施工图，墙、梁、柱施工图中考虑了高层结构的构造要求。

（21）可为 PKPM 系列 CAD 软件中的各类基础设计程序提供底层柱、墙组合内力作为其设计荷载，从而使各类基础设计中数据的准备工作大大简化。

3. SATWE 的使用限制

1）SATWE 的后处理

SATWE 的后处理只能绘制矩形梁，矩形、圆形和异形截面的混凝土柱施工图，其他截面形式及材料的梁、柱及支撑，只给出内力。

2）SATWE 的解题能力

（1）结构层数（高层版）不大于 120。

（2）每层节点数不大于 8000。

（3）每层梁数不大于 8000。

（4）每层柱数不大于 5000。

（5）每层墙数不大于 3000。

（6）每层支撑数不大于 2000。

（7）每层塔数不大于 10。

（8）结构总自由度数不限。

4. SATWE 的启动

在主界面左上角的专业分向上选择"结构"选项卡，选择"SATWE"选项，右侧菜单即变成 SATWE 的主菜单。主菜单共 6 项，如图 4.1 所示。

图 4.1　SATWE 软件主菜单

移动光标到相关菜单，双击启动，或单击主界面右下方"应用"按钮也可启动相应菜单。

提示：软件运行的工作目录必须与同工程的 PMCAD 文件或 STS 三维建模文件在同一个工作目录下。

4.2 SATWE 前处理——接 PM 生成 SATWE 数据

PMCAD 建立工程模型后就转入计算分析阶段，SATWE 软件可以直接读取建模数据，但在计算前还需要做一些准备工作，如补充设计计算分析参数，定义特殊构件和特殊荷载等。软件参数设置正确与否，直接关系到软件分析结果是否准确，这是学好软件的关键一步。本节详细讲解 SATWE 软件前处理的主菜单 1 接 PM 生成 SATWE 数据。

双击 SATWE 主菜单 1 "接 PM 生成 SATWE 数据"，弹出 SATWE 前处理对话框，如图 4.2 所示。

4.2.1 补充输入及 SATWE 数据生成

图 4.2 所示 SATWE 前处理对话框中共包括 9 项内容，其中主菜单 1 "分析与设计参数补充定义(必须执行)"与主菜单 6 "生成 SATWE 数据文件及数据检查(必须执行)"两项是必须执行的选项。

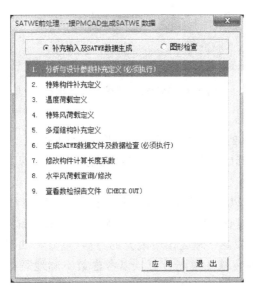

图 4.2 SATWE 前处理对话框

除这两项以外的其他各项，用于设定特殊构件、特殊荷载、定义多塔、显示检查图形及数据文件。其中多数选项都不是必须选择的，要根据具体的工程情况进行选择。

1. 分析与设计参数补充定义(必须执行)

SATWE 软件需补充的参数共 10 个选项卡，它们分别为"总信息"、"风荷载信息"、

"地震信息"、"活荷信息"、"调整信息"、"配筋信息"、"荷载组合"、"设计信息"、"地下室信息"和"砌体结构信息"。对于一个工程,在第一次启动 SATWE 软件主菜单时,程序自动将上述所有参数赋值(取多数工程中常用值作为隐含值)。设计者一定要清楚每一参数的含义和在结构分析中所起的作用。

选择图 4.2 中的主菜单 1 "分析与设计参数补充定义必须执行"选项后,弹出参数对话框,如图 4.3 所示。

图 4.3 SATWE "总信息"选项卡

1)"总信息"选项卡

"总信息"选项卡共有 21 个参数,其含义及取值原则如下。

(1) 水平力与整体坐标的夹角(度)。该参数为地震作用、风力作用方向与结构整体坐标的夹角,逆时针方向为正。

当需得到地震作用、风力最大的方向(度)时,可先将该参数输为 0,选择"生成SATWE 数据文件及数据检查"选项后,可在"分析结果图形和文本显示"菜单中的输出文件"WZQ. OUT"中,找到"地震作用最大的方向(度)",如果这个角度与主轴的夹角大于±15°,则应该将该角度输入重新计算,以考虑最不利地震作用或风荷载作用方向的影响。

(2) 混凝土重度(kN/m³)。一般情况下,钢筋混凝土的重度为 25kN/m³。若考虑构件表面粉刷层重时,混凝土重度可填入适当值 26~27kN/m³。对于框架、框架-剪力墙及框架-核心筒结构可取 26kN/m³,剪力墙可取 27kN/m³。

(3) 钢材重度(kN/m³)。一般情况下,钢材重度为 78.0kN/m³。若要考虑构件表面粉刷层重及加劲肋等加强板件、连接节点及高强螺栓等附加重量,钢材的重度可填入适当值 82~93kN/m³。

（4）裙房层数。此处定义的裙房（含地下室）层数是指大底盘多塔结构的裙房。初始值为0。

《高层建筑混凝土结构技术规程》第3.9.6条规定："抗震设计时，与主楼连为整体的裙房的抗震等级，除应按裙房本身确定外，相关范围不应低于主楼的抗震等级；主楼结构在裙房顶板上、下各一层应适当加强抗震构造措施。裙房与主楼分离时，应按裙房本身确定抗震等级"。因此裙房层数参数必须给定。

提示：该参数的加强措施仅限于剪力墙加强区，程序没有对裙房顶部上下各一层及塔楼与裙房连接处的其他构件采取加强措施，此项工作需要设计者在"特殊构件定义"中完成。

（5）转换层所在层号。如果有转换层，则必须在此输入转换层所在的自然层号。若有地下室，则包括地下室层号在内，以便进行正确的内力调整。

提示：若某建筑有1层地下室，转换层在4层，则转换层的层号应输入5。

（6）嵌固端所在层号。此处的嵌固端指上部结构的计算嵌固端，当地下室顶板作为嵌固端时，嵌固端所在层号为地上一层，即地下室层数＋1；而当在基础顶面嵌固时，嵌固端所在层号为1。程序默认的嵌固端所在层号为"地下室层数＋1"，如果修改了地下室层数，则应该确认嵌固端所在层号是否需相应修改。

《建筑抗震设计规范》第6.1.3-3条规定了地下室作为上部结构嵌固部位时应满足的要求，第6.1.10条规定了剪力墙底部加强部位的确定与嵌固端有关；第6.1.14条提出了地下室顶板作为上部结构的嵌固部位的相关计算要求。《高层建筑混凝土结构技术规程》第3.5.2-2条规定结构底部嵌固层的刚度比不宜小于1.5。

提示：判断嵌固端位置应由设计者自行完成。

程序则主要实现如下功能。

① 确定剪力墙底部加强部位时，将起算层号改为"嵌固端所在层号-1"，即默认值将加强部位延伸到嵌固端下一层，比《建筑抗震设计规范》的要求保守一些。

② 针对《建筑抗震设计规范》第6.1.14条和第12.2.1条规定，自动将嵌固端下一层的柱纵向钢筋相对上层对应位置柱纵筋增大10%；梁端弯矩设计值放大1.3倍。

③ 按《高层建筑混凝土结构技术规程》第3.5.2-2条规定，当嵌固层为模型底层时，刚度比限值取1.5。

④ 涉及"底层"的内力调整等，程序针对嵌固层进行调整。

（7）地下室层数。地下室层数是指与上部结构同时进行内力整体分析时地下室部分的高度，由于地下室无风荷载作用，程序在上部结构风荷载中扣除地下室高度，并激活"地下室信息"参数栏。无地下室时填0，有地下室时根据实际情况填写。

提示：程序根据此信息来决定内力调整的部位，对于一、二、三及四级抗震结构，其内力调整系数是要乘在地下室以上首层柱底或墙底截面处；程序根据此信息决定底部加强区范围，因为剪力墙底部加强区的控制高度应扣除地下室部分；当地下室局部层数不同时，应按主楼地下室层数输入；地下室宜与上部结构共同作用分析。

（8）墙元细分最大控制长度（m）。进行有限元分析时，对于较长的剪力墙，程序要将其细分并形成一系列小壳元。为确保分析精度，要求小壳元的边长不得大于给定的限值，限值为1.0～5.0。一般可取程序隐含值$D_{max}=1.0$m。

（9）转换层指定为薄弱层。强调转换层为薄弱层的概念。薄弱层不论层刚度比如何，都应强制指定为薄弱层。

（10）对所有楼层强制采用刚性楼板假定。初始值为不选中该复选框。

如果设定了弹性楼板或楼板开大洞，在计算位移比、周期比和层刚度比时，需要选中此复选框；计算完成后应取消选中此复选框，以弹性楼板方式进行结构的内力和配筋计算。

提示： 对于复杂结构，如不规则坡屋顶、体育看台、工业厂房，或者柱、墙不在同一标高，或者没有楼板等情况，如果采用强制刚性楼板假定，结构分析会产生严重失真。对这类结构可以查看位移的"详细输出"，或观察结构的动态变形图，考察结构的扭转效应。

（11）强制刚性楼板假定时保留弹性板面外刚度。为了地下室无梁楼盖结构增设的选项，地下室楼板程序自动按强制刚性楼板假定计算，且初始默认不保留板面外刚度，此时荷载全部由柱子承担；选中此复选框，荷载由板柱共同承担，竖向构件内力配筋更合理。

提示： 选中此复选框，对于弹性板 3 或弹性板 6，只在楼板面内进行强制刚性楼板假定，弹性板面外刚度仍按实际情况考虑。"刚性楼板假定"没有考虑板面外的刚度；"弹性楼板 6 假定"考虑楼板的面内外刚度，则梁刚度不宜放大、梁扭矩不宜折减，板的面外刚度将承担一部分梁柱的面外弯矩，而使梁柱配筋减少；"弹性楼板 3 假定"楼板面内刚度无限大，如厚板转换层结构中的厚板，板厚达到 1m 以上而面外刚度需要按实际考虑。

（12）墙元侧向节点信息。该项为墙元刚度矩阵凝聚计算的一个控制参数。初始值为"出口节点"。

若选择"出口节点"选项，则只把墙元侧边上的节点均作为出口节点，墙元的变形协调性好，分析结果符合剪力墙的实际。

（13）结构材料信息。程序提供 5 种选择。

① 混凝土结构：按混凝土结构有关规范计算地震作用和风荷载。

② 钢与混凝土混合结构：目前没有专门的规范，可参照相应的规范执行。

③ 有填充墙钢结构：按钢结构有关规范计算地震作用和风荷载。

④ 无填充墙钢结构：按钢结构有关规范计算地震作用和风荷载。

⑤ 砌体结构：按砌体结构有关规范计算地震作用和风荷载，并对砌体墙进行抗震验算。

提示： 不同的"结构材料"会影响到不同规范、规程的选择，如当"结构材料信息"为"钢结构"时，则按照钢框架-支撑体系的要求执行 $0.25V_0$ 调整；当"结构材料信息"为"混凝土结构"时，则按照混凝土框架-剪力墙结构的 $0.2V_0$ 调整；型钢混凝土和钢管混凝土结构属于混凝土结构，而不是钢结构。

（14）结构体系。程序给出了框架结构、框架-剪力墙结构、框筒结构、筒中筒结构、剪力墙结构、板柱剪力墙结构、异形柱框架结构、异形柱框剪结构、配筋砌体结构、砌体结构、底框结构、部分框支剪力墙结构、单层钢结构厂房、多层钢结构厂房和钢框架结构等 15 种结构体系，供设计人员选择。程序按设计人员设定的结构体系，执行规范对相应结构规定的计算和调整方式。

提示： 底部带转换层的高层建筑应选择"部分框支剪力墙结构"选项。对于板柱结构应在柱网上布置截面尺寸为 $100mm \times 100mm$ 的矩形截面虚梁，楼板定义为弹性板 6。

（15）恒活荷载计算信息。这是竖向力控制参数，程序设定 5 个选项。

① 不计算恒活荷载。程序不计算所有竖向荷载。

② 一次性加载。采用整体刚度模型，按一次加载的模式作用于结构，计算竖向荷载作用下的内力，不考虑施工的找平过程。这对于高层结构和竖向刚度有差异的结构，计算结果与实际受力会有差异，所以一般高层结构应考虑模拟施工过程。

③ 模拟施工加载 1。程序先形成结构总刚度，再分层施加竖向荷载。由于该模型采用的结构刚度矩阵是整体结构的刚度矩阵，加载层上部尚未形成的结构过早地进入工作，可能导致下部楼层某些构件的内力异常。

④ 模拟施工加载 2。程序按模拟施工加载 1 方式计算竖向荷载作用下的结构内力，同时在分析过程中将竖向构件（柱、墙）的轴向刚度放大 10 倍，以削弱竖向荷载按刚度的重分配。这样做将使得框架-剪力墙结构中的柱和墙上分得的轴力比较均匀，传给基础的荷载更为合理。所以对于高层框架-剪力墙或框筒结构进行基础设计时应选择"模拟施工加载 2"选项。

⑤ 模拟施工加载 3。程序分层计算各层刚度后，再分层施加竖向荷载。因而可真实模拟结构逐层施工、逐层找平、逐层加载的全过程，计算的内力和变形比较接近于结构的实际状态。

提示：对于框架-剪力墙结构或框筒结构，在基础设计时，应选择"模拟施工加载 2"选项的计算结果；对高层建筑应选择"模拟施工加载 3"选项；对多层结构、钢结构和有上传荷载（如吊柱）的结构宜选择"一次性加载"选项。

（16）风荷载计算信息。这是风荷载计算控制参数，程序设有 4 个选项，其含义如下。

① 不计算风荷载。程序不计算风荷载。

② 计算水平风荷载。程序计算 X、Y 两个方向的风荷载。

③ 计算特殊风荷载。程序计算特殊风荷载，主要用于工业建筑或采用轻钢屋面（坡屋面）的建筑。

④ 计算水平和特殊风荷载。程序计算水平和特殊风荷载。

（17）地震作用计算信息。这是地震作用控制参数，程序设有 4 个选项，其含义如下。

① 不计算地震作用。即程序不计算地震作用。对于不进行抗震设防的地区或者抗震设防为 6 度时的部分结构（不规则建筑及建造于 IV 类场地上较高的高层建筑除外），《建筑抗震设计规范》第 3.1.2 条规定可以不进行地震作用计算的结构，可选择不计算地震作用，《建筑抗震设计规范》第 5.1.6 条规定："6 度时的部分建筑，应允许不进行截面抗震验算，但应符合有关的抗震措施要求"。因此这类结构在选择"不计算地震作用"选项的同时，仍然要在"地震信息"选项卡中指定抗震等级，以满足抗震措施的要求。

② 计算水平地震作用。即程序计算 X、Y 两个方向的水平地震作用。

③ 计算水平和规范简化方法竖向地震。即程序计算 X、Y 两个方向的水平地震作用并按《建筑抗震设计规范》第 5.3.1 条规定的简化方法计算竖向地震作用。

④ 计算水平和反应谱方法竖向地震。即程序计算 X、Y 两个方向的水平地震作用并按《高层建筑混凝土结构技术规程》第 4.3.14 条规定：跨度大于 24m 的楼盖结构、跨度大于 12m 的转换层结构和连体结构，悬挑长度大于 5m 的悬挑结构，结构竖向地震作用效应标准值宜采用时程分析方法或振型分解反应谱方法进行计算。

（18）特征值求解方法。仅在选择了"计算水平和反应谱方法竖向地震"选项时，此参数才激活。

① 水平振型和竖向振型整体求解方法。在"地震信息"栏中输入的振型数为水平与竖向振型数的总和；且"竖向地震参与振型数"选项未激活，设计者不能修改。

② 水平振型和竖向振型独立求解方法。在"地震信息"栏中需分别输入水平与竖向的振型个数。计算用振型数一定要足够多，以使得水平和竖向地震的有效质量系数都能满足 90% 的要求。一般宜选"水平振型和竖向振型整体求解方法"选项。

提示： 整体求解的动力自由度包括 Z 向分量，而"独立求解"则不包括；前者做 1 次特征值求解，而后者做 2 次特征值求解；前者可以更好地体现 3 个方向振型的偶联，但竖向地震作用的有效质量系数在个别情况下较难达到 90%，而后者则刚好相反，不能体现偶联关系，但可以得到更多的有效竖向振型。

当选择整体求解时，与水平地震作用振型相同，给出每个振型的竖向地震作用，而当选择独立求解方式时，还给出竖向振型的各个周期值。计算后程序给出每个楼层、各个塔的竖向总地震作用，且在最后给出按《高层建筑混凝土结构技术规程》第 4.3.15 条进行的调整信息。

（19）"规定水平力"的确定方式。"规定水平力"的确定方式是《建筑抗震设计规范》和《高层建筑混凝土结构技术规程》提出的一种新的计算地震作用的方法，主要用于计算倾覆力矩和扭转位移比。

① 楼层剪力差方法（规范方法）。按《建筑抗震设计规范》要求的"规定水平力"，主要应用于结构布置比较规则，楼层概念清晰的结构。

② 节点地震作用 CQC 组合方法。SATWE 软件提供的方法，主要用于结构布置复杂，较难划分出明显楼层的结构。

提示： ① 计算扭转位移比。《高层建筑混凝土结构技术规程》第 3.4.5 条和《建筑抗震设计规范》第 3.4.3 条规定，计算扭转位移比时，楼层位移不采用 CQC 组合计算，明确改为采用"规定水平力"计算，其目的是避免有时 CQC 计算的最大位移出现在楼盖边缘中部而不是角部。水平力确定为考虑偶然偏心的振型组合后楼层剪力差的绝对值。但对结构楼层位移和层间位移控制验算时，仍采用 CQC 的效应组合。

② 计算倾覆力矩。《高层建筑混凝土结构技术规程》第 8.1.3 条规定：抗震设计的框架-剪力墙结构，应根据规定的水平力作用下的结构底层框架部分承受的地震倾覆力矩与结构总地震倾覆力矩的比值，确定相应的设计方法。

③ SATWE 在 WV02Q.OUT 中输出 3 种抗倾覆计算结果。"《建筑抗震设计规范》方式、轴力方式和 CQC 方式"。一般对于对称布置的框架-剪力墙结构、框筒结构，轴力方式的结果大于《建筑抗震设计规范》方式；而对于偏置的框架-剪力墙、框筒结构，轴力方式与《建筑抗震设计规范》方式结果相近。

（20）施工次序。在采用模拟施工加载 1 或模拟施工加载 3 的计算模式下，为适应某些复杂结构施工次序调整的特殊情况，软件增加了这个参数，用于分别指定各自然层的施工次序。

如果采用广义楼层概念建立模型（如连体结构、转换结构和多层悬挑结构等），有可能打破楼层号由低到高的排列次序，为了正确进行模拟施工计算，需要设计者指定施工次序。程序初始值为每个自然层进行一次施工，全楼由低到高次序施工，未采用广义楼层组装的工程可以采用初始参数。

① 层号：表示该加刚度或加载层。

② 次序号：表示该加刚度或加载层的作用次序。

例如，10层结构的模拟施工加载方式，如图4.4和图4.5所示。

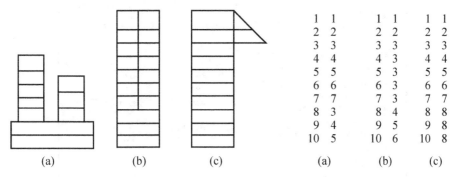

图4.4　施工次序对特殊结构类型的影响　　　图4.5　加载次序图

程序有如图4.5所示的图(a)～图(c)加载次序，其中：图(a)为广义层模型的加载次序；图(b)为转换层结构的加载次序(结构第3层为转换层，需要同时考虑转换层上部3层的刚度和荷载)；图(c)为悬挑结构的加载次序(考虑结构8～10层上有上传荷载的情况)。

软件对越层柱或越层支撑采用整体记录的方式，如图4.6所示，则模拟施工不能层层加载或加刚度，也必须通过模拟施工加载次序来正确实现，如图4.7所示。

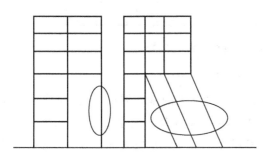

层号	模拟施工次序号
1	1
2	1
3	1
4	2
5	3
6	4

图4.6　越层柱、越层支撑图　　　　图4.7　加载次序图

提示：除广义楼层模型外，某些传力复杂的结构，如转换层结构、上部悬挑结构、越层结构、越层支撑结构等，都可能出现若干楼层需要同时施工和同时拆模的情况，因此应设定这些楼层为同一施工次序号，以符合工程的实际情况。

2)"风荷载信息"选项卡

此选项卡是与风荷载计算有关的信息，共有11个参数，如图4.8所示。若在"总信息"(图4.3)选项卡中选择了不计算风荷载，则可不设置此选项卡。

(1)地面粗糙度类别。在风荷载计算时，程序按设计者输入的地面粗糙度类别确定风压高度变化系数。

地面粗糙度分A、B、C、D 4类。A类指近海海面和海岛、海岸、湖岸及沙漠地区；B类指田野、乡村、丛林、丘陵及房屋比较稀疏的乡镇和城市郊区；C类指有密集建筑群的城市市区；D类指有密集建筑群且房屋较高的城市市区。

(2) 修正后的基本风压(kN/m²)。此项可根据《建筑结构荷载规范》附表 D.5 取值，单位为 kN/m²。一般工程取 50 年一遇，对于特别重要或对风荷载比较敏感的高层建筑，其基本风压按 100 年重现期的基本风压值采用。

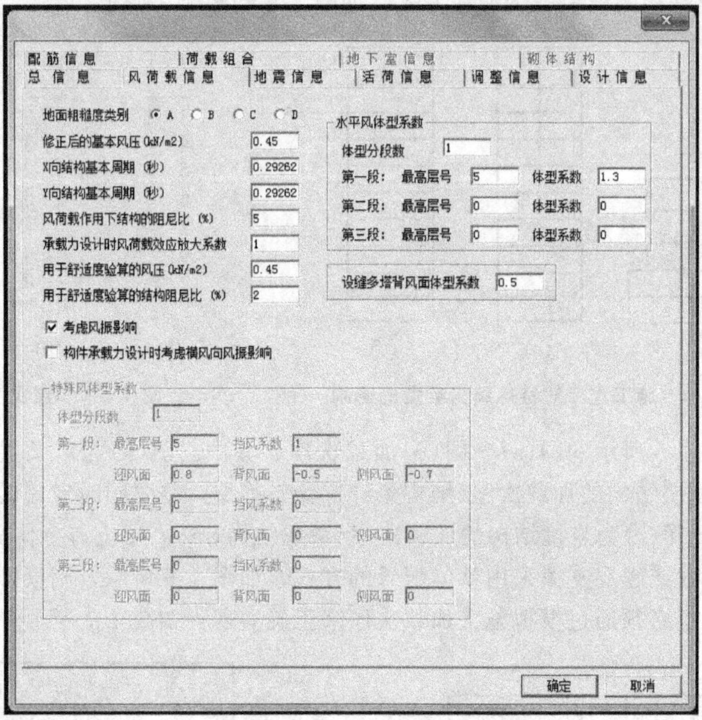

图 4.8 SATWE "风荷载信息" 选项卡

(3) X、Y 向结构基本周期。初步计算宜取程序默认值。

在导算风荷载过程中，涉及几个参数，一个是结构的基本周期 T_1，周期用来计算风荷载中的风振系数 β_z。程序按《高层建筑混凝土技术规程》附录 B 公式 B.0.2 取值。对比较规则的结构可按《高层建筑混凝土技术规程》第 4.2.6 条表 4.2.6-1 注中的近似公式计算，框架结构 $T_1=(0.08\sim0.10)n$，框架-剪力墙和框架-核心筒结构 $T_1=(0.06\sim0.08)n$，剪力墙结构和筒中筒结构 $T_1=(0.05\sim0.06)n$，n 为结构层数。设计者可以根据规范按近似公式手工输入，待程序计算出准确的结构自振周期后，将计算书 WZQ.OUT 中的结构第一平动周期值(X 向基本周期)和第二平动周期值(Y 向基本周期)再回填重新计算以得到更为准确的风力。

(4) 风荷载作用下结构的阻尼比(%)。该参数主要用于计算风荷载中的风振系数 β_z。新建工程第一次运行 SATWE 程序时，会根据 "结构材料信息" 自动对风荷载作用下的阻尼比赋初值：混凝土结构及砌体结构为 0.05；有填充墙钢结构为 0.02，无填充墙钢结构为 0.01。

(5) 承载力设计时风荷载效应放大系数。《高层建筑混凝土技术规程》第 4.2.2 条规定 "对风荷载比较敏感的高层建筑，承载力设计时应按基本风压的 1.1 倍采用"。填写该项后，程序将直接对风荷载作用下的构件承载能力进行放大，不改变结构位移。一般情况下，对于房屋高度大于 60m 的高层建筑，承载力设计时风荷载计算可选择此项。

（6）用于舒适度验算的风压、阻尼比。验算风振舒适度时结构阻尼比宜取 0.01～0.02，程序默认值取 0.02。风压默认值取"基本风压"。

《高层建筑混凝土技术规程》第 3.7.6 条规定"房屋高度不小于 150m 的高层混凝土结构应满足风振舒适度要求"。程序根据《高层民用建筑钢结构技术规程》（JGJ 99—1998)第 5.5.1-4 条，对风振舒适度进行验算，结果在 WMASS.OUT 中输出。

（7）考虑风振影响。根据《建筑结构荷载规范》第 8.4.1 条"当结构基本自振周期 T_1 大于 0.25s 时考虑风振系数"。对于多层建筑结构任意高度处的风振系数变化，仅在建筑高度大于 30m，且高宽比大于 1.5 时才考虑，其他情况下均按 $\beta_z=1.0$ 计算。

（8）构件承载力设计时考虑横向风振影响。《高层建筑混凝土技术规程》第 4.2.8 条规定，横向风振动作用明显的高层建筑，应考虑横风向风振的影响。

（9）水平风体型系数。结构物立面变化较大时，不同的区段内的体型系数可能不一样，如下方上圆，或下圆上多边形等，这就会在不同段产生不同的体型系数。需要输入的参数包括分段数、各段最高层号及各段挡风系数。

① 分段数。用于确定结构物的体型变化段数，无变化填 1，最多为 3，分段时只需考虑上部结构。

② 各段最高层号。指结构体型变化分段的最高层号。按实际情况填写，当体型系数只分一段时，最高层号为结构总层数，第二段或第三段的信息可不填。

③ 各段体型系数。按《建筑结构荷载规范》第 8.3.1 条表 8.3.1 取值。

（10）特殊风体型系数。"总信息"选项卡"风荷载计算信息"中，选择"计算特殊风荷载"或者"计算水平和特殊风荷载"选项时，"特殊风体型系数"选项组被激活，允许修改。

"特殊风荷载定义"使用"自动生成"选项自动生成全楼特殊风荷载时，需要用到此处定义的信息。

"特殊风荷载"的计算公式与"水平风荷载"相同，区别在于程序自动区分迎风面、背风面和侧风面，分别计算其风荷载，是更为精细的计算方式。应在此处分别填写各区段迎风面、背风面和侧风面体型系数。

"挡风系数"是为了考虑楼层外侧轮廓并非全部为受风面积，存在部分镂空的情况而设置的。当该系数为 1.0 时，表示外侧轮廓全部为受风面积，小于 1.0 时表示有效受风面积占全部外轮廓的比例，程序计算风荷载时按有效受风面积生成风荷载，可用于无填充墙的敞开式结构。

（11）设缝多塔背风面体型系数。按实际情况输入背风面的体型系数，程序默认值为0.5。该值如取 0，则表示背风面不考虑风荷载影响。

对于设缝多塔结构，设计者可以指定各塔的挡风面，程序在计算风荷载时会自动考虑挡风面的影响，并采用此处输入的背风面体型系数对风荷载进行修正。

3）"地震信息"选项卡

此选项卡是有关地震作用的信息，共有 19 个参数，如图 4.9 所示。若在图 4.3"总信息"选项卡中选择不计算地震作用,对于抗震设防烈度为 6 度的建筑(不规则建筑及建造于Ⅳ类场地上较高的高层建筑除外),不需要进行抗震计算,但仍需采用抗震构造措施的地区,则地震设防烈度、框架抗震等级和剪力墙抗震等级按实际情况填写,其他参数可不输入。

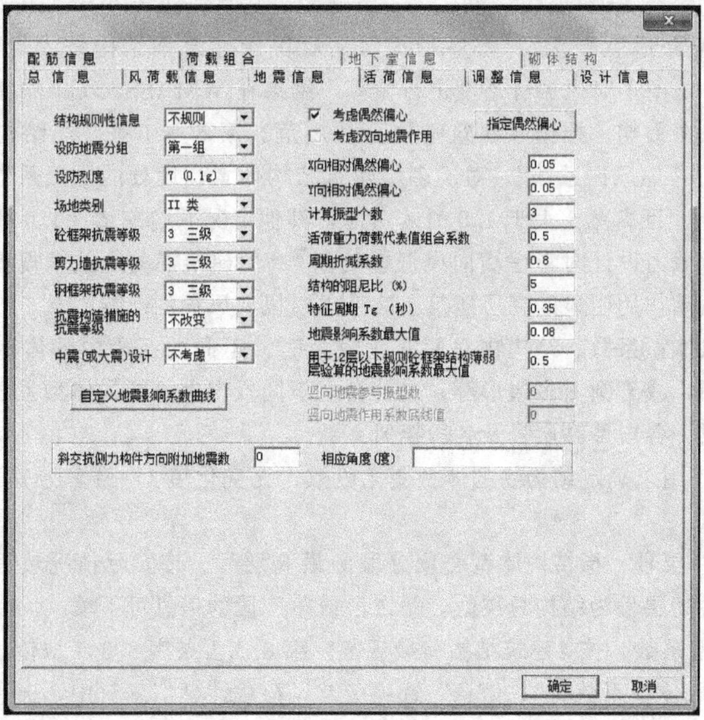

图 4.9　"地震信息"选项卡

(1) 结构规则性信息。根据结构设计方案选择"规则"或"不规则"。

(2) 设防地震分组。根据建筑物所建造的区域,按《建筑抗震设计规范》第 3.2.4 条附录 A 指定设计地震分组。

(3) 设防烈度。这里指地震设防烈度。程序提供以下几种选择:6 度(0.05g)、7 度(0.10g)、7 度(0.15g)、8 度(0.2g)、8 度(0.3g)、9 度(0.4g)。根据建筑物所建造的区域,按《建筑抗震设计规范》附录 A 取值。

(4) 场地类别。场地类别共有 5 个选项,可取值 0 类(代表上海地区)、I_0 类、I_1 类、Ⅱ类、Ⅲ类、Ⅳ类。程序根据不同的场地类别,计算特征周期。

(5) 混凝土框架、剪力墙、钢框架抗震等级。可取值 0、1、2、3、4、5,其中 0、1、2、3、4 分别代表抗震等级为特一级、一、二、三和四级抗震设计等级,5 代表不考虑抗震构造要求。

程序会根据不同的输入值选择抗震等级。此项为对框架或框架-剪力墙结构和钢框架按结构类型、设防烈度、结构高度等因素确定结构抗震措施的抗震等级。

(6) 抗震构造措施的抗震等级。抗震构造措施的抗震等级可能和抗震措施的抗震等级不同,如表 4.1 所示。

表 4.1　确定乙类和丙类建筑的抗震措施和抗震构造措施的实际烈度

类别		6度(0.05g)		7度(0.1g)		7度(0.15g)	8度(0.2g)		8度(0.3g)		9度(0.4g)
	设防烈度										
	场地类别	Ⅰ	Ⅱ～Ⅳ	Ⅰ	Ⅱ～Ⅳ	Ⅲ～Ⅳ	Ⅰ	Ⅱ～Ⅳ	Ⅲ～Ⅳ	Ⅰ	Ⅱ～Ⅳ
乙类	抗震措施	7	7	8	8	8	9	9	9	9+	9+
	抗震构造措施	6	6	7	8	8+	8	9	9+	9	9+
丙类	抗震措施	6	6	7	7	7	8	8	8	9	9
	抗震构造措施	6	6	7	7	7	8	8	9	9	9

提示：《建筑抗震设计规范》第3.3.2条："建筑场地为Ⅰ类时，丙类建筑允许按本地区抗震设防烈度降低一度的要求采取抗震构造措施"。第3.3.3条："建筑场地为Ⅲ、Ⅳ类时，对设计基本地震加速度为0.15g和0.30g的地区，宜分别按8度(0.2g)和9度(0.4g)时各抗震设防类别的要求采取抗震构造措施"。第6.1.3-4条："当甲乙类建筑按规定提高一度确定其抗震等级而房屋高度超过本规范表6.1.2相应规定的上界时，应采取比一级更有效的抗震构造措施"。

（7）中震（或大震）设计。该参数用于基于性能的抗震设计，若选择该项，则应按抗震等级修改"多遇地震影响系数最大值"，一般 $\alpha_{\max}$ 中震取2.8倍小震值，大震取4.5～6倍的小震值。程序将自动执行如下规则。

① 中震或大震的弹性设计。与抗震等级有关的增大系数均取为1。

② 中震或大震的不屈服设计。荷载分项系数均取为1，与抗震等级有关的增大系数均取为1，抗震调整系数 γ_{RE} 取为1，钢筋和混凝土材料强度采用标准值。

（8）考虑偶然偏心。程序提供"考虑"和"不考虑"两种选择。按照《高层混凝土结构技术规程》第4.3.3条规定，计算单向地震作用时，应考虑偶然偏心的影响；第3.4.5规定，计算位移比时，必须考虑偶然偏心影响；第3.7.3条注"计算层间位移角时可不考虑偶然偏心"。

偶然偏心的含义。指由偶然因素引起的结构的质量分布变化，会导致结构固有振动特性的变化，因而结构在相同地震作用下的反应也将发生变化。考虑偶然偏心，也就是考虑由偶然偏心引起的可能的最不利的地震作用。

如果考虑偶然偏心，则程序将自动增加计算4个地震工况，分别是质心沿 Y 正、负向偏移5%的 X 地震和质心沿 X 正、负向偏移5%的 Y 地震。

提示：对于多层规则结构，可选择"不考虑偶然偏心"。对于一般高层建筑，可选择"考虑偶然偏心"。

（9）考虑双向地震作用。程序提供"考虑"和"不考虑"两种选择。《建筑抗震设计规范》第5.1.1-3条规定"质量和刚度分布明显不对称的结构，应计入双向地震作用下的扭转效应"。对于某个地震反应参数，记该参数在 X 和 Y 地震作用下的反应分别为 S_X 和 S_Y，那么，当选择"考虑"选项时，对构件的地震内力程序进行如下组合。

$$S_{XY}=\sqrt{S_X^2+(0.85S_Y)^2} \qquad S_{YX}=\sqrt{S_Y^2+(0.85S_X)^2} \tag{4-1}$$

选择双向地震组合后，地震作用产生的内力会放大较多。

提示：在刚性板假定下，结构位移比＞1.2，需要考虑双向地震作用。

新版SATWE允许同时选择偶然偏心和双向地震作用，两者取不利，结果不叠加。

(10) 计算振型个数。当考虑扭转偶联计算时一般计算振型数应大于 9，且为 3 倍的层数，非偶联时不小于 3，且小于或等于层数。对于多塔结构的振型数应≥9 倍塔楼数。计算后查看计算书 WZQ. OUT，检查 X 和 Y 两个方向的有效质量系数是否大于 0.9，如都大于 0.9 则表示振型个数取够了，否则应增加振型个数重新计算。

提示：此处指定的振型数不能超过结构固有振型的总数，例如一个规则的两层结构，采用刚性楼板假定，由于每块刚性楼板只有 3 个有效动力自由度，整个结构共有 6 个有效动力自由度，这样系统自身只有 6 个特征值，这时候就不能指定 9 个振型，最多只能取 6 个，否则会造成地震作用计算异常。

(11) 活荷重力荷载代表值组合系数。该参数只是改变楼层质量，而不改变荷载总值（即对竖向荷载作用下的内力计算无影响），依据按《建筑抗震设计规范》第 5.1.3 条和《高层建筑混凝土技术规程》第 4.3.6 条取值。一般民用建筑楼面活荷载取 0.5。

(12) 周期折减系数。可填入的值为 0.6～1.0。

周期折减的目的是充分考虑框架结构和框架-剪力墙或框架筒体结构的填充墙刚度对计算周期的影响。由于填充墙的存在使结构实际刚度大于计算刚度，实际周期小于计算周期，据此算出的地震剪力将偏小，会使结构偏于不安全。当非承重墙体为填充砌体墙时，对于框架结构，若填充墙较多，则周期折减系数可取 $T_c = 0.6～0.7$；若填充墙较少，则可取 $T_c = 0.7～0.8$；对于框架-剪力墙或框架筒体结构，可取 $T_c = 0.8～0.9$；剪力墙结构填充墙较多取 0.9～1.0，纯剪力墙结构的周期不折减。

提示：如果采用轻质填充材料，则折减系数应按实际情况不折减或少折减。

(13) 结构的阻尼比(%)。该项可填≤5 的数值。

混凝土结构取 "5"。对于钢结构、混合结构需要相应地减少，无填充墙的钢结构阻尼比取 "1"，有填充墙的钢结构阻尼比取 "2"。钢结构在多遇地震下的阻尼比，若高度不大于 50m，则可取 "4"；若高度大于 50m 小于 200m，则可取 "3"；若高度不小于 200m，则宜取 "2"。在罕遇地震下的分析，阻尼比可采用 "5"，混合结构取 "3"，门式轻钢结构取 "5" 等。该参数也用于风荷载的计算。

(14) 特征周期值 T_g(s)。程序通过《建筑抗震设计规范》第 3.2.3 条或第 5.1.4 条表 5.1.4-2 确定特征周期值，由 "总信息" 选项卡 "结构所在地区" 参数、"地震信息" 选项卡 "场地类别" 和 "设计地震分组" 3 个参数确定 "特征周期" 的默认值，设计者也可根据具体需要来指定。对于 Ⅱ 类场地，设计地震分组为一组、二组、三组特征周期，分别取 0.35s、0.40s、0.45s。

(15) 地震影响系数最大值。此选项用于地震作用的计算，无论多遇地震或中、大震弹性或不屈服计算时均应在此处填写 "地震影响系数最大值"。可以通过《建筑抗震设计规范》第 5.1.4 条表 5.1.4-1 确定。抗震设防烈度为 7 度时，多遇或罕遇地震影响系数最大值分别取 0.08(0.12)和 0.50(0.72)。(注意：括号中的数值用于设计基本地震加速度为 $0.15g$ 的地区)。

(16) 用于 12 层以下规则混凝土框架结构薄弱层验算的地震影响系数最大值。为罕遇地震影响系数最大值，仅用于 12 层以下规则混凝土框架结构的薄弱层验算。

(17) 斜交抗侧力构件方向附加地震数、相应角度。可允许最多 5 组多方向地震作用。附加地震数可在 0～5 取值。在 "相应角度" 处填入各角度值。该角度值是与 X 轴正方向的夹角，逆时针方向为正，各角度之间用逗号或空格隔开。《建筑抗震设计规范》第5.1.1条2款规定"有斜交抗侧力构件的结构，当斜交角度大于15°时，应分别计算各抗侧力构件方向的水平地震作用"。《混凝土异形柱结构技术规程》（JGJ 149—2006）第4.2.4－1条规定："异形柱结构的地震作用计算，应至少在结构两个主轴方向分别计算水平地震作用并进行抗震验算，7度（0.15g）和8度（0.20g，0.30g）时尚应对与主轴成45°方向进行补充验算。"

　　提示： 程序计算的斜交地震方向是成组出现的，例如，在"斜交抗侧力构件方向附加地震数"文本框中输入"2"，在"相应角度"文本框中输入"45，60"，则程序自动增加45°和135°、60°和150°两组工况计算水平地震作用。

（18）竖向地震作用系数底线值。程序按不同的设防烈度确定默认的竖向地震作用系数底线值，当设防烈度修改时，该参数也联动改变，设计者也可自行修改，该参数的作用相当于竖向地震作用的最小剪重比。在WZQ.OUT文件中输出竖向地震作用的计算结果，如果不满足要求则自动进行调整。

　　根据《高层建筑混凝土技术规程》第4.3.15条规定"大跨度结构、悬挑结构、转换结构、连体结构的连接体的竖向地震作用标准值不宜小于结构或构件承受的重力荷载代表值与表4.3.15所规定的竖向地震作用系数的乘积"，程序设置"竖向地震作用系数底线值"这项参数以确定竖向地震作用的最小值，当振型分解反映谱方法计算的竖向地震作用小于该值时，将自动取该参数确定的竖向地震作用底线值。

（19）自定义地震影响系数曲线。单击该按钮将弹出"地震影响系数曲线调整"对话框，如图4.10所示。程序提供了查看和调整地震影响系数曲线的方法，允许设计者自定义或在规范公式设置的地震影响曲线基础上，修改结构阻尼比、特征周期、多遇地震影响系数最大值、曲线形状等。

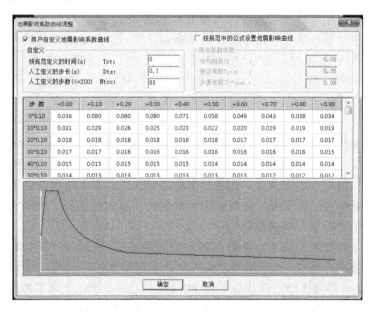

图4.10　"地震影响系数曲线调整"对话框

4)"活荷载信息"选项卡

此选项卡是有关活荷载的信息，共有 5 个参数，如图 4.11 所示。在该选项卡中主要补充输入如下参数。

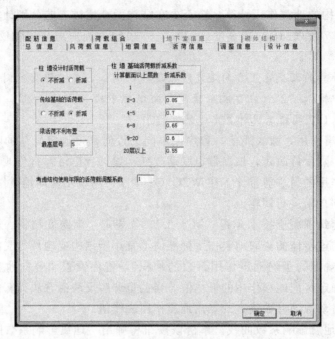

图 4.11 SATWE "活荷载信息" 选项卡

(1) 柱、墙设计时活荷载。作用在楼面上的活荷载，不可能以标准值的大小同时布满所有楼面，因此在设计柱、墙时，需要考虑实际荷载沿楼面分布的变化情况。若选中"折减"单选按钮，则程序根据《建筑结构荷载规范》第 5.1.2-2 条，对全楼活荷载按楼层进行折减。若选中"不折减"单选按钮，则不折减活荷载。PMCAD 建模时没有折减，这里宜选中"折减"单选按钮。若 PMCAD 建模时折减了，这里应选中"不折减"单选按钮。

SATWE 软件目前还不能考虑《建筑结构荷载规范》第 5.1.2 条 1 款对楼面梁的活荷载折减。

(2) 传给基础的活荷载是否折减。根据《建筑结构荷载规范》第 5.1.2-2 条，传给基础的活荷载可以选择按楼层数的折减。在结构分析计算完成后，程序会输出一个为"WDCNL.OUT"的组合内力文件，这是按照地基设计规范要求给出的各竖向构件的各种控制组合。活荷载作为一种工况，在荷载组合计算时，可进行折减。PMCAD 建模时没有折减，这里宜选中"折减"单选按钮。

(3) 梁活荷不利布置。填入活荷载不利布置的最高层号(NL)。在选择恒、活荷载分开计算时，填写该项。填 0，表示不考虑梁活荷载不利布置作用；填一个大于零的数 NL，则表示从 1~ NL 各层考虑梁活荷载的不利布置，而 NL+1 层以上则不考虑活荷载不利布置。若 NL 等于结构层数，则表示对全楼所有层都考虑活荷载的不利布置。

(4) 柱、墙、基础活荷载折减系数。该项分 6 档给出了"计算截面以上的层数"和相应的折减系数，在活荷载信息对话框中，显示《建筑结构荷载规范》第 5.1.2 条给出的隐含值，设计者可以修改。

（5）考虑结构使用年限的活荷载调整系数。该系数取值见《建筑结构荷载规范》第3.2.5条，设计使用年限为5年时取0.9，50年时取1.0，100年时取1.1。在荷载效应组合时活荷载组合系数将乘以考虑使用年限的调整系数。

提示：当采用100年重现期的风压和雪压为荷载标准值时，设计使用年限大于50年的风、雪荷载调整系数取1.0；对于荷载标准值可控制的可变荷载(如楼面均布活荷载的书库、储藏室、机房、停车库等，以及有明确额定值的吊车荷载和工业楼面的均布活荷载等)，设计使用的活荷载调整系数取1.0。

5）"调整信息"选项卡

此选项卡用于有关调整信息的设置，共有19个参数，如图4.12所示。

图4.12 SATWE "调整信息"选项卡

（1）梁端负弯矩调幅系数。该系数取值为0.7～0.9，一般工程取0.85。

在竖向荷载的作用下，混凝土框架梁设计允许考虑混凝土的塑性变形内力重分布，适当减小支座负弯矩，调幅后程序按平衡条件增大梁跨中正弯矩，使梁上、下配筋均匀一些。根据《高层混凝土结构技术规程》第5.2.3条，现浇框架主梁取0.8～0.9，装配整体式主梁取0.7～0.8。

提示：程序隐含规定钢梁为不调幅梁，若想对钢梁调幅，设计者可交互修改。

（2）梁活荷载内力放大系数。该系数一般取值为1.0～1.3，如已输入梁活荷载不利于布置楼层数，则应填1.0。

通过该系数可只对梁在满布活荷载下的内力(弯矩、剪力和轴力)进行放大。对于考虑活荷载不利布置的各层，此系数应取1.0。

(3) 梁扭矩折减系数。折减系数的取值为 0.4～1.0，一般工程取 0.4。

对于现浇楼板结构，当采用刚性楼板假定时，可以考虑楼板对梁抗扭的作用而对梁的扭矩进行折减。若考虑楼板的弹性变形，则梁的扭矩不应折减。

提示： 程序规定对于不与刚性楼板相连的梁及弧梁，此系数不起作用。

(4) 连梁刚度折减系数。连梁刚度折减系数为 0.55～1.0，一般工程取 0.7，位移由风荷载控制时取值≥0.8。

提示： 两端都与剪力墙相连，且与剪力墙轴线夹角不大于 25°，跨高比小于 5 的梁定义为连梁。连梁刚度折减是针对抗震设计的，通常抗震设防烈度低时连梁刚度少折减，抗震设防烈度高时多折减，非抗震设计地区和以风荷载控制为主的地区，连梁刚度不宜折减。

(5) 中梁刚度放大系数。中梁刚度放大系数一般取 1.3～2.0，混凝土现浇楼板取 2.0，混凝土装配整体式楼板取 1.5。

程序中框架梁是按矩形部分输入截面尺寸并计算刚度的，对于现浇楼板，在采用刚性楼板假定时，楼板作为梁的翼缘，是梁的一部分，用此系数考虑楼板对梁刚度的影响。程序自动搜索中梁和边梁，两侧均与刚性楼板相连的中梁的刚度放大系数为 B_k，只有一侧与刚性楼板相连的中梁或边梁的刚度放大系数为 $1.0+(B_k-1)/2$，对于其他情况的梁(包括不与楼板相连的独立梁和仅与弹性楼板相连的梁)，刚度不放大。

提示： 对于预制楼板结构、板柱体系的等代梁结构，该系数应取 1.0。该系数对连梁不起作用。

(6) 梁刚度放大系数按 2010 规范取值。考虑楼板作为翼缘对梁刚度的贡献时，对于每根梁，由于截面尺寸和楼板厚度的差异，其刚度放大系数可能各不相同，SATWE 提供了按 2010 规范取值的复选框，选中此复选框后，程序将根据《混凝土结构设计规范》第 5.2.4 条的表格，自动计算每根梁的楼板有效翼缘宽度，按照 T 形截面与梁截面的刚度比例，确定每根梁的刚度系数。刚度系数计算结果可在"特殊构件补充定义"中查看，也可以在此基础上修改。

(7) 调整与框支柱相连的梁内力。一般不调整。

《建筑抗震设计规范》第 6.2.5 条、第 6.2.10 条要求对框支柱的地震作用弯矩、剪力进行调整。程序自动对框支柱的弯矩、剪力做调整，由于调整系数往往很大，为了避免异常情况，程序给出了一个控制开关，可人为决定是否对与框支柱相连的框架梁(不包括转换梁)的弯矩、剪力进行相应调整。

(8) 托墙梁刚度放大系数。框支转换结构通常应选择调整框支梁的内力，并根据工程实际情况输入梁刚度放大系数，根据经验，托墙梁刚度放大系数一般取 100 左右。初始值为 1.0。

提示： 这里所说的"托墙梁"是指转换梁与剪力墙直接相接、共同工作的部分。如转换梁上托开洞剪力墙，则洞口下的梁段，程序不作为托墙梁，不放大刚度。

(9) 按抗震规范(5.2.5)调整各楼层地震内力。《建筑抗震设计规范》第 5.2.5 条规定，抗震验算时，结构任一楼层的水平地震作用标准值的楼层剪力/重力荷载代表值(或称剪重比)不应小于表 5.2.5(表 4.2)给出的最小地震剪力系数 λ。程序给出一个控制开关，人为控制是否由程序自动进行调整。若选择由程序自动进行调整，则程序对结构的每一层分别判断，若某一层的剪重比小于《建筑抗震设计规范》要求，则相应放大该层的地震作用效应（内力）。控制剪重比的目的是控制楼层的最小地震剪力，保证结构的安全。设计者也可单击"自定义调整系数"按钮，分层分塔指定剪重比调整系数，数据记录在 SATS-HEARRATIO.PM 文件中，程序优先读取该文件信息，如该文件不存在，则取自动计算的系数。

表 4.2　楼层最小地震剪力系数值

类　　型	6 度	7 度	8 度	9 度
扭转效应明显或基本周期小于 3.5s 的结构	0.008	0.016(0.024)	0.032(0.048)	0.064
基本周期大于 5.0s 的结构	0.006	0.012(0.018)	0.024(0.036)	0.048

注：基本周期介于 3.5s 和 5s 之间的结构，按插入法取值；括号内数值分别用于设计基本地震加速度为 0.15g 和 0.30g 的地区。

提示：WZQ.OUT 文件中的所有结果都是结构的原始值，是未经过调整的，而 WNL*.OUT 中的内力是调整后的。

（10）部分框支剪力墙结构底部加强区剪力墙抗震等级自动提高一级（《高层建筑混凝土结构技术规程》表 3.9.3、表 3.9.4）。根据《高层建筑混凝土结构技术规程》表 3.9.3、表 3.9.4，部分框支剪力墙结构底部加强区和非底部加强区的剪力墙抗震等级可能不同。对于"部分框支剪力墙结构"，如果设计者在"地震信息"选项卡的"剪力墙抗震等级"中填入部分框支剪力墙结构中一般部位剪力墙的抗震等级，并在此选中了此复选框，则程序将自动对底部加强区的剪力墙抗震等级提高一级。

（11）实配钢筋超配系数。程序默认值是 1.15。

对于 9 度设防烈度的各类框架和一级抗震等级的框架结构，框架梁和连梁端部剪力、框架柱端部弯矩、剪力调整应按实配钢筋和材料强度标准值来计算。根据《建筑抗震设计规范》第 6.2.2 条、第 6.2.5 条及《高层建筑混凝土结构技术规程》第 6.2.1 条～6.2.5条，一、二、三、四级抗震等级分别取不同的增大系数进行调整后配筋，一般实际配筋均大于计算的设计值。

（12）薄弱层地震内力放大系数。《建筑抗震设计规范》第 3.4.4-2 规定，薄弱层的地震剪力增大系数不小于 1.15，《高层建筑混凝土结构技术规程》第 3.5.8 条则要求为1.25。SATWE 对薄弱层地震剪力调整的做法是直接放大薄弱层构件的地震作用内力，程序默认值为 1.25。

设计者也可单击"自定义调整系数"按钮，分层分塔指定薄弱层调整系数，数据记录在 SATINPUTWEAK.PM 文件中，程序优先读取该文件信息，如该文件不存在，则取自动计算的系数。

（13）指定的薄弱层个数及层号。程序要求设计者填写指定的薄弱层个数及相应的各薄弱层层号，程序对薄弱层构件的地震作用内力乘以 1.15 的增大系数，如可以将转换层指定为薄弱层。

《建筑抗震设计规范》3.4.4 条第 2 款规定：平面规则而竖向不规则的建筑，应采用空间结构计算模型，刚度小的楼层的地震剪力应乘以不小于 1.15 的增大系数，其薄弱层应按本规范有关规定进行弹塑性变形分析，并应符合下列要求。

① 竖向抗侧力构件不连续时，该构件传递给水平转换构件的地震内力应根据烈度高低和水平转换构件的类型、受力情况、几何尺寸等，乘以 1.25～2.0 的增大系数。

② 侧向刚度不规则时，相邻层的侧向刚度比应依据其结构类型符合本规范相关章节的规定。

③ 楼层承载力突变时，薄弱层抗侧力结构的受剪承载力不应小于相邻上一楼层的 65%。

(14) 指定的加强层个数及相应层号。加强层由设计者指定。

程序自动实现如下功能：加强层及相邻层柱、墙抗震等级自动提高一级；加强层及相邻层柱轴压比限值减少 0.05；加强层及相邻层设置约束边缘构件。

多塔结构还可在"多塔结构补充定义"中分塔指定加强层。

(15) 全楼地震作用放大系数。该项填写地震作用调整系数，通常的取值为 1.0～1.5，一般工程取 1.0。可通过此参数来放大地震作用，提高结构的抗震安全性。在吊车荷载的三维计算中，吊车桥架重和吊重产生的竖向荷载，与恒载和活载不同，软件目前不能识别并将其质量带入到地震作用计算中，会使计算的地震作用偏小。此时可以采用此参数对其近似放大来考虑。二维 PK 排架计算地震作用时，可以考虑桥架质量和吊重。

(16) $0.2V_0$ 分段调整。$0.2V_0$ 调整只对框架-剪力墙和框架-核心筒结构中的框架梁、柱的弯矩和剪力进行调整，不调整轴力。纯框架结构，这两个数均填 0。调整起始层号，当有地下室时，宜从地下一层顶板开始调整；调整终止层号，应设在剪力墙到达的层号；当有塔楼时，宜计算到不包括塔楼在内的顶层为止，或者填写 SATINPUT02V.PM 文件，实现人工指定各层的调整系数。

根据《高层建筑混凝土结构技术规程》第 8.1.4 条分段调整时，每段的层数不应少于 3 层，底部加强部位的楼层应在同一段内。对于转换层框支柱，第 10.2.17 条规定了地震剪力调整方法。SATWE 只需在特殊构件中选定框支柱，程序就会自动进行框支柱的地震剪力调整，不需要再进行 $0.2V_0$ 调整。设计者也可单击"自定义调整系数"按钮，分层分塔指定 $0.2V_0$ 调整系数。

若将起始层号填为负值，则程序将不控制调整系数的上限值，否则程序仍按调整系数上限值 2.0 控制。

当结构体系选择"有填充墙或无填充墙钢结构"时，程序自动做 $\min(0.25V_0, 1.8V_{fmax})$ 的调整。

(17) $0.2V_0$、框支柱调整上限。由于程序计算的 $0.2V_0$ 调整和框支柱的调整系数值可能很大，设计者可设置调整系数上限值，这样程序进行相应调整时，采用的调整系数将不会超过这个上限值。程序默认 $0.2V_0$ 调整上限为 2.0，框支柱调整上限为 5.0，可以自行修改。

(18) 顶塔楼地震作用放大起算层号。设计者可通过该系数来放大结构顶部塔楼的内力，若不调整顶部塔楼的内力，则可将起算层号填为 0(注意：该系数仅放大顶塔楼的内力，并不改变位移)。

(19) 顶塔楼地震作用放大系数。该系数一般情况下取 1.0。

在实际计算过程当中，如果参与振型数取足够大，则可不调整顶层小塔楼的地震作用。

6)"配筋信息"选项卡

此选项卡是有关配筋的信息，共有11个参数，如图4.13所示。

钢筋强度信息在PMCAD中已定义，其中梁、柱、墙主筋级别按标准层分别指定；箍筋级别按全楼定义。钢筋级别和强度设计的对应关系也在PMCAD中指定。SATWE计算结果中，梁、柱和墙的主筋强度可在WMASS.OUT的各层构件数量、构件材料和层高项中查看；也可在混凝土构件配筋及钢构件验算简图下方的图名中看到。

（1）梁、柱箍筋间距(mm)。抗震设计时，此项指梁、柱加密区部位的间距，一般取100，并满足《建筑抗震设计规范》第6.3.3条第3款及第6.3.7条第2款的要求。如果梁上荷载复杂、如有较大的集中力，则梁箍筋应全长加密。非抗震设计时，梁、柱箍筋间距可取100～400，并满足《混凝土结构设计规范》第9.2.9条表9.2.9及第9.3.3.2条的规定。

（2）墙水平分布筋间距(mm)。此项指剪力墙水平分布筋间距，不论是加强区还是非加强区，一般取100～300，并满足《建筑抗震设计规范》第6.4.3条第1款的规定。

图4.13 SATWE"配筋信息"选项卡

（3）墙竖向分布筋的配筋率(%)。可填入的数值为0.2～1.2，《混凝土结构设计规范》第9.4.4条。抗震设计时分布钢筋最小配筋率均不应小于0.25，并满足《建筑抗震设计规范》第6.4.3条第1款的要求。

（4）柱箍筋强度(N/mm²)。按《混凝土结构设计规范》第4.2.1条、第4.2.3条中的表4.2.3-1取值。

（5）墙分布筋强度(N/mm²)。按《混凝土结构设计规范》第4.2.1条、第4.2.3条中的表4.2.3-1取值。

（6）结构底部需要单独指定墙竖向分布筋配筋率的层数NSW。该参数主要用于提高框筒结构中剪力墙核心筒竖向分布筋的配筋率。

建筑结构 CAD 教程(第 2 版)

（7）结构底部 NSW 层的墙竖向分布筋配筋率（%）。该参数可以对简体结构设定不同的竖向配筋率，如允许设计人员指定简体底部若干层采用与其他部位不同的配筋率。

7）"设计信息"选项卡

此选项卡用于设置有关设计的信息，共有 15 项参数，如图 4.14 所示。

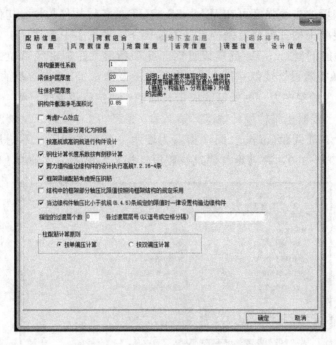

图 4.14 SATWE "设计信息" 选项卡

（1）结构重要性系数。程序默认值为 1.0（结构安全等级为二级或设计使用年限为 50 年时，应取 1.0），程序在组合配筋时，非地震参与的组合乘以该放大系数。

（2）梁、柱保护层厚度（mm）。实际工程必须先确定构件所处环境类别，具体可参考《混凝土结构设计规范》表 3.5.2，然后根据《混凝土结构设计规范》第 8.2.1 条填入正确的保护层厚度。保护层厚度指截面外边缘至最外层钢筋（包括箍筋、构造筋、分布筋等）外缘的距离。

（3）钢构件截面净毛面积比。该参数用来描述钢截面被开洞（如螺栓孔等）后的削弱情况。该值仅影响强度计算，不影响应力计算。建议当构件链接全为焊接时取 1.0，螺栓链接时取 0.85。

（4）考虑 $P-\Delta$ 效应。若选中该复选框，则程序将自动计算重力二阶效应。一般结构不考虑 $P-\Delta$。

提示：只有高层钢结构和不满足《高层建筑混凝土结构技术规程》第 5.4.1 条要求的高层混凝土结构，才需要考虑 $P-\Delta$ 效应。

（5）梁柱重叠部分简化为刚域。若选中该复选框，则程序将梁、柱重叠部分简化为刚域计算；若不选中该复选框，则程序将梁、柱重叠部分作为梁的一部分计算。

提示：对于混凝土异形柱或尺寸较大的混凝土矩形截面柱应选择"梁、柱重叠部分简化为刚域计算"。

172

(6) 按高规或高钢规进行构件设计。选中此复选框，程序按《高层建筑混凝土结构技术规程》进行荷载组合计算，按《高层民用建筑钢结构技术规程》进行构件设计计算；否则，按多层结构进行荷载组合计算，按《钢结构设计规范》(GB 50017—2003)进行构件设计计算。

(7) 钢柱计算长度系数按有侧移计算。若选中此复选框，则钢柱的计算长度系数按有侧移计算，否则按无侧移计算。

钢柱的"有侧移"或"无侧移"可按以下原则考虑。

有支撑的结构(支撑体系可以是钢支撑、剪力墙和核心筒体等)，且层间位移角 $\Delta u/h$ 不大于 1/1000 时，可以按无侧移结构来计算柱计算长度系数。

纯框架结构，或者有支撑的结构且层间位移角 $\Delta u/h$ 大于 1/1000 时，可以按有侧移结构来计算柱计算长度系数。

当框架结构一个方向无侧移(如框架支撑体系)，另一个方向有侧移(如纯框架体系)时，柱计算长度系数的确定要计算两次，先按照无侧移结构计算，记录无侧移方向柱的计算长度系数，然后按照有侧移结构计算，记录有侧移方向柱的计算长度系数。

(8) 剪力墙构造边缘构件的设计执行高规 7.2.16-4 条。《高层建筑混凝土结构技术规程》第 7.2.16-4 条规定："抗震设计时，对于连体结构、错层结构以及 B 级高度高层建筑结构中的剪力墙(筒体)，其构造边缘构件的最小配筋应按照要求相应提高"，若选中此复选框，则程序将一律按照《高层建筑混凝土结构技术规程》第 7.2.16-4 条的要求控制构造边缘构件的最小配筋，即对于不符合上述条件的结构类型，也进行从严控制；如不选中此复选框，则程序一律不执行此条规定。

(9) 结构中框架部分轴压比限值按照纯框架结构的规定采用。根据《高层建筑混凝土结构技术规程》第 8.1.3 条规定，框架-剪力墙结构，底层框架部分承受的地震倾覆力矩的比值在一定范围内时，框架部分的轴压比需要按框架结构的规定采用。选中此复选框后，程序将一律按纯框架结构的规定控制结构中框架的轴压比，除轴压比外，其余设计仍遵循框剪结构的规定。

(10) 当边缘构件轴压比小于抗规(6.4.5)条规定时一律设置构造边缘构件。根据《建筑抗震设计规范》第 6.4.5-1 和《高层建筑混凝土结构技术规程》表 7.2.14，当剪力墙底层墙肢截面的轴压比小于某限值时，可以只设构造边缘构件。部分框支剪力墙结构的剪力墙(《高层建筑混凝土结构技术规程》第 10.2.20 条及多塔建筑(《高层建筑混凝土结构技术规程》第 10.6.3-3 条)不适用此项。程序会自动判断约束边缘构件楼层(考虑了加强层及其上下层)，并按此参数来确定是否设置约束边缘构件，并可在"特殊构件定义"中分层、分塔指定。

(11) 框架梁端配筋考虑受压钢筋。一般应选中此复选框。

按照《混凝土结构设计规范》第 11.3.1 条的规定：考虑地震作用的框架梁，计入纵向受压钢筋的梁端混凝土受压区高度应符合下列要求。

① 一级抗震等级：$x \leqslant 0.25h$。

② 二、三级抗震等级：$x \leqslant 0.35h$。

当计算中不满足以上要求时会给出超筋提示，此时应加大截面尺寸或提高混凝土的强度等级。按照《混凝土结构设计规范》第11.3.6条的规定:"框架梁梁端截面的底部和顶部纵向受力钢筋截面面积的比值,除按计算确定外,一级抗震等级不应小于0.5;二、三级抗震等级不应小于0.3。"由于软件中对框架梁端截面按正、负包络弯矩分别配筋,在计算梁上部配筋时并不知道可以作为其受压钢筋的梁下部的配筋,按《混凝土结构设计规范》第11.3.1条的受压区相对高度 ξ 验算时,考虑到应满足《混凝土结构设计规范》第11.3.6条的要求,程序自动取梁上部计算配筋的50%或30%作为受压钢筋计算,计算梁的下部钢筋时也如此。

《混凝土结构设计规范》第5.4.3条要求,非地震作用下,调幅框架梁的梁端受压区高度 $x \leqslant 0.35 h_0$,当参数设计中选中"框架梁端配筋考虑受压钢筋"复选框时,程序在非地震作用下进行该项校核,如果不满足要求,程序会自动增加受压钢筋以满足受压区高度要求。

利用规范强制要求设置的框架梁端受压钢筋量,按双筋梁截面计算配筋,以适当减少梁端支座配筋。根据《高层建筑混凝土结构技术规程》第6.3.3条的规定,梁端受压筋不小于受拉筋的一半时,最大配筋率可按2.75%控制,否则按2.5%控制。程序可依据此条规定给出梁超筋提示。

(12) 指定的过度层个数和层号。《高层建筑混凝土结构技术规程》第7.2.14-3条规定:"B级高度高层建筑的剪力墙,宜在约束边缘构件层与构造边缘构件层之间设置1~2层过渡层。"程序不能自动判断过渡层,设计人员可在此指定。程序对过渡层执行如下原则。

① 过渡层边缘构件的范围仍按构造边缘构件。

② 过渡层剪力墙边缘构件的箍筋配置按约束边缘构件确定体积配箍率,再按构造边缘构件为0.1取其平均值。

(13) 柱配筋的计算原则。若选择"单偏压计算"单选按钮,则程序按单偏压计算公式分别计算柱两个方向的配筋。

若选择"双向偏压计算"单选按钮,则程序按双偏压计算公式计算柱的两个方向的配筋和角筋。

提示:整体配筋计算宜按单偏压计算,角柱、异形柱按照双偏压进行补充验算。可按特殊构件定义角柱,程序自动按双偏压计算。

8)"荷载组合"选项卡

此选项卡用于设置有关荷载的信息,共有12个参数,如图4.15所示。

该对话框中的参数一般选用程序默认值。

当结构分析中考虑了温度荷载、吊车荷载或特殊风荷载时,程序有各自的隐含组合分项系数,其中温度荷载或吊车荷载的隐含分项系数取活荷载的分项系数,特殊风荷载取风荷载的分项系数。

只有选中"采用自定义组合及工况"复选框,表明需要查看或调整工况,并单击"自定义"按钮时,程序才会弹出"自定义组合工况"对话框,显示组合系数,以供设计者参考、调整。同时设计者可以单击"说明"按钮来查看自定义组合的用法及原理。

图 4.15 SATWE "荷载组合" 选项卡

9) "地下室信息" 选项卡

此选项卡用于设置有关地下室的信息, 共有 8 个参数, 如图 4.16 所示。

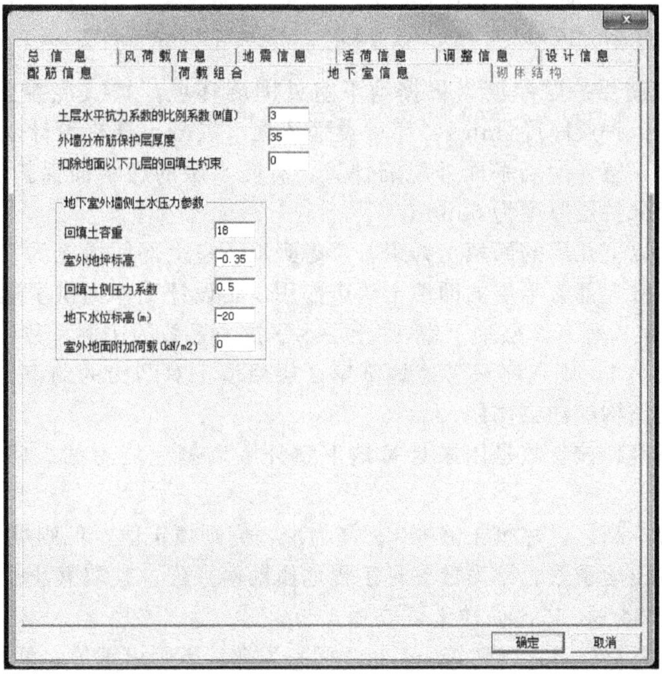

图 4.16 SATWE "地下室信息" 选项卡

(1) 土层水平抗力系数的比例系数(M 值)。M 值的大小随土类及土的状态的不同而不同，一般可按表 4.3[《建筑桩基技术规范》(JGJ 94—2008)中的表 5.7.5]的灌注桩项来取值。

表 4.3　地基土水平抗力系数的比例系数 M 值

序号	地基土类别	预制桩、钢桩		灌注桩	
		$M/$ (MN/m⁴)	相应单桩在地面处水平位移/mm	$M/$ (MN/m⁴)	相应单桩在地面处水平位移/mm
1	淤泥；淤泥质土；饱和湿陷性黄土	2～4.5	10	2.5～6	6～12
2	流塑(I_L>1)、软塑(0.75<I_L≤1)状黏性土；e>0.9 粉土；松散粉细砂；松散、稍密填土	4.5～6.0	10	6～14	4～8
3	可塑(0.25<I_L≤0.75)状黏性土、湿陷性黄土；e=0.75～0.9 粉土；中密填土；稍密细砂	6.0～10	10	14～35	3～6
4	硬塑(0<I_L≤0.25)、坚硬(I_L≤0)状黏性土、湿陷性黄土；e<0.75 粉土；中密的中粗砂；密实老填土	10～22	10	35～100	2～5
5	中密、密实的砾砂、碎石类土			100～300	1.5～3

注：① 当桩顶水平位移大于表列数值或灌注桩配筋率较高(≥0.65%)时，M 值应适当降低；当预制桩的水平向位移小于 10mm 时，M 值可适当提高。
② 当水平荷载为长期或经常出现的荷载时，应将表列数值乘以 0.4 降低采用。
③ 当地基为可液化土层时，应将表列数值乘以《建筑桩基技术规范》表 5.3.12 中的相应的系数 ψ_1。

(2) 外墙分布筋保护层厚度。根据地下室外围墙环境，按《混凝土结构设计规范》表 8.2.1 选择钢筋保护层厚度(mm)，环境类别依据《混凝土结构设计规范》表 3.5.2 确定。此参数用于地下室外围墙平面外配筋计算，有防水层的迎水面保护层厚度为 30mm，无防水层的迎水面保护层厚度为 50mm。

(3) 扣除地面以下几层的回填土约束。考虑到地下室上部回填土约束作用较弱，允许设计人员忽略地下室上部若干层的回填土约束作用，给设计工作提供了更大的灵活性。初始值为 0。例如，某工程有 2 层地下室，"土层水平抗力系数的比例系数(M 值)"填 6，若设计者将此项参数填 1，则程序只考虑地下第 2 层回填土对结构的约束作用，而地下第 1 层不考虑回填土对结构的约束作用。

(4) 回填土重度。该参数是用来计算地下室外围墙侧土压力的。回填土重度一般取 18～20kN/m³。

(5) 室外地坪标高。以建筑±0.000 标高为准，高则填正值，低则填负值(m)。

(6) 回填土侧压力系数。该系数参见工程地质勘察报告，宜取静止土压力；无试验条件时，砂土可取 0.34～0.45，黏性土可取 0.5～0.7。

(7) 地下水位标高(m)。以建筑±0.000 标高为准，高则填正值，低则填负值。

(8) 室外地面附加荷载(kN/m²)。该参数用来计算地面附加荷载对地下室外墙的水平压力，建议取 5.0kN/m²。

以上(4)~(8)中的5个参数都是用于计算地下室外墙侧土、侧水压力的，程序按单向板简化方法计算外墙侧土、侧水压力作用，用均布荷载代替三角形荷载作计算。

2．特殊构件补充定义

选择图4.2中的主菜单2"特殊构件补充定义"选项后，弹出结构首层平面简图及补充定义工作界面，如图4.17所示。其中右侧各项菜单中选项的功能如下。

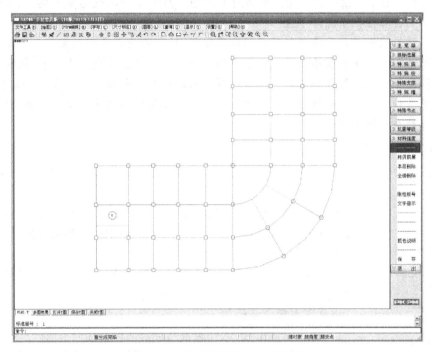

图4.17 特殊构件定义工作界面

1）特殊梁

可以设定的特殊梁包括不调幅梁、连梁、转换梁、铰接梁、滑动支座梁、门式钢梁、耗能梁和组合梁。还可以有选择地修改梁的抗震等级、材料强度、刚度系数、扭矩折减系数和调幅系数等。

提示：① 连梁可以通过剪力墙开洞或设定的跨高比限制，由程序自动识别为连梁。

② 程序不能自动搜索转换梁等特殊梁，必须由设计人员指定。

2）特殊柱

可以设定的特殊柱包括角柱、框支柱、上端铰接柱、下端铰接柱、两端铰接柱和门式钢柱。还可以有选择地修改柱的抗震等级、材料强度、剪力系数。

提示：程序不自动搜索角柱、框支柱，必须由设计人员设定。

3）特殊支撑

可以设定的特殊支撑包括两端固接、上端交接、下端交接、两端交接、铰接支撑、人/V支撑、十/斜支撑等。还可以有选择地修改支撑的抗震等级和材料的强度。

4）弹性楼板

弹性楼板单元分3种，分别为弹性楼板6、弹性楼板3、弹性膜。

(1) 弹性楼板 6。程序真实地计算楼板平面内和平面外刚度。当采用弹性楼板 6 假定时，部分竖向荷载将通过楼板的平面外刚度直接传递给竖向构件，导致梁的弯矩减小，相应的配筋也会减小。这与采用刚性楼板假定不同，因为采用刚性楼板假定时，所有的竖向楼面荷载都通过梁传递给竖向构件，梁的配筋有一定的安全储备。

提示：弹性楼板 6 一般用于板-柱结构和板柱-剪力墙结构的计算。

(2) 弹性楼板 3。程序假定楼板平面内无限刚，而平面外刚度是真实的。程序采用中厚板弯曲单元计算楼板平面外刚度。

提示：弹性楼板 3 用于厚板转换层结构或当板-柱结构的面内刚度足够大的结构。

(3) 弹性膜。程序真实地计算楼板平面内刚度，楼板平面外刚度不考虑(取为 0)。

提示：弹性模主要用于楼板厚度不大的弹性板结构中，如体育场馆等空旷结构、楼板局部开大洞结构、楼板平面较长或存在较大凹入、多塔联体结构中的弱连接板、框支转换结构中的转换层楼板等结构。

3. 温度荷载定义

选择图 4.2 中的主菜单 3 "温度荷载定义" 选项，弹出的 "温度荷载定义" 子菜单如图 4.18 所示。

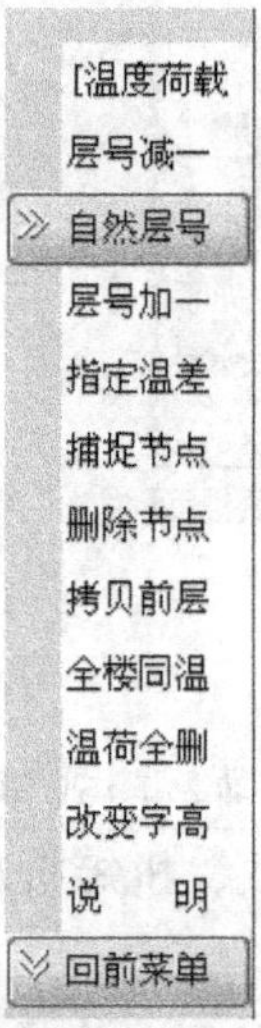

本菜单中的选项通过指定结构节点的温度差来定义结构温度荷载，温度荷载记录在文件 SATWE_TEM.PM 中。若想取消定义，可将该文件删除。

进入子菜单后，选择 "自然层号" 选项，通过选择 "指定温差"、"捕捉节点" 选项定义相关节点的两组温差。

温度荷载定义步骤如下。

1) 指定自然层号(此处为自然层，非标准层)

除第 0 层外，各层平面均为楼面。第 0 层对应首层地面。

若在 PMCAD 主菜单 1 中对某一标准层的平面布置进行过修改，则必须相应修改该标准层对应各层的温度荷载。所有平面布置未被改动的构件，程序会自动保留其温度荷载。但当结构层数发生变化时，应对各层温度荷载重新进行定义。

提示：若不进行相应修改可能造成计算出错。

2) 指定温差

温差指结构某部位的当前温度值与该部位处于自然状态(无温度应力)时的温度值的差值。升温为正，降温为负。其单位是摄氏度。

该对话框不需退出即可进行下一步操作，便于设计者随时修改当前温差。

3) 捕捉节点

用鼠标捕捉相应节点，被捕捉到的节点将被赋予当前温差。未捕捉到的节点温差为零。若某节点被重复捕捉，则以最后一次捕捉时的温差值为准。

4) 删除节点

用鼠标捕捉相应节点，被捕捉到的节点温差为零。

5) 拷贝前层

当前层为第 I 层时，选择该选项可将 I−1 层的温度荷载拷贝过来，然后在此基础上进行修改。

图 4.18 "温度荷载定义" 子菜单

[温度荷载
层号减一
≫ 自然层号
层号加一
指定温差
捕捉节点
删除节点
拷贝前层
全楼同温
温荷全删
改变字高
说　明
≪ 回前菜单]

6）全楼同温

如果结构统一升高或降低一个温度值，则可以选择该选项，将结构所有节点赋予当前温差。

7）温荷全删

选择该选项可将已有的所有楼层的温差定义全部删除。

4. 特殊风荷载定义

特殊风荷载主要用于钢结构，尤其在施工阶段，风对结构可能产生吸力，所以特殊风荷载定义于梁上或节点上，并用正、负荷载表示压力或吸力，这样程序定义的特殊风荷载与常用的水平荷载不同，它是由梁上、下作用的竖向风荷载及节点的三向力组成的风荷载。

所以程序对特殊风荷载考虑节点和梁上荷载，每组特殊风荷载作为一个独立的荷载工况，并与恒、活、地震作用组合配筋、验算。特殊风荷载记录在文件 SPWIND.PM 中。若想取消定义，可简单地将该文件删除。

选择图4.2中的主菜单4"特殊风荷载定义"选项，弹出"特殊风荷载定义"子菜单，如图4.19所示。

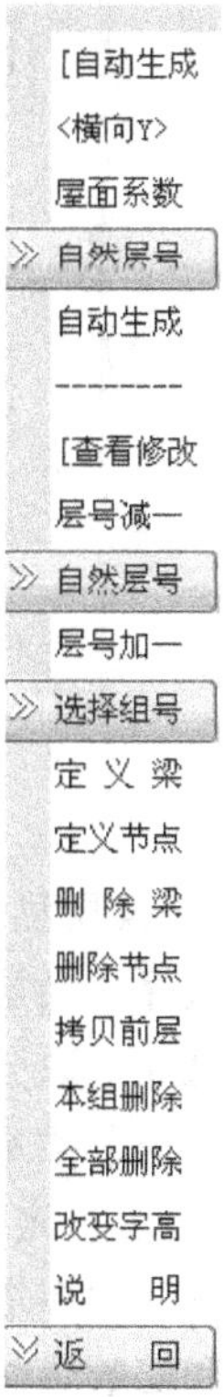

特殊风荷载定义步骤如下。

1）选择组号

设计者共可定义5组特殊风荷载。

2）指定自然层号（此处为自然层，非标准层）

若在PMCAD主菜单1中对某一标准层的平面布置进行过修改，则必须相应修改该标准层对应各层的特殊风荷载。所有平面布置未被改动的构件，程序会自动保留其荷载。但当结构层数发生变化时，应对各层荷载重新进行定义。

提示：若不进行相应修改，则可能造成计算出错。

3）定义梁或节点

输入梁或节点风力，并用光标选择构件。可单根选择，或窗口选择。节点水平力正向同整体坐标，竖向力及梁上均布力向下为正。若某构件被重复选择，则以最后一次选择时的荷载值为准。

提示：此时拷贝的仅为当前组号的荷载，其余组的荷载不会被复制。

图4.19　"特殊风荷载定义"子菜单

5. 多塔结构补充定义

这是补充输入选项，通过该选项，可补充定义结构的多塔信息。对于一个非多塔结构，可以跳过此项，直接选择"执行生成 SATWE 数据文件及数据检查"选项，程序隐含规定该工程为非多塔结构。对于多塔结构，一旦选择过该选项，补充输入和多塔信息将被存放在硬盘当前目录名为 SAT _ TOW.PM 的文件中，以后再启动 SATWE 的前处理文件时，程序会自动读入以前定义的多塔信息。若想取消一个工程的多塔定义，可将 SAT _ TOW.PM 文件删除。SAT _ TOW.PM 文件中的信息与PMCAD的菜单项 1 密切相关，若经 PMCAD 的菜单项 1 对一个工程的某一标准层布置作过修改，则应修改(或复核一下)补充定义的多塔信息，其他标准层的多塔信息不变。

选择图 4.2 中主菜单 5"多塔结构补充定义"选项，程序绘出结构首层平面简图，如图 4.20 所示。

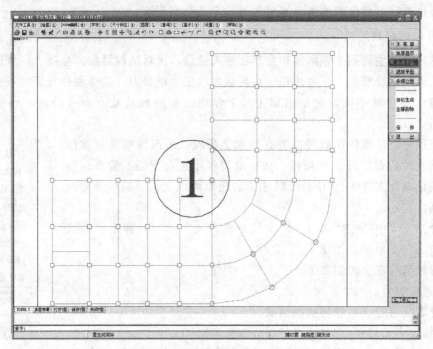

图 4.20　多塔结构补充定义主界面

1) 换层显示

选择"换层显示"选项后，程序会在右侧子菜单中显示各层列表，每一项都有 3 个数，这 3 个数分别为结构的层号、该层所属的结构标准层号和荷载标准层号，按 Esc 键，可退出该子菜单，若选择某一层，则程序会显示该层的简图。

2) 多塔定义

选择"多塔定义"选项后，程序要求设计者在提示区输入定义多塔的起始层号、终止层号和塔数，然后程序要求设计者以闭合折线围区的方法依次指定各塔的范围，建议以最高的塔命名为一号塔，次之为二号塔，以此类推。依次指定完各塔的范围后，程序再次让设计者确认多塔定义是否正确，若正确可按 Enter 键，否则可按 Esc 键，再重新定义多塔。对于一个复杂工程，立面可能变化较大，可多次反复选择"多塔定义"选项，来完成整个结构的多塔定义工作。

若以前选择过"多塔结构补充定义"选项，则程序会提示"是否保留以前定义的多塔信息(是/Enter/否/Esc)?"若按 Enter 键，则把以前补充输入的多塔信息保留下来，若按 Esc 键，则把以前补充输入的多塔信息删除。

3) 多塔立面

通过这个选项可显示多塔结构各塔的关系简图，还可以显示修改各塔的有关参数，其 1～6 项子菜单中选项的功能是显示各层各塔的层高、梁、柱、墙和楼板的混凝土强度等级及钢构件的钢号。选择"参数修改"选项可修改上述参数，这样可实现不同的楼层、不同的塔有各自不同的层高和不同的混凝土强度等级。

4）多塔平面

选择"多塔平面"选项，可复核各层多塔定义是否正确。

5）多塔检查

选择"多塔检查"选项，可完成下列查错。

① 是否存在有某些节点未能包含在围区内的错误，若存在则提示设计者重定义围区。

② 自动修正多塔数的定义多于该层的塔数的错误。

6）遮挡定义

通过这个选项，可指定设缝多塔结构的背风面，从而在风荷载计算中自动考虑背风面的影响。遮挡定义方式与多塔定义方式基本相同，需要首先指定起始和终止层号及遮挡面总数，然后用闭合折线围区的方法依次指定各遮挡面的范围，每个塔可以同时有几个遮挡面，但是一个节点只能属于一个遮挡面。

定义遮挡面时不需要分方向指定，只需要将该塔所有的遮挡边界以围区方式指定即可。

提示：① 对于多塔结构，通常采用的计算模型有两种。其一是将各塔楼离散开，分别计算，可以称之为"离散模型"；其二是把各塔楼连同底盘综合在一起，作为一个结构整体参加计算，可以称之为"整体模型"。

② 在计算结构的周期比时，采用"离散模型"，以计算单塔的周期，避免多塔耦合。在计算结构位移比和整体内力时采用整体模型。

6. 生成 SATWE 数据文件及数据检查（必须执行）

这个选项是 SATWE 前处理的核心，其功能是综合将 PMCAD 的主菜单 1 生成的数据文件及补充信息参数转换成多、高层结构有限元分析及设计所需的数据格式，生成几何数据文件 STRU.SAT、竖向荷载数据文件 LOAD.SAT 和风荷载数据文件 WIND.SAT，供 SATWE 的主菜单 2～4 调用。若设定多塔、特殊构件，则将形成相应的文件。在不计算多塔、特殊构件时，必须删除相应的文件。特殊构件文件为 SAT _ ADD.PM，多塔文件为 SAT _ TOW.PM。

选择主菜单 6"生成 SATWE 数据文件及数据检查（必须执行）"选项，弹出如图 4.21 所示的对话框。

图 4.21 生成 SATWE 数据文件及数据检查对话框

单击"确定"按钮后，程序将分两个步骤执行：首先生成 SATWE 数据文件，然后执行数据检查。

数据检查功能包括两个方面：其一是通过物理概念分析，检查几何数据文件 STRU. SAT、竖向荷载数据文件 LOAD. SAT 和风荷载数据文件 WIND. SAT 的正确性，为设计者输出名为 CHECK. OUT 的数检报告，供设计者参考；其二是对 STRU. SAT、LOAD. SAT、WIND. SAT 进行有关信息处理并做数据格式转换，生成名为 DATA. SAT 的二进制文件，供内力分析和配筋计算及后处理调用。

本菜单中选项在执行过程中，如发现几何数据文件或荷载数据文件有错，则会在数检报告中输出有关错误信息，设计者可选择"查看数检报告文件(CHECK OUT)"选项，查阅数检报告中的有关信息。

这个选项是 SATWE 前处理的核心，其功能是综合 PMCAD 生成的建模数据和前述几个选项输入的补充信息，将其转换成空间结构有限元分析所需的数据格式。所有工程都必须选择该选项，正确生成数据并通过数据检查后，方可进行下一步的计算分析。

新建工程必须在选择该选项后，才能生成默认的长度系数和风荷载数据，后续才允许在主菜单 89 中进行查看和修改。此后若调整了模型或参数，则需要再次生成数据，如果希望保留先前自定义的长度系数或风荷载数据，则可选择"保留"，如不选择保留，程序将重新计算长度系数和风荷载，用自动计算的结果覆盖用户数据。

同样，边缘构件也是在第一次计算完成后程序自动生成的，设计者可在 SATWE 后处理中自行修改边缘构件数据，并在下一次计算前选择是否保留先前修改的数据。

1) 剪力墙边缘构件类型

(1)《高层建筑混凝土结构技术规程》中指明的剪力墙边缘构件有 4 种类型：暗柱、端柱、翼墙、转角墙，如图 4.22 所示。

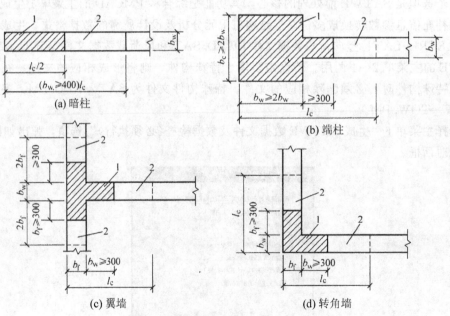

(a) 暗柱 (b) 端柱 (c) 翼墙 (d) 转角墙

图 4.22 规范指定的 4 种类型剪力墙边缘构件

（2）SATWE通过归纳总结，补充的边缘构件类型（4种）如图4.23所示。

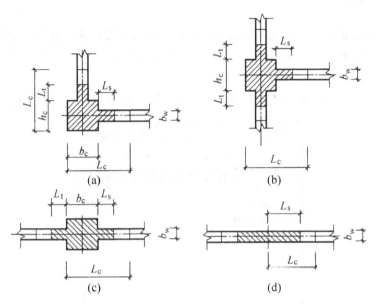

（a）　　　　　　　　　　（b）

（c）　　　　　　　　　　（d）

图 4.23　SATWE 补充的 4 种类型剪力墙边缘构件

上述列出的是规则的边缘构件类型，但在实际设计中，常有剪力墙斜交的情况。因此，上述边缘构件除图 4.22(a)、图 4.23(c)、图 4.23(d) 以外，其余各种类型中墙肢都允许斜交。

2）自动生成边缘构件（可选择以下 3 种方法中的一种）

（1）《高层建筑混凝土结构技术规程》指明的 4 种类型，即 a）+b）+c）+d）。

（2）《高层建筑混凝土结构技术规程》4 种+SATWE 的有柱转角墙的一种，共 5 种，即 a）+b）+c）+d）+e）。

（3）《高层建筑混凝土结构技术规程》4 种+SATWE 认可的 4 种，共 8 种，即 a）+b）+c）+d）+e）+f）+g）+h）。

7. 修改构件计算长度系数

选择图 4.2 中的主菜单 7 "修改构件计算长度系数"，弹出其 3 个子菜单，即 "指定柱"、"梁面外长"、"指定支撑"，分别用于修改柱的两向、梁平面外和支撑两向的计算长度系数。设计者可选择相应选项，完成相关计算长度系数的修改。修改后，必须重新选择主菜单 6 "生成 SATWE 数据文件及数据检查" 选项，弹出 "请选择" 对话框，选中 "保留用户自定义的柱、梁、支撑长度系数" 复选框，使修改生效。

提示：对于柱、支撑构件修改的是长度系数，对于梁构件修改的是平面外长度。

8. 水平荷载查询/修改

选择图 4.2 中的主菜单 8 "水平风荷载查询/修改"，可以对普通的水平风荷载进行修正。修改后，设计者必须选择主菜单 6 "生成 SATWE 数据文件及数据检查（必须执行）"，弹出 "请选择" 对话框，选中 "保留用户自定义的水平风荷载" 复选框，使修改生效。

4.2.2 图形检查

其功能是以图形的方式检查几何数据文件和荷载数据文件的正确性。设计者通过它可以以图形的方式了解所建立的模型，复核结构构件的布置、截面尺寸、荷载分布等有关信息。

在图 4.2 中选中"图形检查"复选框后，弹出的对话框如图 4.24 所示。

图 4.24 图形检查菜单

1. 各层平面简图

通过此选项可以了解结构的各层平面布置、节点编号、构件截面尺寸等信息，图形文件名为 FLR * .T。

2. 各层恒载简图与各层活载简图

这两个选项的功能是检查结构每层的恒荷载和活荷载。恒荷载的图形文件名为 LOAD-D * .T，活载简图文件名为 LOAD-L * .T。但是一般不在这里对荷载进行检查，在 PMCAD 主菜单 2"平面荷载显示与校核"中对荷载进行检查更为方便。

3. 结构轴侧简图

通过此选项可以以轴侧图的方式复核结构的几何布置是否正确。

4. 墙元立面简图

通过此选项可以以立面的方式复核剪力墙的单元划分情况是否正确。

5. 查看底框荷载简图

通过此选项可以检查底部框架结构的荷载是否正确。

4.3 结构内力与配筋计算

双击"结构内力，配筋计算"选项，SATWE 分 6 步完成整个结构计算分析过程，分别为"第 1 步：计算每层刚度中心、自由度等信息"，"第 2 步：组装刚度矩阵并分解"，"第 3 步：地震作用分析"，"第 4 步：计算结构位移"，"第 5 步：计算杆件内力"，"第 6 步：构件配筋及验算"。在进行结构计算分析之前首先要对计算控制参数进行选择。

双击 SATWE 主菜单 2"结构内力，配筋计算"选项，弹出"SATWE 计算控制参数"对话框，如图 4.25 所示。通常选择程序默认的计算项目，即打"√"的项目都应选中。

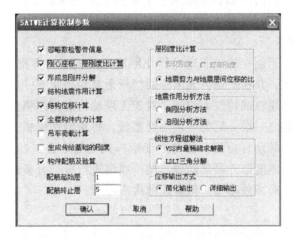

图 4.25 "SATWE 计算控制参数"对话框

1. 吊车荷载计算

当设计工业厂房需要考虑吊车作业时应选中此复选框，并应在 PMCAD 建模时输入吊车荷载。程序默认值为不选中。

2. 生成传给基础的刚度

如果要考虑基础和上部结构共同作用，则应选中此复选框，否则不选中。

3. 层刚度比计算

层刚度比计算中提供 3 种选择，对于不同类型的结构，可以选择不同的层刚度计算方法。

1）剪切刚度

它是《高层建筑混凝土结构技术规程》附录 E.0.1 建议的方法，$K_i = G_i A_i / h_i$，适用于底部大空间为一层的转换结构及计算地下室和上部结构层刚度比（对地下室嵌固条件的判断）。

2）剪弯刚度

它是《高层建筑混凝土结构技术规程》附录 E.0.3 建议的方法，$K_i = V_i / \Delta_i$，适用于高位转换层结构，计算转换层上下刚度比。

3）地震剪力与地震层间位移的比

它是《建筑抗震设计规范》第 3.4.3 条的方法，$K_i = V_i / \Delta u_i$。

程序取消了设计者选项功能，在计算地震作用时，始终采用第 3 种方法进行薄弱层判断，并始终给出剪切刚度的计算结果。当结构中存在转换层时，根据转换层所在层号，当 2 层以下转换时采用剪切刚度计算转换层上下的等效刚度比，而 3 层以上高位转换则自动进行剪弯刚度计算，并采用剪弯刚度计算等效刚度比。

4. 地震作用分析方法

对于采用楼板平面内无限刚假定的一般结构和采用楼板分块平面内无限刚假定的多塔结构建议选择"侧刚分析方法"；当考虑楼板的弹性变形（某层局部或整体有弹性楼板单元）或有不与楼板相连的构件（如错层结构、空旷的工业厂房、体育馆所等）时，建议选择"总刚分析方法"。

1）侧刚分析方法

侧刚模型是一种采用刚性楼板假定的简化刚度矩阵模型，即把房屋理想化为空间梁、柱和墙组合成的集合体，并在平面内无限刚的楼板上互相连接在一起。不管设计者在建模中有无弹性楼板、刚性楼板或越层大空间，对于无塔结构的侧刚模型假定每层为一块刚性楼板，而多塔结构则假定一塔一层为一块刚性楼板。每块刚性楼板具有两个独立的水平平动自由度和一个独立的转动自由度。侧向刚度矩阵就是建立在这些结构动力自由度上的，可通过结构总体模型的刚度矩阵凝聚而成。侧刚模型进行振型分析时结构动力自由度数相对较少，计算耗时少，分析效率高，但应用范围有限制。

2）总刚分析方法

总刚模型是一种真实的结构模型转化成的刚度矩阵模型。结构总刚模型假定每层非刚性楼板上的每个节点（有构件相连的）的动力自由度有两个独立水平平动自由度，可以受弹性楼板的约束，也可以完全独立不与任何构件相连，而在刚性楼板上的所有节点只有两个独立水平平动自由度和一个独立的转动自由度。总体刚度矩阵就是建立在这些结构自由度上的，可通过结构总体模型的刚度矩阵凝聚而成。总刚模型进行振型分析时能真实模拟具有弹性楼板、开大洞的错层、连体、空旷的工业厂房、体育馆等结构，可以正确求得结构每层每个构件的空间自振形态，但自由度数相对较多，计算耗时多，存储开销大。

提示：对于没有定义弹性楼板且没有不与楼板相连构件的工程，侧刚分析方法和总刚分析方法的结果是一致的，建议采用总刚分析方法。

5. 线性方程组解法

程序提供了两种计算方法，供设计者使用及对比分析。

1）VSS 向量稀疏求解器

采用大型稀疏对称矩阵快速求解方法，计算速度快，但适应能力和稳定性稍差。

2）LDLT 三角分解

采用非零元素下三角求解方法，比稀疏求解器计算速度慢，但适应能力强，稳定性好。

确定好各项计算控制参数后，可以单击"确认"按钮开始进行结构分析、荷载组合、内力调整、计算混凝土构件配筋。

提示: 当采用施工模拟 3 时, 求解器的选择由程序内部决定, 即必须选用 VSS 向量稀疏求解器。

6. 位移输出方式

在此选择位移结果输出方式。若选中"简化输出"单选按钮, 则在 WDISP. OUT 输出文件中仅输出各工况下结构的楼层最大位移值, 不输出各节点的位移信息, 在总刚模型进行结构的振动分析, 在 WZQ. OUT 文件中输出周期、地震作用, 不输出各振型信息; 若选中"详细输出"单选按钮, 则在 WDISP. OUT 文件中还输出各工况下每个节点的位移, 在 WZQ. OUT 文件中还输出各振型下每个节点的位移。

7. 构件配筋及验算

选择设计与验算的楼层并对其进行构件截面设计和验算。按现行规范进行荷载效应组合、内力调整, 然后计算混凝土构件(矩形和圆形截面)的配筋; 对于 12 层以下的混凝土矩形柱框架结构, 程序自动选择进行薄弱层验算, 可选择以文本 SAT-K. OUT 文件的方式输出有关计算结果。对于带有剪力墙的结构, 程序自动生成边缘构件, 并可以在边缘构件配筋简图中, 或在边缘构件文本文件 SATBMB. OUT 中查看边缘构件的配筋结果。

4.4 PM 次梁内力与配筋计算

SATWE 主菜单 3"PM 次梁内力与配筋计算"是进行次梁内力与配筋而设置的, 只有在 PMCAD 主菜单 1 中定义并布置过次梁, 应用 SATWE 进行结构分析时才选择该主菜单, 如果在 PMCAD 主菜单 1 中建立结构模型时将所有楼层的梁均按主梁输入, 则该主菜单可以不必选择。

双击 SATWE 主菜单 3"PM 次梁内力与配筋计算", 程序将在 PMCAD 主菜单 1 中输入的次梁按连续梁力学模型进行内力分析, 并进行截面配筋设计。在接"墙梁柱施工图"主菜单时, 主次梁统一归并、绘制施工图。

4.5 SATWE 分析结果图形和文本显示

双击主菜单 4"分析结果图形和文本显示", 弹出 SATWE 后处理对话框, 选中"图形文件输出"单选按钮后如图 4.26 所示, 选中"文本文件输出"单选按钮后如图 4.27 所示。

图形文件输出和文本文件输出是非常重要的, 通过它们, 设计者可以对 SATWE 软件的内力分析结果及构件配筋计算进行审核, 并根据规范及经验做出判断, 观察是否符合工程结构设计的要求, 若不满足设计要求, 则返回 PMCAD 主菜单 1 进行结构模型的修改, SATWE 也要重新浏览一遍, 进行参数修改及计算等相关操作, 直到满足设计要求, 方可进行"墙梁柱施工图"的绘制。下面对 SATWE 后处理对话框进行讲解。

图 4.26　图形文件输出　　　　　　　　　图 4.27　文本文件输出

4.5.1　SATWE 后处理——图形文件输出

1. 各层配筋构件编号简图

在各层配筋构件编号简图中标注了各层梁、柱、支撑和墙-柱、墙-梁的编号,如图 4.28 所示。计算机屏幕上图中的白色数字为节点号、青色数字为梁序号、黄色数字为柱序号、紫色数字为支撑序号、绿色数字为墙-柱序号、蓝色数字为墙-梁序号。每一根墙-梁下部都标出了其截面的宽度和高度。在第一结构层的配筋构件编号简图中,显示结构本层的刚度中心坐标(双同心圆)和质心坐标(带十字线的圆环)。

通过对菜单中选项的操作,可以对程序的图形显示信息进行相应选择、切换、查询、修改、保存操作。

2. 混凝土构件配筋及钢构件验算简图

其功能是以图形方式显示配筋计算结果,图中配筋面积单位为 cm^2,如果有超筋或柱的轴压比不满足要求,则以红色显示。配筋简图文件名为 WPJ * .T(其中 * 代表层号),如图 4.29 所示。

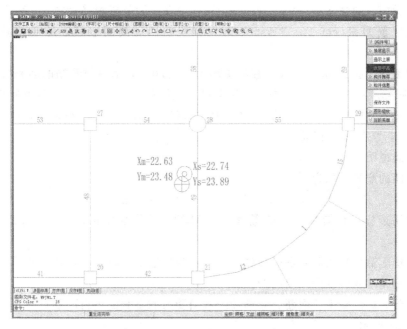

图 4.28　各层配筋构件编号简图

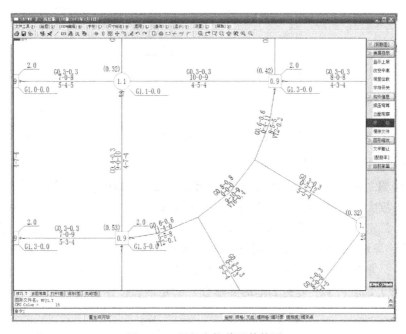

图 4.29　混凝土构件配筋简图

1）混凝土梁柱配筋简图中各数据的含义

某根混凝土梁和柱的配筋如图 4.30 所示。

（1）对于梁配筋。"7－0－8"和"5－4－4"分别为梁上部和下部左支座、跨中、右支座的配筋面积（cm²）；"G0.4－0.4"为箍筋间距范围内的加密区与非加密区的箍筋面积（cm²），"G"表示箍筋。

如果梁受扭，则会显示"VT Ast－Ast1"，"VT"为剪扭配筋标志，"Ast"表示梁受扭所需要的纵筋面积(cm²)，"Ast1"表示梁受扭所需要周边箍筋的单根箍筋的面积(cm²)。

(2) 对于柱配筋。"0.44"表示柱的轴压比；"2.0"表示一根角筋的面积(cm²)；"7"和"7"分别表示该柱 B 边和 H 边的单边配筋，包括角筋；"0.0"为柱节点核心区受剪箍筋面积(cm²)；"G1.6－0.0"中的"1.6"和"0.0"分别表示柱加密区和非加密区受剪箍筋面积(cm²)，"G"表示箍筋。

柱的配筋说明如下。

柱全截面的配筋面积为

$$A_s = 2 \times (7+7) - 4 \times 2 = 20 (\text{cm}^2)$$

柱的箍筋是按设计者输入的箍筋间距计算的，并按加密区内最小体积配箍率要求控制。

柱的体积配箍率是按双肢箍筋计算的，当柱为构造配筋时，按构造要求的体积配箍率计算的箍筋也是按双肢箍形式给出的。

(3) 对于异形混凝土柱配筋。异形柱按双向受力的整截面进行配筋计算，其配筋标注方法如图 4.31 所示。

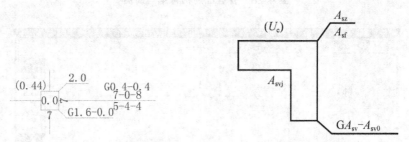

图 4.30　某混凝土梁和柱的配筋简图　　图 4.31　异形混凝土柱配筋的简化表示

图 4.31 中：A_{sz} 为异形柱固定钢筋位置的配筋面积(cm²)，即位于直线柱肢端部和相交处的配筋面积之和；A_{sf} 为分布钢筋的配筋面积(cm²)，即除 A_{sz} 之外的分布钢筋面积，当柱肢外伸长度大于 200mm 时，按间距 200mm 布置；A_{svj}、A_{sv}、A_{sv0} 分别为柱节点域抗剪箍筋面积、加密区斜截面受剪箍筋面积、非加密区受剪箍筋面积，加密区箍筋间距按 100mm 计算。异形柱的斜截面受剪配筋按双剪计算，分别求出两个相互垂直肢的箍筋面积 A_{sv1} 和 A_{sv2}，并取 A_{sv1} 和 A_{sv2} 中的较大值输出。

对于 T 形、L 形、十字形和 Z 形的异形柱，固定钢筋位置如图 4.32 所示。

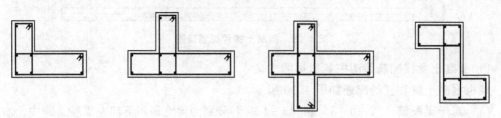

图 4.32　异形柱固定钢筋位置

（4）圆形混凝土柱配筋。其简图如图 4.33 所示。

图 4.33 中：A_s 为圆柱全截面配筋面积（cm^2），A_{svj}、A_{sv}、A_{sv0} 按等面积的矩形截面计算箍筋，分别为箍筋间距范围内的柱节点域受剪箍筋面积、加密区斜截面受剪箍筋面积、非加密区斜截面受剪箍筋面积。

若该柱与剪力墙相连（边框柱），而且由构造配筋控制，则程序取 A_s、A_{sv} 均为零。U_c 为圆柱的轴压比，G 为箍筋标志。

2）钢梁验算简化表示

每根钢梁的下方都标有"steel"字符，表示该梁是钢梁。若该梁与刚性铺板相连，不需验算整体稳定，则 R_2 处的数值以 R_2 字符代替。输出格式如图 4.34 所示。

图 4.33 圆形混凝土柱配筋简图　　图 4.34 钢梁验算简化表示

图 4.34 中：R_1 表示钢梁正应力强度与抗拉、抗压强度设计值的比值 F_1/f；R_2 表示钢梁整体稳定应力与抗拉、抗压强度设计值的比值 F_2/f；R_3 表示钢梁剪应力强度与抗拉、抗压强度设计值的比值 F_3/f_v。

f——钢的抗拉、抗压强度设计值（kN/m^2），f_v——钢的抗剪强度设计值（kN/m^2）；F_1、F_2、F_3——分别为截面强度应力、整体稳定应力和剪应力（kN/m^2）。

3）钢柱和方钢管混凝土柱

图 4.35 中：U_c 为柱的轴压比，R_1 表示钢柱正应力强度与抗拉、抗压强度设计值的比值 F_1/f；R_2 表示钢柱 X 向稳定应力与抗拉、抗压强度设计值的比值 F_2/f；R_3 表示钢柱 Y 向稳定应力与抗拉、抗压强度设计值的比值 F_3/f。

f——钢的抗拉、抗压强度设计值（kN/m^2）；F_1、F_2、F_3——分别为截面强度应力、构件 X 向抗屈曲和 Y 向抗屈曲应力（kN/m^2）。

4）圆钢管混凝土柱

在柱中心标注一个数，即 R_1。R_1 为圆钢管混凝土柱的轴力设计值与其承载力的比值 N/N_u，R_1 小于 1.0 表示满足规范要求。

5）混凝土支撑

图 4.36 中：A_{sx}、A_{sy} 分别为 X、Y 边单边配筋面积（含两根角筋）（cm^2）；A_{sv} 为支撑箍筋面积（取 A_{svx}、A_{svy} 的大值）（cm^2）；G 为箍筋标志。

支撑的配筋：把支撑向 Z 方向投影，即可得到如柱图一样的截面形式。

图 4.35 钢柱和方钢管混凝土验算简图　　图 4.36 混凝土支撑配筋简图

6）钢支撑

图 4.37 中：R_1 为钢支撑正应力与抗拉、抗压强度设计值的比值 F_1/f；R_2 为钢支撑 X 向稳定应力与抗拉、抗压强度设计值的比值 F_2/f；R_3 为钢支撑 Y 向稳定应力与抗拉、抗压强度设计值的比值 F_3/f。

f——钢的抗拉、抗压强度设计值（kN/m^2）；F_1、F_2、F_3——分别为截面强度应力、构件 X 向抗屈曲和 Y 向抗屈曲应力（kN/m^2）。

7）混凝土剪力墙配筋

"墙-梁"是指上、下层剪力墙洞口之间的部分，"墙-梁"的标注与混凝土梁完全相同，"墙-柱"是指由一个墙元的一部分（如洞口两侧部分，也可能由几个墙元连接而成）。"墙-柱"的标注如图 4.38 所示，图中"墙-柱"左边或上边的数值表示"墙-柱"一端的暗柱实际配筋总面积（cm^2），"0"表示仅需按构造配筋。"墙-柱"右边或下边的数值表示在水平分布筋间距范围内的水平分布筋面积（cm^2），如果有超筋，则以红色显示。

图 4.37　钢支撑验算简图　　　图 4.38　"墙-柱"配筋简图

提示： 对于地下室外墙或人防临空墙的"墙-柱"右边或下边数值为 $HA_{shw}-A_{svw}$，其中，A_{shw} 为水平分布筋间距 S_{wh} 范围内的水平分布筋面积（cm^2），A_{svw} 为水平分布筋间距 S_{wv} 范围内的竖向分布筋面积。

3. 梁弹性挠度、柱轴压比、墙边缘构件简图

选择"梁弹性挠度、柱轴压比、墙边缘构件简图"选项时，显示柱轴压比和计算长度系数、梁弹性挠度，以及剪力墙、边框柱产生的边缘构件信息。柱、墙肢中心的一个数为柱、墙肢的轴压比，柱两边的两个数分别为该方向的计算长度系数。若柱、墙肢的轴压比超限，则以红色数字显示，对于不超限的轴压比，柱以白色数字显示，墙肢以绿色数字显示，柱、墙肢轴压比和计算长度系数简图的文件名为 WPJC * .T，其中 * 代表层号，如图 4.39 所示。

提示： 轴压比是组合的轴压力设计值与全截面面积和混凝土轴心抗压强度设计值乘积的比值。轴压比主要控制结构的延性，若轴压比不满足规范要求，则应加大柱截面尺寸（墙肢截面厚度）或提高混凝土强度等级。

（1）弹性挠度。选择"换层显示/弹性挠度"选项，则显示弹性挠度简图，单位为 mm。该挠度值是按梁的弹性刚度和短期作用效应组合计算的，未考虑长期作用效应的影响。

（2）构件信息。查找各构件的信息。

（3）边缘构件。显示剪力墙边缘构件的配筋及边缘构件尺寸。边缘构件又分为约束边缘构件和构造边缘构件两大类，一、二级抗震时的结构底部加强区及其上一层的剪力墙端部均设置约束边缘构件，其余情况下设置构造边缘构件。

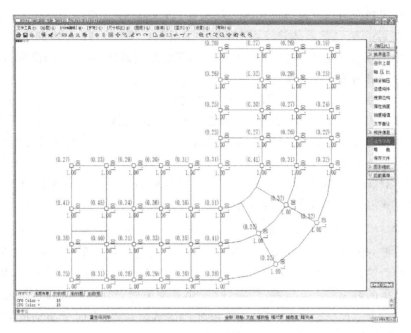

图 4.39 墙柱轴压比

选择"换层显示/边缘构件"选项，程序将自动绘出当前楼层的边缘构件简图，如图 4.40 所示。每一个边缘构件上都沿着其主肢方向标出了其特征尺寸 L_c、L_s 或 L_t（如果有此参数）以及主筋面积、箍筋面积或者配箍率。尺寸参数前面都加了识别符号 L_c、L_s 或 L_t；主筋面积前面有一个识别符号 A_s，其单位是 mm^2。箍筋则按构造体积配箍率给出，对于约束和构造边缘构件，其前面加体积配箍率识别符号 P_{sv}。

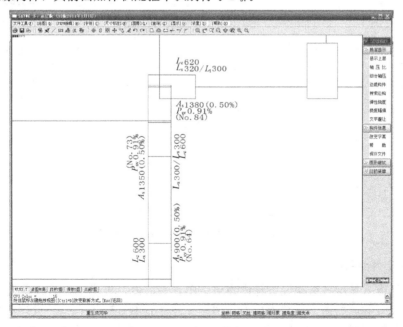

图 4.40 剪力墙边缘构件简图

边缘构件即剪力墙或抗震墙的约束边缘构件,包括暗柱、端柱和翼墙。《建筑抗震设计规范》第 6.2.6 条、《高层建筑混凝土结构技术规程》第 7.2.15 条规定在剪力墙端部应设置边缘构件。边缘构件有两种形式,规范给出了配筋阴影区(设置箍筋范围)尺寸的确定方法及主筋、箍筋的最小配筋率。

图 4.40 中:编号为边缘构件墙肢编号;A_s 为边缘构件核心区主筋标记及配筋面积(mm^2)和配筋率(%);P_{sv} 为约束边缘构件和构造边缘构件核心区体积配箍标记及配箍率(%);L_c 为主肢边缘构件标记和长度(mm),从墙端起;L_s 为主肢边缘构件的核心区标记和长度(设置箍筋范围)(mm),从墙边起;L_t 为垂直于主肢边缘构件的上、下核心区标记和长度(设置箍筋范围)(mm),从墙边起;L_c、L_s、L_t 的取值按《建筑抗震设计规范》第 6.2.6 条或《高层建筑混凝土结构技术规程》第 7.2.15 条的规定。

4. 各荷载工况下构件标准内力简图

它可以以图形的方式输出各荷载工况下构件标准内力,包括梁端弯矩、梁剪力、柱底内力和柱顶内力图,如图 4.41 所示。其中在梁的弯矩图上,若有 "$N = *$",则表明该梁存在轴力;在梁的剪力图上,若有 "$T = *$",则表明该梁存在扭矩。每个柱或每个墙-柱输出 5 个数($V_X/V_Y/N/M_X/M_Y$),分别为该柱局部坐标系内 X 和 Y 方向的剪力、轴力、X 和 Y 方向的弯矩;图形文件名为 WBEM*.T。

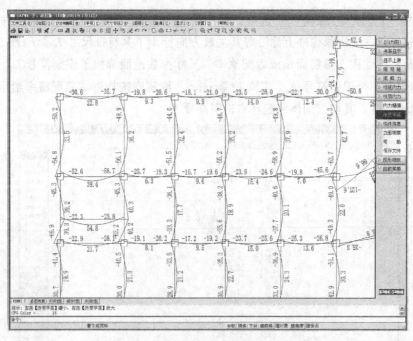

图 4.41　各荷载工况下构件标准内力简图

5. 梁设计内力包络图

它以图形方式显示各梁截面设计内力包络图。每根梁给出了 9 个设计截面内力,内力曲线是将各设计截面的内力连线而成的。图形文件名为 WBEMF*.T。设计参数"梁柱交叠部分是否作为刚域",此参数对梁的计算长度和内力曲线简图有影响。图 4.42 是梁柱交叠部分作为刚域情况下的内力包络图。

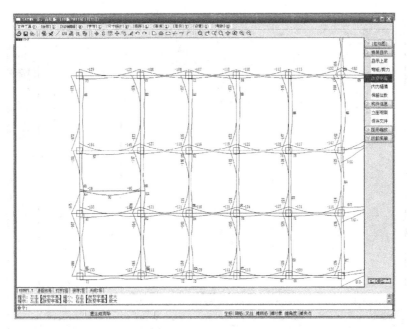

图 4.42 梁设计内力包络图

6. 梁设计配筋包络图

它以图形方式显示梁截面的配筋结果，图面上负弯矩对应的配筋以负数表示，正弯矩对应的配筋以正数表示，如图 4.43 所示。

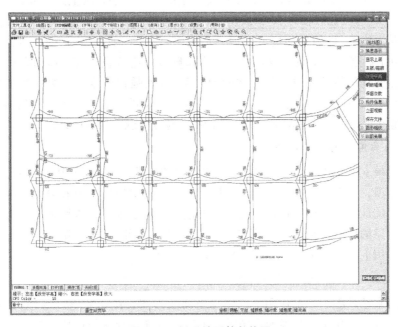

图 4.43 梁设计配筋包络图

7. 底层柱、墙最大组合内力简图

其输出用于基础设计的上部荷载，以图形方式显示出来，如图 4.44 所示。

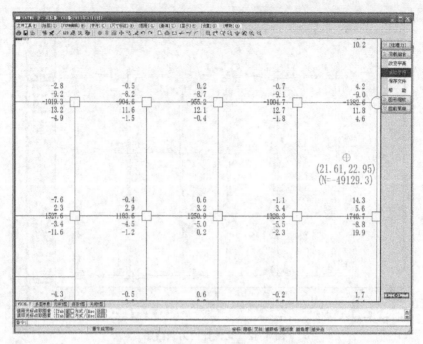

图 4.44 底层柱、墙最大组合内力简图

选择"荷载组合"选项可选择荷载组合,共 7 组,分别为:X 向最大剪力 $V_{X\max}$;Y 最大剪力 $V_{Y\max}$;最大轴力 $N_{\max}$;最小轴力 $N_{\min}$;X 向最大弯矩 $M_{X\max}$;Y 向最大弯矩 $M_{Y\max}$;恒+活($D+L$)。对应于荷载组合项,在柱边标注的 5 个数字,从上到下分别为该柱 X、Y 方向的剪力 V_X、V_Y,柱底轴力 N 和该柱 X、Y 方向的弯矩 M_X、M_Y;在墙-柱边标注的 5 个数字,分别为该墙-柱的平面内或平面外剪力 V_X、V_Y,轴力 N 和平面内、平面外弯矩 M_X、M_Y。以上底层柱、墙最大组合内力值为荷载效应组合设计值,即已含有荷载分项系数,但不考虑抗震调整系数以及框支柱的调整系数(如强柱弱梁、底层柱底增大系数等)。$D+L$ 是 1.2 乘以恒荷载标准值+1.4 乘以活荷载标准值的组合,其中并不包括恒荷载为主的组合。在地基承载力验算和基础底面积设计中,应取荷载效应标准组合。

8. 水平力作用下结构各层平均侧移简图

双击主菜单 9"水平力作用下结构各层平均侧移简图",弹出如图 4.45 所示的窗口。

通过此选项,可以查看在地震作用和风荷载作用下结构的变形和内力,这些参数都是以楼层为单位统计的,可以使设计者从宏观上把握结构在水平力作用下的反应。具体的内容包括每一楼层的地震作用、地震引起的楼层剪力、弯矩、位移角,以及每一层的风荷载、风荷载作用下的楼层剪力、弯矩、位移及位移角。

9. 各荷载工况下结构空间变形简图

此选项用来显示各个工况作用下的结构空间变形图,图 4.46 所示,为了清楚变化趋势,变形图均以动画显示。观察变形图时,可以随时选择合适的视角,如果动画幅度太大或太小,也可以根据需要改变幅度。对于复杂的结构,可以应用切片功能取出结构的一榀或任一个平面部分单独观察,这样可以看得更为清楚。切片平面的确定是通过捕捉切片平面上的节点来实现的,操作简便。

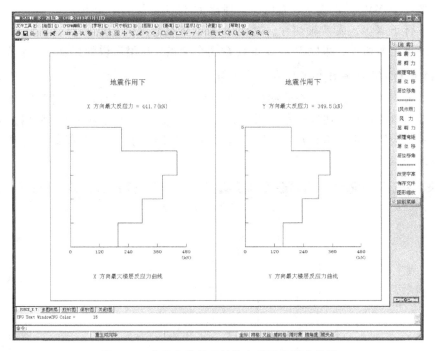

图 4.45　水平力作用下结构各层平均侧移简图

　　所谓"切片"，可这样理解：假想一个三维空间中任意放置的、无限延展的平面 P，P 与所研究的三维结构 S 相交，凡落在 P 平面上的 S 的构件被保留，余者舍弃，这就是切片。被保留的构件所形成的平面结构就是切片的结果。

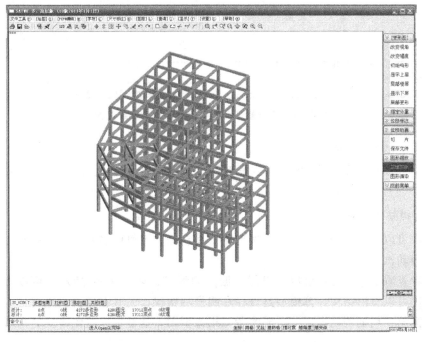

图 4.46　各荷载工况下结构空间变形简图

（1）平行于 XY、YZ 或 ZX 面切片。捕捉 P 与 S 的任一个交点。

（2）平行于 X、Y 或 Z 轴切片。捕捉 P 与 S 的任意两个交点。

（3）三点定面切片。捕捉 P 与 S 的任意 3 个交点，这里所说的交点是指节点。

10. 各荷载工况下构件标准内力三维简图

此选项采用三维投影视图查看构件标准内力，如图 4.47 所示，这对某些特殊结构而言，比平面查看更直观。切换视角、调整显示比例、切片功能在这里都可使用。显示范围可以是某一个楼层，可以是某几个楼层，也可以是整个结构，还可以是结构的某一榀或任一个平面部分。

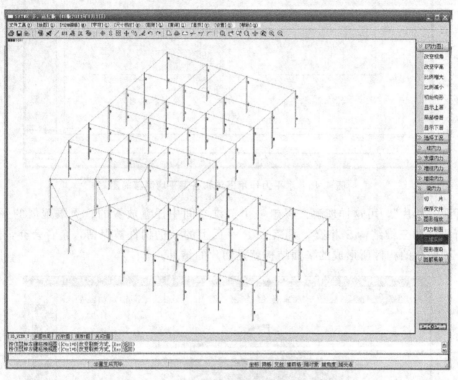

图 4.47　各荷载工况下构件标准内力三维简图

11. 结构各层质心振动简图

此选项可以绘出简化的楼层质心振型图，并且多个振型的图形可以叠加到同一张图上。

12. 结构整体空间振动简图

此选项可以显示详细的结构三维振型图及其动画，也可以显示结构某一榀或任一平面部分的振型动画。

设计者查看三维动画，可以看出每个振型的形态，如图 4.48 所示，可以判断结构的薄弱方向，可以看出结构计算模型是否存在明显的错误，尤其在验算周期比时，侧振第一周期和扭振第一周期的确定，一定要参考三维振型图，这样可以避免错误的判断。

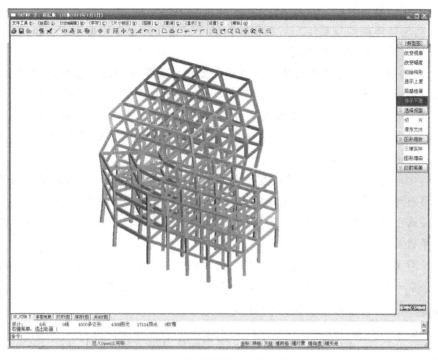

图 4.48 结构整体空间振动简图

4.5.2 文本文件输出

文本文件的输出界面如图 4.27 所示。

通过数字和文字等形式反应计算分析结果，设计者应认真核对计算结果，对不满足规范要求的控制参数进行分析和调整。下面介绍文本文件的输出结果。

1. 结构设计信息输出文件(WMASS.OUT)

结构分析控制参数、各层的楼层质量和质心坐标、风荷载、层刚度、薄弱层、楼层承载力等有关信息，都存放在 WMASS.OUT 文件中，分析过程的各步所需的时间也写在该文件的最后，以便设计人员核对分析，它包括以下 12 部分的信息。

(1) 结构分析的控制信息。结构总信息是设计者在 SATWE 主菜单 1 "分析与设计参数补充定义(必须执行)"中设定的参数，把这些参数放在这个文件中输出，目的是便于设计者存档。其中还输出了剪力墙加强区的层数和高度。

(2) 各层质心、质量信息。

(3) 各层构件数量、构件材料和层高等信息。

(4) 风荷载信息。

(5) 各楼层等效尺寸。

(6) 各楼层的单位面积质量分布。

(7) 计算需求资源、计算耗时信息。

(8) 结构各层刚心、偏心率、相邻层抗侧移刚度比等计算信息。

(9) 高位转换时转换层上部与下部结构的等效侧向刚度比。

(10) 抗倾覆验算结果。

(11) 结构整体稳定验算结果,给出结构的刚重比和是否需要考虑 $P-\Delta$ 效应等信息。

(12) 楼层抗剪承载力及承载力比值。

提示:(1) 刚重比是结构刚度与重力荷载之比。它是控制结构整体稳定的重要指标。高层建筑结构的稳定设计主要控制在水平风荷载或水平地震作用下,重力荷载产生的二阶效应($P-\Delta$ 效应)不致过大,导致结构失稳倒塌。结构的刚重比是影响重力二阶效应的主要参数,通过对结构刚重比的控制,满足高层建筑稳定性要求,则若刚重比不满足规范要求,则通常应调整结构的高宽比。

(2) 刚度比是控制结构竖向不规则性和判断薄弱层的重要指标。程序根据规范要求自动计算层间刚度比,自动判断是否因刚度比突变出现薄弱层,自动对薄弱层放大地震剪力;转换层属于竖向抗测力构件不连续形成的薄弱层,无论层间刚度比是多少,都应将该层设置为薄弱层。

(3) 层间受剪承载力比也是控制结构竖向不规则和判断薄弱层的重要指标,根据规范要求,程序自动计算楼层的受剪承载力之和与其上一层的承载力之比。

2. 周期、振型与地震力输出文件(WZQ.OUT)

该文件输出内容有助于设计人员对结构的整体性能进行评估分析,文件包括以下 7 部分的信息。

(1) 各振型特征参数。当不考虑耦联时,仅输出周期值,当考虑耦联时,不仅输出周期,还要输出相应的振动方向、平动系数和扭转系数。

《高层建筑混凝土结构设计规程》为控制结构的扭转效应,对扭转振动周期和平动振动周期的比值给出了明确规定。一个周期是扭转振动周期还是平动振动周期可以通过扭转系数来判定。若扭转系数等于 1,则说明该周期为纯扭转振动周期。若平动系数等于 1,则说明该周期为纯平动振动周期,其振动方向为 Angle,若 Angle=0°,则为 X 方向的平动,若 Angle=90°,则为 Y 方向的平动,否则为沿 Angle 角度的空间振动。若扭转系数和平动系数都不等于 1,则该周期为扭转和平动混合周期。

(2) 各振型的地震作用输出。

(3) 主振型判断信息。对于刚度均匀的结构,在考虑扭转耦联计算时,一般来说前两个或几个振型为其主振型。但对于刚度不均匀的复杂结构,SATWE 软件中给出了各振型对基底剪力贡献的计算功能。

(4) 等效各楼层的地震作用、剪力、剪重比、弯矩。

(5) 有效质量系数。它是判断结构振型是否足够的重要指标,也是地震作用是否足够的重要指标。当有效质量系数大于 90% 时,表示振型数、地震作用满足规范要求,否则应增加计算的振型数。

(6) 楼层的振型位移值。

(7) 各楼层地震剪力系数调整系数。《建筑抗震设计规范》第 5.2.5 条要求,计算的各楼层地震剪力应满足最小剪力系数的要求。若调整系数大于 1.0,说明该楼层的地震剪力不满足《建筑抗震设计规范》第 5.2.5 条要求。此时,若在参数定义中设定由程序自动调整内力,则在内力计算时,程序对地震作用下的内力乘以该调整系数。

提示：① 剪重比是抗震设计中非常重要的参数，是楼层的水平地震剪力标准值与重力荷载代表值的比值，主要控制各楼层最小地震剪力，确保结构安全性。规范规定剪重比计算，主要是因为在长周期作用下，地震影响系数下降较快，由此计算的水平地震作用下的结构效应可能太小。而对于长周期结构，地震动态作用下的地面加速度和位移可能对结构具有更大的破坏作用，但采用振型分解法时无法对此做出准确的计算。因此，出于安全考虑，规范规定了各楼层水平地震剪力的最小值，该值如果不满足要求，则说明结构有可能出现比较明显的薄弱部位，必须进行调整。

若要正确计算剪重比，则必须选取足够的振型数，使有效质量系数大于90%。

② 周期比主要是控制结构扭转效应，使抗侧力构件的平面布置更合理，避免结构的扭转破坏。扭转周期与平动周期之比，是控制结构扭转效应的重要指标。

3. 结构位移输出文件（WDISP. OUT）

在文件中列出了结构位移的信息，如在图 4.25 "SATWE 计算控制参数"对话框中，在"位移输出方式"选项组中选出"简化输出"单选按钮，表示在 WDISP. OUT 文件中仅输出各工况下结构每层的最大位移、位移比，个输出节点位移信息。如果选中"详细输出"单选按钮，则除输出楼层最大位移、位移比外，还有各工况下的各层各节点 3 个线位移和 3 个转角位移信息。

提示：① 位移比包含两项内容。

• 最大位移与层平均位移的比值。

• 最大层间位移与平均层间位移的比值。位移比可以用结构的刚心与质心的相对位置（偏心率）表示，位移比是控制结构抗扭特性和平面不规则性的重要指标。位移比不满足要求时应调整结构的平面布置，使结构平面规则，刚度均匀。

② 层间位移角是层间最大位移与层高的比值，是控制结构整体刚度和不规则性的主要指标。

4. 各层内力标准值

双击"各层内力标准值"后，弹出内力选择对话框，设计者可移动光标选取要查看的内力文件。文件包括以下 6 部分的信息。

（1）内力工况代号。

（2）柱、支撑标准内力（局部坐标下）。

（3）墙-柱标准内力（局部坐标下）。

（4）墙-梁标准内力（局部坐标下）。

（5）梁内力（局部坐标下）。

（6）竖向荷载作用下竖向构件 Z 向反力之和，在每层构件标准内力之后，程序把竖向构件，如柱、墙、支撑（Z 向投影）所承受的恒荷载、活荷载产生的轴力叠加，输出恒、活荷载作用下的总反力。当墙上开的是窗洞时，窗下这一块墙体所受的轴力并没有统计在内，所以往往统计的轴向反力会略小于外荷载。

5. 底层柱、墙最大组合内力（WDCNL. OUT）

该文件仅用于上部荷载传导正确性校核。文件包括以下 4 部分内力。

(1) 底层柱组合设计内力。

(2) 底层斜柱或支撑组合内力。

(3) 底层墙组合内力。

(4) 各组合内力的合力及合力点的坐标。

每组内力都提供了如下 7 种组合形式:

① X 向最大剪力组合 $V_{X\max}$。

② Y 向最大剪力组合 $V_{Y\max}$。

③ 最大轴力组合 $N_{\max}$。

④ 最小轴力组合 $N_{\min}$。

⑤ X 向最大弯矩组合 $M_{X\max}$。

⑥ Y 向最大弯矩组合 $M_{Y\max}$。

⑦ 1.2 恒荷载+1.2 活荷载组合 $D+L$。

6. 混凝土构件配筋、钢构件验算输出文件(WPJ * .OUT)

该文件主要用于构件设计,为设计者提供了各种构件的截面配筋验算结果,它包括如下 12 部分的信息。

(1) 符号说明和内力组合分项系数说明。

(2) 混凝土、型钢混凝土矩形截面柱的配筋。

(3) 混凝土、型钢混凝土圆形截面柱的配筋。

(4) 混凝土异型截面柱的配筋。

(5) 混凝土、型钢混凝土支撑的配筋。

(6) 钢柱、门式刚架柱、方钢管混凝土柱的验算。

(7) 钢支撑、方钢管混凝土支撑的验算。

(8) 圆钢管混凝土柱的验算。

(9) 墙-柱的配筋。

(10) 混凝土、型钢混凝土矩形截面梁、墙-梁的配筋。

(11) 钢梁、门式刚架梁、组合梁的验算。

(12) 钢管混凝土梁的验算。

7. 超筋超限信息(WGCPJ.OUT)

超筋超限信息随着配筋一起输出,既在 WGCPJ.OUT 文件中输出,又在 WPJ * .OUT 文件中输出。计算几层配筋,WGCPJ.OUT 中就有几层超筋超限信息,并且下一次计算会覆盖前次计算的超筋超限内容,因此要想得到整个结构的超筋信息,必须从首层到顶层一起计算配筋。超筋超限信息也写在了每层的配筋文件中。

程序认为不满足规范规定的,均属于超筋超限,在配筋简图上以红色字符表示。

(1) 对混凝土、型钢混凝土柱、支撑验算轴压比(仅对混凝土柱)、斜截面抗剪、最大配筋率。

(2) 对墙-柱验算轴压比、最大配筋率、斜截面抗剪、稳定、施工缝,地下室、人防临空墙。

(3) 对混凝土梁、型钢混凝土梁验算最大配筋率,斜截面受剪、剪扭、人防梁延性比和受压区高度。

（4）对钢柱、门式刚架柱、方钢管混凝土柱验算强度、稳定、强柱弱梁、轴压比，长细比、宽厚比、高厚比，门式刚架柱强度应力比，方钢管混凝土截面承载系数。

（5）对钢支撑验算强度、稳定、长细比、宽厚比、高厚比。

（6）对钢梁验算强度、整体稳定、宽厚比、高厚比。

8. 楼层地震作用调整信息（WV02Q. OUT）

在框架-剪力墙结构、短肢剪力墙结构中，框架或短肢剪力墙部分所分担的地震作用信息是很重要的设计参数和指标。文件包括如下 2 部分内容。

（1）框架-剪力墙结构、短肢剪力墙结构中框架柱或短肢墙所承担的地震倾覆力矩。

（2）框架-剪力墙结构中框架柱所承担的剪力。

1）$0.2Q_0(0.25Q_0)$的调整系数

对混凝土框架-剪力墙结构：$0.2Q_{0X}$、$1.5V_{cXmax}$，$0.2Q_{0Y}$、$1.5V_{cYmax}$

对高层钢结构：$0.25Q_{0X}$、$1.8V_{cXmax}$，$0.25Q_{0Y}$、$1.8V_{cYmax}$

2）设计者干预$0.2Q_0(0.25Q_0)$调整系数的方法

当设计者需要干预$0.2Q_0$调整系数时，可以直接在 SATWE 前处理对话框中直接选择"用户指定$0.2Q_0$调整系数"项，则程序将在工程目录中自动生成 SATINPUT.02Q 文件，并提交设计者修改；设计者也可在工作目录下建立一个文件名为 SATINPUT.02Q 的文本文件。

输入格式如下。

ISTi，CXi，CYi

ISTj，CXj，CYj

……

其中：ISTi、ISTj 为需要调整的层号；CXi、CYi 分别表示为 X、Y 方向的放大系数。

9. 简化薄弱层验算文件（SAT−K. OUT）

对于 12 层以下的混凝土矩形柱框架结构，当计算完各层配筋之后，程序按简化薄弱层计算方法求出弹塑性位移、位移角等结果。

10. 剪力墙边缘构件输出文件（SATBMB. OUT）

该文件输出剪力墙加强区的最高层号，剪力墙约束边缘构件的最高层号，各层剪力墙边缘构件的类型、形状、坐标点、尺寸配筋等信息。

11. 柱在吊车荷载作用下的预组合内力文件（WCRANE ∗. OUT）

该文件输出柱在各种工况下的预组合内力，如轴力、剪力、弯矩；输出梁预组合包络内力，并分 9 个截面输出每个截面的包络弯矩和剪力。

4.6 SATWE 前处理注意事项

1. 按结构原型输入

SATWE 在 PMCAD 建模时应尽量按结构原型输入。若符合梁的简化条件，则按梁输入；若符合柱或异形柱条件，则按柱或异形柱输入；若符合剪力墙条件，则按(带洞)剪力墙输入；若没有楼板的房间，则按楼板厚 0.0mm 输入。

(1) 各种竖向构件根据截面尺寸分为柱($h/b<3$)、异形柱($3{\leqslant}h/b{\leqslant}5$)、短肢剪力墙($5<h/b<8$)、剪力墙($h/b{\geqslant}8$)。

(2) 连梁的输入。对于跨高比 $l_n/h>5$ 的连梁按普通梁输入。其中：h 为构件截面高度；b 为构件截面宽度；l_n 为连梁的净跨度。

如果连梁跨高比大于 5，则连梁变形以弯曲变形为主，和框架梁的变形接近，此时以梁的模型计算更符合实际情况；如果连梁跨高比小于 2.5，那么连梁变形以弯剪(剪切)为主，和墙的变形接近，此时用剪力墙开洞口模型的计算结果更准确。

(3) 柱是否可按墙输入计算。高层建筑柱截面尺寸往往较大，当柱两侧梁不在同一轴线上时，竖向荷载的传递常会出现问题。如图 4.49 所示的梁柱节点，当柱在节点 1 输入时，虽然柱截面尺寸很大，但在计算模型时，它只是一条位于节点 1 的垂直线，故梁 B1 荷载可直接传递给柱，而梁 B2 荷载却无法直接传递给柱。

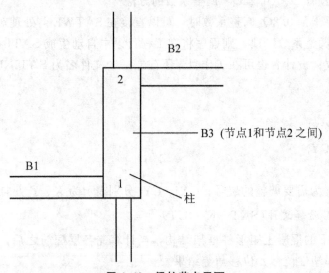

图 4.49　梁柱节点平面

为避免荷载传递上的困难，有些设计人员将柱按墙输入进行整体计算。实际上，柱按墙输入时会出现以下问题。

① 柱必须进行两个方向的承载力计算，而墙一般不做平面外承载力验算。

② 柱和墙的抗震内力调整系数不同。

③ 规范对柱和墙的抗震构造要求不同。

④ 两者的轴压比要求不同，计算柱轴压比时，取考虑地震组合的轴力设计值，计算墙轴压比时，取重力荷载代表值作用下的轴力设计值。

⑤ 采用剪切刚度法计算的楼层侧向刚度有差异。

鉴于以上情况，建议对框架柱、框支柱及长宽比${\leqslant}4$的墙肢，按柱输入进行结构整体计算。为克服梁荷载传递上的困难，可在节点 1 和节点 2 之间设置一根虚梁 B3，并将梁柱重叠部分作为刚域考虑，这样虚梁 B3 实际上为一根刚性梁，框架梁 B2 的荷载可通过刚性梁 B3 较准确地传递给框架柱。

2. 轴网输入

由网格线和节点组成的轴网是 PKPM 系列 CAD 系统交互式数据输入的基础，这种以轴网为基础的输入方式具有构件布置灵活、操作简单、输入效率高等特点，尤其在 PMCAD 的数据结构中，每个标准层都具有其独立的轴网，这极大地提高了复杂结构的数据输入效率。对于一个工程，轴网建立的妥当与否，直接影响着数据输入效率，尤其对于多、高层结构，当采用 SATWE 进行内力分析时，轴网建立不当还可能会影响分析效率和精度。

为适应 SATWE 数据结构和理论模型的特点，建议设计者在使用 PMCAD 输入高层结构数据时，注意如下事项。

（1）尽可能地发挥"分层独立轴网"的特点，将各标准层不必要的网格线和节点删掉。

（2）可充分发挥柱、梁、墙布置可带有任意偏心的特点，尽可能避免近距离的轴线。

上述两点建议的目的主要是避免梁、墙被节点切出短梁、短墙。因为梁、墙被不必要的节点打断，在结构分析时会因此而增加许多不必要的自由度，影响分析效率，而且过多的短梁、短墙存在，可能会影响分析精度。

但是，设计者不应为了方便，盲目地使用梁墙偏心。当偏心值较大时，应该另设轴线，否则会对分析精度不利。

3. 板-柱结构的输入

在采用 TAT、TBSA 等程序进行板-柱结构分析时，要将楼板简化为等代梁，这种处理方法对楼板的模拟与工程实际出入较大。SATWE 对板-柱结构或板柱-剪力墙结构采用弹性楼板 6 假定，即采用壳单元真实地计算楼板面内刚度和面外刚度。首先，要求在 PM-CAD 交互式建模时，在假定的等代梁位置上，布置截面尺寸为 $100mm \times 100mm$ 的矩形截面混凝土虚梁；其次，SATWE 在"特殊构件补充定义"中把楼板定义成弹性楼板 6。这里布置虚梁的目的有两点：其一是为了在接 PMCAD 前处理过程中 SATWE 软件能够自动读到楼板的外边界信息，其二是为了辅助弹性楼板单元的划分。在结构分析中，混凝土虚梁无自重、无刚度。

4. 楼板刚度的考虑

楼板刚度的模拟主要有以下 4 种形式。

（1）壳单元，具有平面内和平面外刚度。

（2）平面应力膜单元，考虑平面内刚度，平面外刚度为零。

（3）中厚板弯曲单元计算平面外刚度，平面内无限刚。

（4）刚性楼板，平面内无限刚，平面外刚度为零。

中厚板弯曲单元适用于厚板转换层结构的计算，壳单元适用于板-柱结构的计算。梁板结构不宜采用壳单元，因为楼面的部分竖向荷载会通过楼板的平面外刚度直接传递给柱或墙，使楼面梁的计算内力偏小。

对凹凸不规则或楼板局部不连续的情况，宜采用平面应力膜单元来模拟楼板平面内实际刚度的变化，楼板对结构整体刚度的贡献可采用将楼面梁刚度乘以增大系数的方法予以考虑。当结构整体计算中考虑了楼板的平面外刚度（如采用壳单元）时，楼面梁刚度不应再乘以此增大系数。

5. 厚板转换层结构的输入

《高层建筑混凝土结构设计规程》第 10.2.1 条规定:非抗震设计和 6 度抗震设计可采用厚板转换层结构,7、8 度抗震设计的地下室转换构件可采用厚板。

由于厚板上下传力的特殊性,整体计算时厚板一定要考虑厚板面外的变形,这样才能使上部结构、厚板、下部结构的变形、内力计算合理。因此厚板面外变形的正确考虑,决定了计算结果的正确性。厚板平面内可以按无限刚考虑。

SATWE 对厚板转换层采用弹性楼板 3,即"平面内无限刚,平面外有限刚"的假定,用中厚板弯曲单元模拟其平面外刚度和变形。

支撑厚板的柱均应定义为框支柱。

厚板本身的进一步分析,可以借助二次分析程序,复杂楼板有限元分析 SLABCAD 完成板的位移、内力、配筋计算以及冲切、应力等验算。

厚板转换层结构用 SATWE 进行结构的整体分析时,建模应注意以下几点。

(1) 厚板转换层不单独设为一层,只视其为某一层的楼板。

(2) 在 PMCAD 建模中应使厚板上、下结构的轴线在厚板这层同时绘出,并在轴线上布置尺寸为 $100mm \times 100mm$ 的虚梁。当虚梁所围成的房间较大时,还应增加虚梁,要充分利用本层柱网和上层柱、墙节点(网格)布置虚梁。通过这种手段来人工细分厚板单元。

(3) 转换层厚板所在的层与其上一层层高的输入有所改变。将厚板的板厚均分给与其相邻两层的层高,即取与厚板相邻的两层的层高分别为其净空加上厚板的一半厚度。

(4) 转换厚板必须定义为弹性楼板,可以选用"弹性板 3"或"弹性板 6"。

6. 超大梁转换结构

高层建的筑的超大转换层梁有的高 3~4m,有时这种超大转换梁占据一层的高度,转换层一般作为设备层使用。由于整体分析模型和超大梁的配筋模型难以统一,所以采用不同计算模型的两次分析来解决问题。

(1) 超大转换梁所在层作为一层输入,大梁按照剪力墙定义输入,此时可以分析整体结构的内力,除大梁(按照剪力墙定义输入)的配筋结果不能用之外,其余构件的内力和配筋均可参考使用,此时转换层在 SATWE"分析与设计参数补充定义(必须执行)"的"总信息"选项卡中指定超大转换梁所在层号。

(2) 把大梁和下面的一层合并为一层输入,结构总层数减少一层,但是总高度不变,此模型仅用于考察、计算大转换梁的内力和配筋,其余构件的内力和配筋可不用参考。层高的增加使柱的计算长度增加,此时程序自动考虑柱上端的刚域,可使结构分析准确。有时还要进行二次的局部精细化分析,可用 FEQ 这类程序进一步转换大梁的二次分析。

对于高位转换层结构,在 SATWE 中输入框架、剪力墙的抗震等级时,应输入剪力墙底部加强区的抗震等级,非底部加强区的剪力墙抗震等级可通过"独立构件抗震等级"来完成,这样当转换层设置在 3 层及以上时,程序自动将框支和落地剪力墙的抗震等级提高一级。

7. 错层结构的输入

对于框架错层结构,在 PMCAD 交互数据输入中,错层结构中的梁可通过给定梁两端节点高,来实现错层梁或斜梁的布置,SATWE 软件前处理模块会自动处理梁柱在不同高度的相交问题。

对于剪力墙错层结构，在 PMCAD 交互数据输入中，结构层的划分原则是以"楼板为界"，如图 4.50 所示，(图中绘虚线的部分)被人为地分开，底盘虽然只有两层，但要按 3 层输入。涉及错层因素的构件只有柱和墙，判断柱和墙是否错层的原则：既不和梁相连，又不和楼板相连。所以在错层结构的数据输入中，错层部分不可布置楼板。

对于图 4.50 中底盘以上的双塔部分，可按错层处理，但按错层处理工作量大，效率低。由于在 SATWE 的数据结构中，多塔结构允许同一层的各塔有其独立层高，也可按非错层结构输入，结构层的划分如图 4.50 所示，只是在"多塔、错层定义"时，要给各塔赋予不同的层高。这样可提高数据输入效率和计算效率。

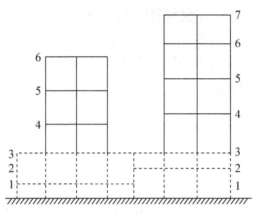

图 4.50　错层结构示意图

8. 柱、梁的截面形式及材料

SATWE 对柱梁的截面形式及材料基本上没有限制，对于截面尺寸不变的柱、梁或支撑，程序自动计算其自重，而对于变截面柱、梁(矩形变截面、工形变截面、箱形变截面)，程序无法自动计算其自重，需要设计者将该构件的自重作为恒荷载在 PMCAD 主菜单 1 中输入。

9. 混凝土异形柱的输入

在 PMCAD 主菜单 1 的人机交互建模中，对异形柱一般使用 5、6 截面类型来定义。第 5 类截面是槽形或 Z 形，可通过使其某一肢长为 0 定义成 L 形截面。第 6 类是十字形截面，除可以用来直接定义成十字形截面外，还可通过使其某一肢长为 0 定义成 T 形截面，使其两个肢长为 0 定义成 L 形截面。在定义截面材料时应定义成混凝土。对 2、5、6 截面类型的定义中应注意参数的形式，如槽形截面的悬臂部分的正负方向等。在平面定位时，2、5、6 类截面是以竖向肢的中点来定位的，这在异形柱的布置时要注意。异型柱在输入时需大量地使用偏心和转角，为避免转角给输入带来的不便，可以把截面相同但转角不同的异形柱定义成几种不同的标准截面。

4.7　SATWE 空间分析软件应用实例

接第 2 章实例 2.18，请使用 SATWE 软件对结构进行计算分析。

下面我们分 4 步来详细介绍用 SATWE 软件进行内力计算的过程。

1. 接 PM 生成 SATWE 数据

1）补充输入及 SATWE 数据生成

双击主菜单"接 PM 生成 SATWE 数据"，如图 4.51 所示，弹出接 PM 生成 SATWE 数据对话框，如图 4.52 所示。

图 4.51　SATWE-8 主界面

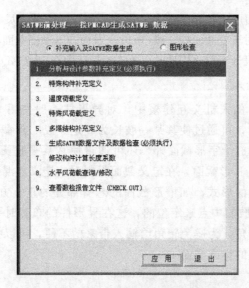

图 4.52　分析与设计参数补充定义(必须执行)

（1）分析与设计参数补充定义。

选择第 1 项"分析与设计参数补充定义(必须执行)"选项进行参数设置，单击"应用"按钮，弹出包括每个选项卡的对话框。这个参数的补充定义决定了最后计算结果的正确性，应正确选择参数。本实例在各选项卡中参数的取值如图 4.53～图 4.60 所示，具体取值原则可参照 4.2 节的内容。

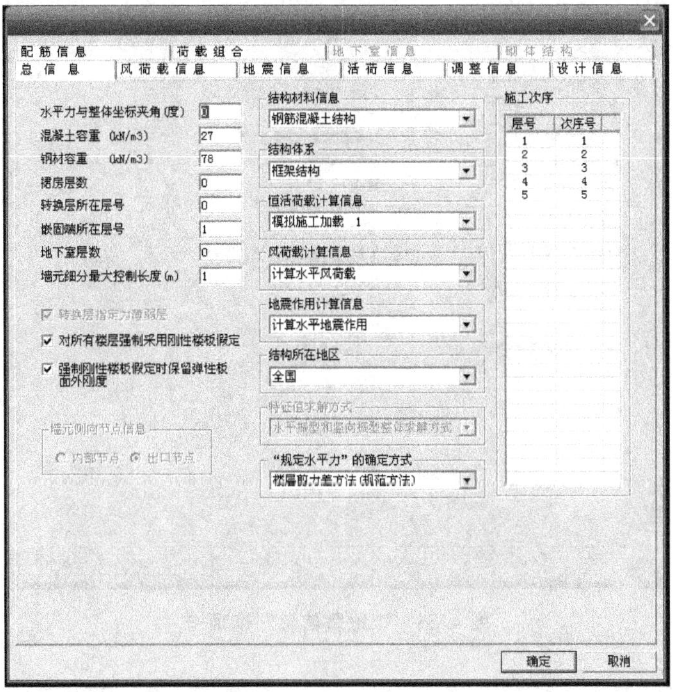

图 4.53　"总信息"选项卡

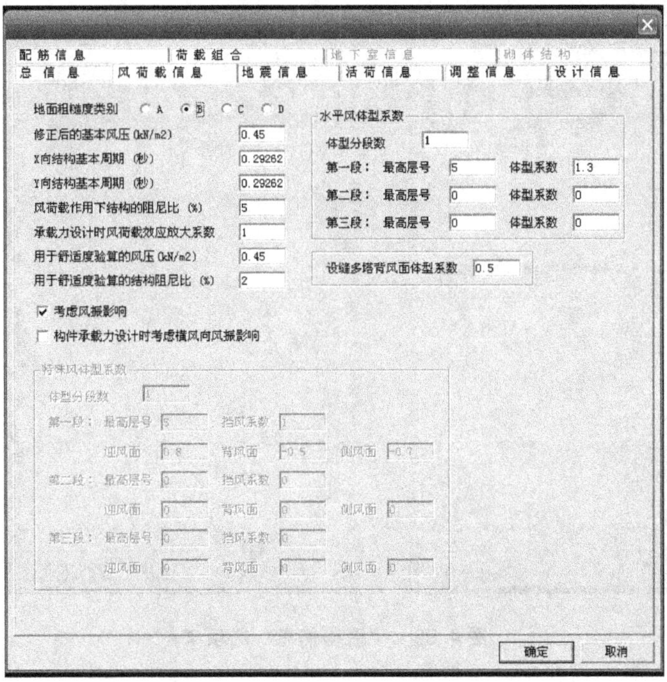

图 4.54　"风荷载信息"选项卡

| 配 筋 信 息 | 荷 载 组 合 | 地 下 室 信 息 | 砌 体 结 构 |
| 总 信 息 | 风 荷 载 信 息 | 地 震 信 息 | 活 荷 信 息 | 调 整 信 息 | 设 计 信 息 |

结构规则性信息　不规则　　　☑ 考虑偶然偏心　　　指定偶然偏心

设防地震分组　第一组　　　☐ 考虑双向地震作用

设防烈度　7 (0.1g)　　　X向相对偶然偏心　0.05

场地类别　II 类　　　Y向相对偶然偏心　0.05

砼框架抗震等级　3 三级　　　计算振型个数　15

剪力墙抗震等级　3 三级　　　活荷重力荷载代表值组合系数　0.5

钢框架抗震等级　3 三级　　　周期折减系数　0.8

抗震构造措施的抗震等级　不改变　　　结构的阻尼比 (%)　5

中震(或大震)设计　不考虑　　　特征周期 Tg (秒)　0.35

地震影响系数最大值　0.08

自定义地震影响系数曲线　　　用于12层以下规则砼框架结构薄弱层验算的地震影响系数最大值　0.5

竖向地震参考指数　0

竖向地震作用系数底线值　0

斜交抗侧力构件方向附加地震数　0　　　相应角度(度)

图 4.55　"地震信息"选项卡

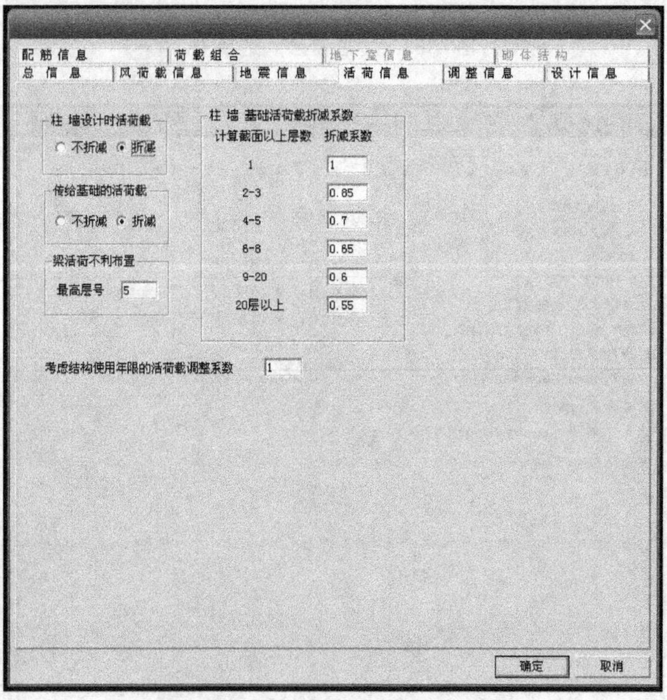

| 配 筋 信 息 | 荷 载 组 合 | 地 下 室 信 息 | 砌 体 结 构 |
| 总 信 息 | 风 荷 载 信 息 | 地 震 信 息 | 活 荷 信 息 | 调 整 信 息 | 设 计 信 息 |

柱 墙设计时活荷载　　　柱 墙 基础活荷载折减系数

○ 不折减 ● 折减　　　计算截面以上层数　折减系数

　　　1　1

传给基础的活荷载　　　2-3　0.85

○ 不折减 ● 折减　　　4-5　0.7

　　　6-8　0.65

梁活荷不利布置　　　9-20　0.6

最高层号 5　　　20层以上　0.55

考虑结构使用年限的活荷载调整系数　1

图 4.56　"活荷信息"选项卡

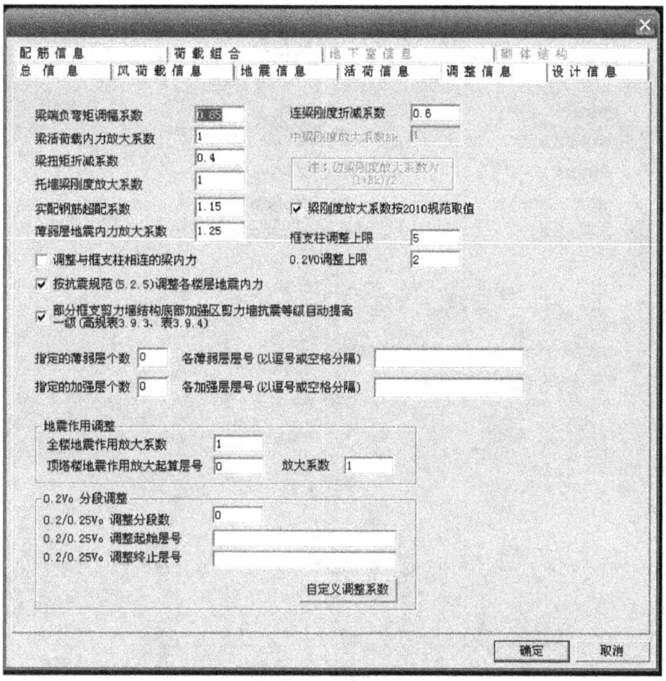

图 4.57 "调整信息"选项卡

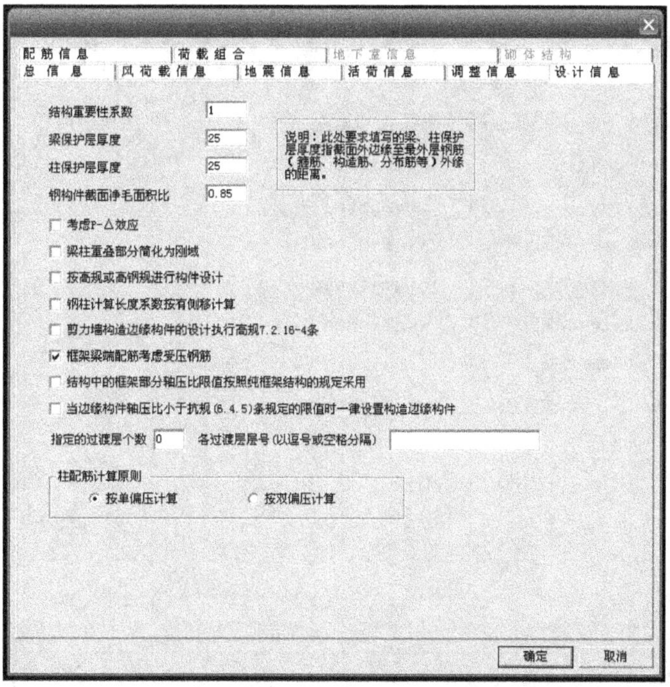

图 4.58 "设计信息"选项卡

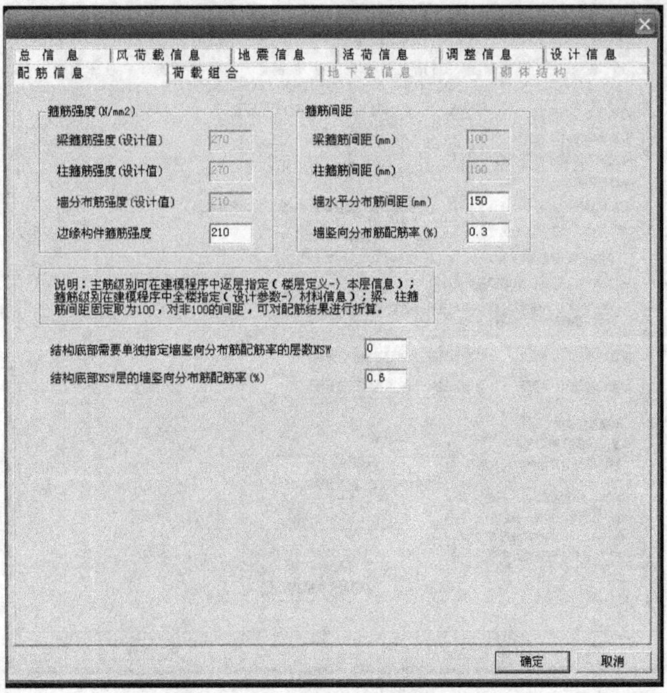

图 4.59 "配筋信息"选项卡

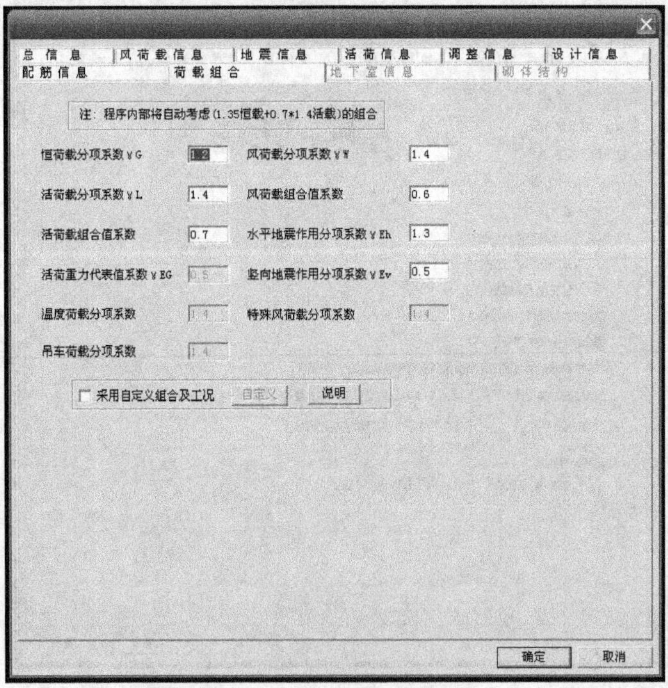

图 4.60 "荷载组合"选项卡

提示：在"风荷载信息"选项卡中，结构基本周期的设置：对于框架结构，$T_1 = (0.08 \sim 0.1)n$，n 为结构层数，即为 5，因此可取 0.45 进行试算，试算后得到结构基本周期为 0.7；填入 0.7 以取代第一次填入的 0.45，进行第二次计算。

由于在 PMCAD 中未对活荷载进行折减，所以均应对柱、墙设计时活荷载及传给基础的活荷载进行折减。

在"柱配筋计算原则"选项组中选中"按单偏压计算"单选按钮，后续操作将对角柱进行定义，在程序中，被定义的角柱自动按双偏压计算。

在"总信息"选项卡中，因本例为多层框架结构，故"恒活荷载计算信息"，选择"一次性加载"。

（2）选择图 4.52 中第 2 项"特殊构件补充定义"。单击"应用"按钮，弹出如图 4.61 所示的窗口。

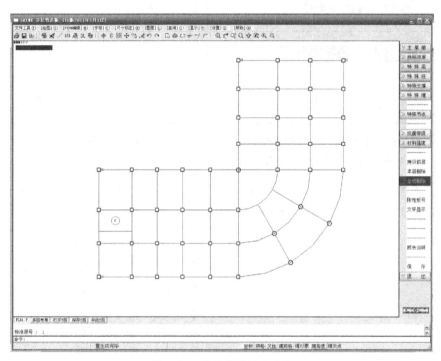

图 4.61 特殊构件补充定义

本实例只需要定义角柱为特殊构件，在各标准层中完成角柱定义。

（3）生成 SATWE 数据文件及数据检查（必须执行）。

对于本实例，"补充输入及 SATWE 数据生成"中的第 3～5 项均可不执行。但是子菜单生成 SATWE 数据文件及数据检查必须执行，选择该选项后单击"应用"按钮，弹出"请选择"对话框，如图 4.62 所示。

单击"确定"按钮后，程序将分两个步骤执行：先生成 SATWE 数据文件，再执行数据检查。

对于本实例，"补充输入及 SATWE 数据生成"中的第 7～9 项可以不执行。

2）图形检查

图形检查的功能是以图形方式检查几何数据文件和荷载数据文件的正确性。设计者通过它可以以图形的方式了解所建立的模型，复核结构构件的布置、截面尺寸、荷载分布等有关信息。

选中"图形检查"单选按钮后,如图 4.63 所示。

图 4.62　生成 SATWE 数据文件
及数据检查(必须执行)对话框

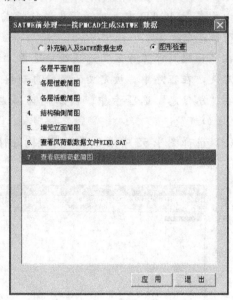

图 4.63　图形检查

(1) 各层平面简图。通过该选项可了解结构的各层平面布置、节点编号、构件截面尺寸等信息,第 1 层平面简图如图 4.64 所示。

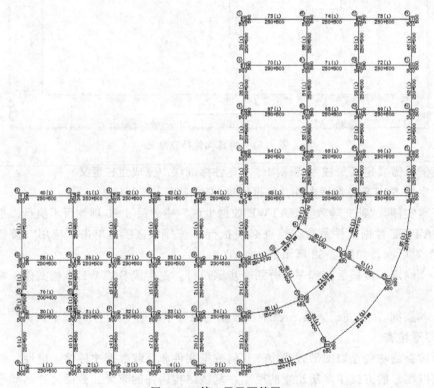

图 4.64　第 1 层平面简图

节点以白色小圆点表示，小圆点旁的白色小圆圈内的数字为节点号，若某节点上布置有柱，则不画白色小圆点。若该节点在刚性楼板上，则以亮白色表示，否则以暗白色表示。

梁在图上以细线表示，细线左（或上）方的第一个数字表示该梁的序号，括号内的数字为该梁截面形状类型号，细线右（或下）方的两个数分别表示梁截面的 B 和 H。

柱按其截面形式不同，以闭合曲线表示，柱中心的一个数表示该柱的序号，柱外边上的数字表示截面的 B 和 H。

（2）各层恒载简图与各层活载简图。这两个选项的功能是检查结构每层的恒荷载和活荷载。恒荷载简图的文件名为 Load－d＊.T，活荷载简图文件名为 Load－L＊.T。但是，一般不在这里对荷载进行检查，在 PMCAD 的主菜单 A 中对荷载进行检查更为方便。

（3）结构的轴侧简图。通过该选项可以以轴侧图的方式复核结构的几何布置是否正确。选择该选项后，程序要求指定视点，紫色圆环上的白色小圆点代表视点，移动光标时白色小圆点将沿着紫色圆环移动，按 Enter 键后，程序按当前的视点位置绘出结构的轴侧简图。

2. 结构内力，配筋计算

双击 SATWE－8 主菜单 2 "结构内力，配筋计算"，弹出 "SATWE 计算控制参数"对话框，如图 4.65 所示。

确定好各项计算控制参数后，单击"确认"按钮开始进行结构分析、荷载组合、内力调整、计算混凝土构件的配筋及验算。

3. PM 次梁内力与配筋计算

一般在 PMCAD 建模中，如果容量允许，次梁一般按主梁输入，本实例将次梁作为主梁输入，因此不必执行此项。

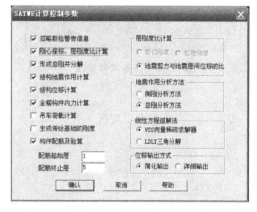

图 4.65　"SATWE 计算控制参数"对话框

提示：此项的功能是将 PMCAD 主菜单 1 中输入的次梁按"连续梁"简化力学模型进行内力计算，并进行截面配筋设计。

4. 分析结果图形和文本显示

完成构件配筋计算后，双击 SATWE-8 主菜单 4"分析结果图形和文本显示"，弹出如图 4.66 和图 4.67 所示的对话框。

构件的配筋简图如图 4.68 所示，可以通过主菜单查看结构各层的配筋简图，如果出现红色显示，则说明有构件超筋或轴压比不满足要求。在混凝土强度等级不变情况下，如果轴压比不满足要求，则回到 PMCAD 主菜单 1 中加大柱截面尺寸即可。如梁箍筋超筋，则加大梁截面宽度；如梁纵筋超筋，则加大梁截面高度。

其他文件的查看参照 4.4 节。

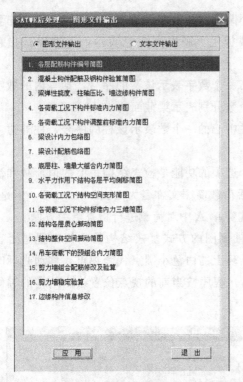

图 4.66　图形文件输出

图 4.67　文本文件输出

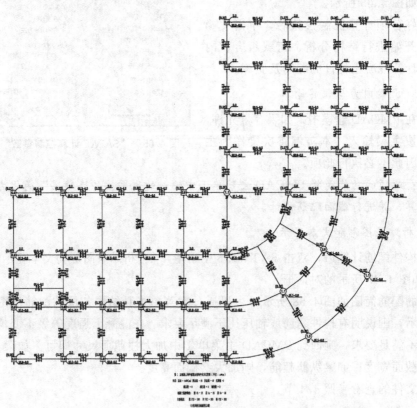

图 4.68　构件的配筋简图

习　　题

对第 2 章习题建立的结构模型应用 SATWE 软件进行结构计算，要求如下。

（1）图形文件输出。

包括各层配筋构件编号简图、各层配筋简图、基础计算荷载简图、柱轴压比计算长度系数简图、各荷载工况下梁的内力简图、结构振型简图。

（2）文本文件输出。

① 结构总信息输出文件（WMASS.OUT）。

② 周期、地震力与振型输出文件（WZQ.OUT）。

③ 结构位移（WDISP.OUT）。

④ 各层内力标准值（WNL*.OUT）。

⑤ 各层配筋文件（WPJ*.OUT）。

⑥ 超配筋信息（WGCPJ.OUT）。

⑦ 底层柱、墙最大组合内力（WDCNL.OUT）。

⑧ 框架柱倾覆弯矩及 $0.2Q_0$ 调整系数（WV02Q.OUT）。

⑨ 剪力墙边缘构件输出文件（SATBMB.OUT）。

第5章
绘制混凝土结构梁柱施工图

5.1 混凝土梁施工图的绘制

绘制墙梁柱施工图程序是后处理模块，选择本菜单中选项的条件：首先要完成三维结构计算（SATWE 或 PMSAP），然后才能进入本菜单进行操作。本章主要讲述梁和柱平法施工图的绘制方法。

5.1.1 梁平法施工图

选择主菜单"墙梁柱施工图"选项，进入墙梁柱施工图设计主菜单，如图 5.1 所示，主菜单内容共有 8 项。

双击"梁平法施工图"选项，弹出"请选择"对话框，如图 5.2 所示。

选择完计算结果，弹出梁平法施工图模块主界面，如图 5.3 所示。

图 5.1 绘制墙梁柱施工图的主菜单

图 5.2 "请选择"对话框

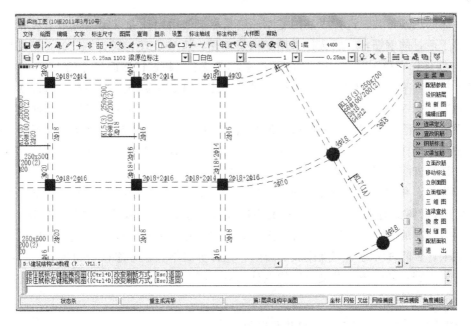

图 5.3 梁平法施工图主界面

1. 配筋参数

选择"主菜单/配筋参数"选项，弹出"参数修改"对话框，如图 5.4 所示，下面介绍各主要参数的含义。

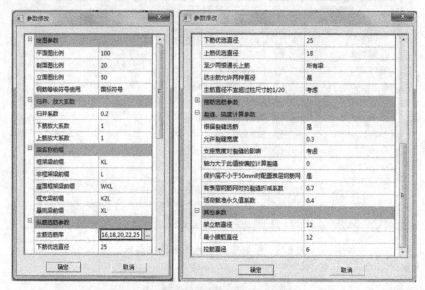

图 5.4　"参数修改"对话框

（1）归并、放大系数。归并系数是控制归并过程的重要参数。归并系数越大，归并出的连梁种类数越少。程序根据设计者给出的归并系数，在归并范围内自动计算归并出有多少组需画图输出的连梁。一般取默认值 0.2。下筋放大系数可取 1.1～1.2，上筋放大系数通常取 1.0。

（2）纵筋选筋参数。选择纵筋的基本原则是尽量使用设计者设定的优选直径钢筋，尽量不配多于两排的钢筋，一般选择常用的钢筋直径，如 16、18、20、22、25，下筋优选直径 25，上筋优选直径 18，如图 5.4 所示；主筋直径不宜超过柱截面尺寸的 1/20。《混凝土结构设计规范》第 11.3.7 条、《建筑抗震设计规范》第 6.3.4 条及《高层建筑混凝土结构技术规程》第 6.3.3 条规定："一、二、三级框架梁内贯通中柱的每根纵向钢筋直径，对矩形截面柱，不宜大于柱在该方向截面尺寸的 1/20"。选择该项后，程序将根据连续梁各跨支座中最小的柱截面控制梁上部钢筋，但有时会造成梁上部钢筋直径小而根数多的不合理情况，设计者应根据实际情况选择。

（3）裂缝、挠度计算参数。根据裂缝选筋：选择"是"选项，并输入"允许裂缝宽度"，程序自动调整钢筋用量，不但满足构件计算要求，而且满足控制裂缝宽度的要求。支座宽度对裂缝的影响：选择"考虑"选项，则程序对支座弯矩加以折减，可以减少实配钢筋，如果计算软件考虑了节点刚域的影响，则计算时不宜再考虑该项的折减。

（4）架立筋直径。按《混凝土结构设计规范》第 9.2.1 条的规定确定架立筋直径。

2. 选择钢筋标准层

1）钢筋标准层主要用于钢筋归并和出图

每个钢筋标准层对应一张施工图，准备出几张施工图就要设置几个钢筋标准层；钢筋标准层由构件布置相同，受力特性近似的若干自然层组成，相同位置的构件名称相同，配筋相同；程序根据工程的实际情况自动生成初始钢筋标准层，但允许设计者任意编辑修改钢筋标准层和各钢筋层包含的自然层数，以满足出图的需要。

双击"梁平法施工图"选项，弹出"定义钢筋标准层"对话框，如图5.5所示。

图5.5 "定义钢筋标准层"对话框

左侧的定义树表示当前的钢筋层定义情况。单击任意钢筋层左侧的"＋"号，可以查看该钢筋层包含的所有自然层。右侧的分配表表示各自然层所属的结构标准层和钢筋标准层。

钢筋层的增加、更名与删除均可由设计者控制。

（1）"增加"按钮。可以增加一个空的钢筋标准层。

（2）"更名"按钮。用于修改当前选中的钢筋标准层的名称。

（3）"清理"按钮。由于含有自然层的钢筋标准层不能直接删除（否则会出现没有钢筋层定义的自然层），所以想删除一个钢筋层，只能先把该钢筋层包含的自然层都移到其他钢筋层上，将钢筋层清空，再单击"清理"按钮，清除钢筋层。

2）可以调整自然层所属钢筋标准层的两种方法

（1）在左侧树表中将要修改的自然层拖放到需要的钢筋层中。

（2）在右侧表格中修改自然层所属的钢筋标准层。

钢筋标准层与结构标准层不同。结构标准层用于结构建模，钢筋标准层用于出结构施工图；结构标准层要求构件布置与荷载都相同，钢筋标准层仅要求构件布置相同；通常同一钢筋标准层的所有自然层都属于同一结构标准层，但同一结构标准层的自然层可能被划分为若干钢筋标准层。

3）梁钢筋标准层自动划分的两条标准

（1）两个自然层所属结构标准层相同。

（2）两个自然层的上层对应的结构标准层也相同。

符合以上条件的自然层将被划分为同一钢筋标准层。

本层相同，保证了各层中同样位置上的梁有相同的几何形状；上层相同，保证了各层中同样位置上的梁有相同的性质。

图 5.5 中第 1 层与第 2 层都被划分到钢筋层 1，是因为它们的结构标准层相同（都属于标准层 1），而且上层（第 3 层）的结构标准层也相同（也属于标准层 1）。而第 3 层的结构标准层虽然也是标准层 1，但由于其上层（第 4 层）的标准层号为 2，因此不能与第 1、2 层划分在同一钢筋标准层。

此处的"上层"指的是楼层组装时直接落在本层上的自然层，是根据楼层底标高判断的，而不是根据组装顺序判断的。

3. 选择绘新图

选择"主菜单/绘新图"选项，可以重新绘制当前楼层梁施工图。

选择"主菜单/绘新图"选项，程序弹出"请选择"对话框，如图 5.6 所示，可以选择绘制新图时所进行的操作。

图 5.6　绘制新图时的对话框

（1）重新归并选筋并绘制新图。程序会删除本层所有已存在的数据，重新归并选筋后绘图，此按钮用于模型更改或重新进行有限元分析后的施工图更新。

（2）使用已有配筋结果绘制新图。程序只删除施工图目录中本层的施工图，然后重新绘图。绘图时使用数据库中保存的钢筋数据，不会重新选筋归并。此按钮用于模型和分析数据不变，但钢筋的标注和尺寸标注的修改比较混乱，需要重新绘图的情况。

（3）取消重绘。该按钮用于关掉对话框，取消命令。

4. 编辑旧图

通常程序优先打开已经生成或编辑过的"旧图"，或选择"主菜单/编辑旧图"选项，以便在原有基础上继续进行梁施工图设计。

选择"主菜单/编辑旧图"选项，弹出"请选择要打开的旧图"对话框，如图 5.7 所示，可选择想要打开的施工图文件进行编辑。

在屏幕右上角的子菜单中选择需要编辑的标准层，以便生成该层施工图。

5. 连梁定义

选择"连梁定义"选项，弹出"连梁定义"子菜单，如图 5.8 所示，通过其中的选项可以完成连续梁命名，跨数显示与修改，支座显示与修改等工作。

1）重新归并

选择"连梁定义/重新归并"选项，弹出提示对话框，如图 5.9 所示，根据需要进行选择。

图 5.7 编辑旧图　　　　　　　　图 5.8 "连梁定义"子菜单

2）修改梁名

选择"连梁定义/修改梁名"选项，弹出"请输入连续梁名称"对话框，如图 5.10 所示。输入连续梁的新名称并单击"确定"按钮，即可完成更改梁名称的操作。

图 5.9 提示对话框　　　　　　图 5.10 "请输入连续梁名称"对话框

若选中"同组梁的名称同时修改"复选框，则所有名称相同的一组梁都会被更名，如果不选中此复选框，则只有选中的梁名称被修改。此项默认处于选中状态，实现的是简单的成组更名功能。不选此项更名，可将某根连续梁从一组连续梁中独立出来，单独进行配筋和钢筋修改。

使用修改梁名还可以将不同组的连续梁归并成同一组。只要将其中一组梁的名称修改为与另一组梁的名称相同即可。

如果发现同名连续梁且两组梁几何信息不同，则认为更名失败，自动取消更名操作。

如果发现同名连续梁且两组梁几何信息相同可以归并，则弹出提示对话框(图 5.11)。

图 5.11 发现同名梁时的提示对话框

（1）如单击"取消更名"按钮，则本次操作取消，梁名不变。

（2）如单击"归并，重新选筋"按钮，则将两组梁合并成一组，并根据配筋面积最大值自动选筋。

（3）如单击"归并，保留原钢筋"按钮，则也会将两组梁合并成一组，但是钢筋将采用未改名那一组梁的配筋，因此选择保留原钢筋时，应谨慎核查。

3）挑耳补充

4）连梁查看

该选项用来查看连续梁的生成结果，如果不满意，则可以通过"连梁拆分"或"连梁合并"选项对连续梁的定义进行调整。

选择"连梁定义/连梁查看"选项，软件用亮黄色的实线或虚线表达连续梁的走向，实线表示有详细标注的连续梁，虚线表示简略标注的连续梁。走向线一般画在连续梁所在轴线的位置，如果连续梁有高差，则此线会发生相应的偏心。连续梁的起始端绘制一个菱形块，表达连续梁第一跨所在的位置，连续梁的终止端绘制一个箭头，表达连续梁最后一跨所在位置。

5）连梁拆分、连梁合并

如果设计者对系统自动生成的连续梁结果不满意，则可以进行手工的连续梁拆分和合并。

选择"连梁定义/连梁拆分"选项，程序提示"请用光标选择要拆分的连续梁，单击 Esc 键退出"，单击要拆分的连续梁，继续提示"请用光标选择在哪个节点拆分，单击 Esc 键取消"，选择要拆分的节点后，弹出"梁施工图"对话框，如图 5.12 所示，单击"是"按钮即可拆分所选连续梁。拆分后第一根梁会沿用原来的名称，第二根梁将会被重新编号并命名。

提示：拆分点只能从中间节点拆分，端节点不能作为拆分点；只能从支座节点（查看支座时显示为三角的节点）拆分，非支座节点（查看时显示为圆圈的节点）不能拆分。如果拆分节点不合要求，则系统会给出提示，不予拆分。

如果存在其他与欲拆分梁同名的连续梁，则弹出提示对话框，如图 5.13 所示。

图 5.12 　确定要拆分的连续梁　　　图 5.13 　拆分同名梁的提示对话框

如果单击"同时拆分同名连续梁"按钮，则名称相同的一组梁全部被拆分，如果单击"只拆分所选连续梁"按钮，则只拆分一根连续梁，拆分后形成的两根连续梁都会被重新命名。

可以选择"连梁定义/连梁合并"选项，对已经生成的连续梁进行合并。

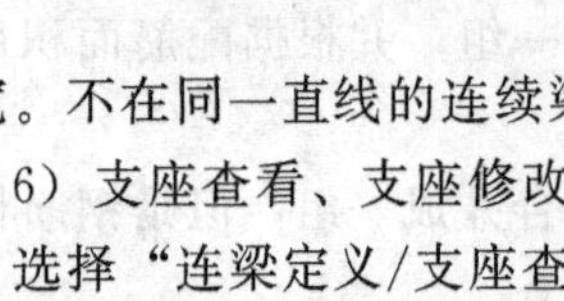

选择"连梁定义/连梁合并"选项后在图上选择要合并的两根连续梁，弹出提示对话框，如图 5.14 所示，单击"是"按钮即可合并所选连续梁，合并后的新梁会重新命名。

图 5.14 　合并连续梁确认对话框

合并连续梁时，待合并的两个连续梁必须有共同的端节点，且在共同端节点处的高差不大于梁高，偏心不大于梁宽。不在同一直线的连续梁可以手工合并，直梁与弧梁也可以手工合并。

6）支座查看、支座修改

选择"连梁定义/支座查看"选项，可以查看支座图。

（1）框架柱和剪力墙一定作为支座，在支座图上用"△"表示。

（2）梁与梁相交节点如处于负弯矩区为"支座"，用"△"表示，连续梁在此处分成两跨。否则认为连续梁在此处连通，相交梁成为该跨梁的次梁，在支座图上用"○"表示。

（3）对于端跨上挑梁的判断，当端跨内端支承在柱或墙上，外端支承在梁支座上时，如果该跨梁全跨均为负弯矩时，则程序判断该跨为"悬臂梁"，其端部用"○"表示；反之，程序判断该跨梁为"端支承梁"，在支座图上用"△"表示。

（4）PM中以次梁输入的梁与PM中输入的主梁相交时，主梁一定作为次梁的支座，主梁的跨度和跨数都已确定，不需要人工修改支座。

程序自动生成的梁支座可能不满足设计要求，可以选择"连梁定义/支座修改"选项，对梁支座进行修改。程序用"△"表示梁支座，"○"表示连梁的内部节点。

对于端跨，把"△"支座改为"○"后，则端跨梁会变成挑梁；把"○"改为"△"支座后，则挑梁会变成端支承梁。

对于中间跨，如为"△"支座，则该处是两个连续梁跨的分界支座，梁下部钢筋将在支座处截断并锚固在支座内，并增配支座负筋；把"△"改为"○"后，则两个连续梁跨会合并成一跨梁，梁纵筋将在"○"支座处连通。支座的调整只影响配筋构造，并不影响构件的内力计算和配筋面积计算。

提示：一般来说，把"△"支座改为"○"，则连通后梁构造配筋是偏于安全的。支座调整后，程序会重新调整梁钢筋并重新绘图。

6. 查改钢筋

程序提供了修改梁钢筋的多种方式。

选择"查改钢筋"选项，弹出"查改钢筋"子菜单，如图5.15所示。

下面简要介绍各选项的功能。

1）连梁修改

选择"查改钢筋/连梁修改"选项，程序提示"选择需要修改集中标注的连续梁，[Esc]退出"，单击需要修改的连续梁后，弹出"编辑集中标注（KL4）:"对话框，如图5.16所示，在对话框中可以对修改集中标注的连续梁信息。当钢筋发生修改后，所有与原来钢筋相同的梁跨和标注为空的梁跨均被修改。

图5.15 "查改钢筋"子菜单　图5.16 "编辑集中标注(KL4):"对话框

修改钢筋的同时可以修改梁名称，但这里只能修改一组梁的名称，不能修改单根梁的名称。

2）单跨修改

选择"查改钢筋/单跨修改"选项，提示"选择需要修改原位标注的连续梁，[Esc]退出"，用光标点取需要修改原位标注的连续梁后，弹出"单跨梁钢筋修改"对话框，如图 5.17 所示。

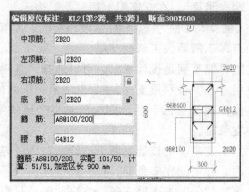

图 5.17　单跨梁钢筋修改对话框

"左顶筋"旁的按钮代表左顶筋是否与左跨的右顶筋连通，"右顶筋"旁的按钮代表右顶筋是否与右跨的左顶筋连通，"底筋"左右的按钮分别代表底筋是否与左右邻跨连通。单击按钮可以改变连通状态，🔓代表与邻跨连通，修改本跨钢筋的同时邻跨对应钢筋也被修改；🔒代表主筋锚入支座的状态，此时修改本跨钢筋与邻跨对应钢筋无关。如果钢筋不能被连通（如端跨或两跨截面不同），则按钮被禁用，处于🔒的状态。

随着输入内容的不同，提示区会给出不同的详细提示。图 5.17 就显示了加密区和非加密区箍筋的实配面积、计算面积及加密区长度等信息。依据这些信息设计者可以直观迅速地判断输入的钢筋是否合理。

右侧的剖面示意图可以随输入内容的变换而更新。

3）成批修改

用对话框的方式成批修改原位标注的梁跨。

4）表式改筋

选择"查改钢筋/表式改筋"选项，程序提示"选择需要修改钢筋的连续梁，[Esc]退出"，用光标点取需要修改钢筋的连续梁后，弹出表式改筋窗口，如图 5.18 所示。

除可修改钢筋外，表格中还增加了修改箍筋加密区长度、支座负筋截断长度、支座处理方式等功能，这些单元格平时都是折叠起来的，需要时可以展开修改。

梁跨信息除提供截面尺寸及跨长外，还增加了混凝土强度、保护层厚度、抗震等级等信息。

提示信息栏给出了与单跨改筋界面类似的详细提示信息。

图形区域与修改实时联动。

5）次梁加筋

选择"次梁加筋"选项，弹出"次梁加筋"子菜单，如图 5.19 所示。

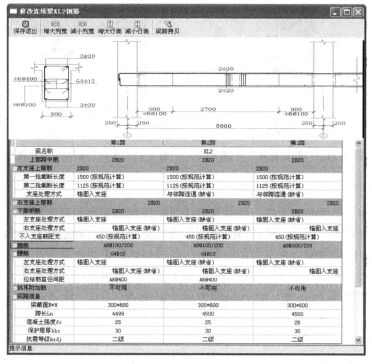

图 5.18　表式改筋窗口

（1）箍筋开关、吊筋开关。控制箍筋、吊筋的隐藏/显示。

（2）加筋修改。选择"次梁加筋/加筋修改"选项，将弹出修改附加钢筋对话框，如图 5.20 所示，可修改附加钢筋的值。

图 5.19　"次梁加筋"子菜单

图 5.20　修改附加钢筋对话框

6）连梁重算、全部重算

该功能是在保持钢筋标注位置不变的基础上，使用自动选筋程序重新选筋并标注。不同的是连梁重算针对单独的连续梁，全部重算针对本层所有梁。这两个选项重配了钢筋却保留了图面布局，对于需要大量进行移动标注工作的梁施工图是非常有用的。

7．钢筋标注

选择"钢筋标注"选项，弹出"钢筋标注"子菜单，如图 5.21 所示。

（1）标注开关。除了按平面位置控制梁标注的隐藏/显示外，还可以按连续梁类型控制梁标注的隐藏/显示，如图 5.22 所示。

（2）增加截面。指可增加梁的截面配筋图。

图 5.21　"钢筋标注"子菜单　　　　图 5.22　标注开关命令的对话框

8. 立剖面图

梁施工图除了平法表示图外，有需要时还可以生成立面图和剖面详图。

选择"立剖面图"选项，选择需要出图的连续梁。程序会标示将要出图的梁，同时用虚线标出所有归并结果相同并要出图的梁。一次可以选择多根连续梁出图，所选的连续梁均会在同一张图上输出。选好梁后，右击或按 Esc 键，结束选择，弹出"立剖面图绘图参数"对话框，如图 5.23 所示。输入绘图参数后，单击"OK"按钮，即可生成梁的立剖面图。

9. 三维图

选择"三维图"选项，点取梁，生成梁三维渲染图。

10. 连梁查找

选择"连梁查找"选项，左侧会出现一个树形列表对话框，如图 5.24 所示。

本层全部连续梁都会按名称顺序排列在表中，单击表中任意一项，软件就会对选中的梁加亮显示，同时将此梁充满显示在窗口中。

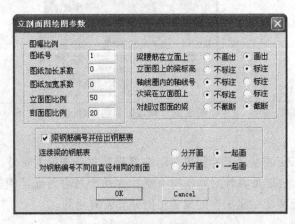

图 5.23　"立剖面图绘图参数"对话框

图 5.24　选择连续梁

11. 挠度图

选择"挠度图"选项，弹出"挠度计算参数"对话框，设定相关参数，如图 5.25 所示，单击"确定"按钮，生成梁挠度图。

图 5.25　"挠度计算参数"对话框

对于挠度超限的梁跨，软件用红字标出。如果选中"使用上对挠度有较高要求"复选框，则软件采用《混凝土结构设计规范》表 3.4.3 中括号中的数值作为挠度限值。

如果选中"将现浇板作为受压翼缘"复选框，则程序按《混凝土结构设计规范》表 5.4.2 及 5.2.12 条计算受压翼缘宽度。

"挠度绘制比例"表示 1mm 的挠度在图上用多少 mm 表示。此数值越大，则绘制出的挠度曲线离梁轴线越远。

显示挠度计算结果中，增加了"计算书"选项。计算书输出挠度计算的中间结果，包括各工况内力、标准组合、准永久组合、长期刚度、短期刚度，便于检查校核。

12. 裂缝图

选择"裂缝图"选项，弹出"裂缝计算参数"对话框，如图 5.26 所示。"裂缝限值"由设计者填写，如果计算得到的裂缝宽度大于此值，则在图上将以红色显示。

如果选中"考虑支座宽度对裂缝的影响"复选框，程序在计算支座处裂缝时会对支座弯矩进行折减。如果计算软件考虑了节点刚域的影响，则计算时不宜再考虑此项折减。

确定相关参数后，单击"确定"按钮，生成梁裂缝图。

提示：增大配筋面积、减少裂缝宽度不是经济有效的做法，通常钢筋面积增加很多，裂缝才能下降一点。其他方法，如增大梁高或增加保护层厚度等可以迅速地减少裂缝宽度。

图 5.26　"裂缝计算参数"对话框

13. 配筋面积

为了方便设计者修改钢筋，程序提供了配筋面积查询功能。选择"配筋面积"选项，即可进入配筋面积查询状态。

第一次进入配筋面积查询状态时显示的是计算配筋面积。单击右侧的"计算配筋"和"实际配筋"选项即可在两种配筋面积中切换。需要注意计算配筋面积要在所有归并梁中取较大值，因此可能与 SATWE 等计算软件显示的配筋面积不一致。

从图上可以看出，每跨梁上有 4 个数值，其中梁下方跨中的标注代表下筋面积，梁上方左右支座处的标注分别代表支座钢筋面积，梁上方跨中的标注则代表上部通长筋的面积。

5.1.2　梁平面整体表示法

梁平面布置图应分别按梁的不同钢筋层，将全部梁和与其相关联的柱、墙、板一起采用适当比例（一般为 1∶100）绘制，并注明各结构层的顶面标高及相应的结构层号；对于轴线未居中的梁，应标注其偏心定位尺寸（帖柱边的梁可不注）。

平面注写方式：系在梁平面布置图上分别在不同编号的梁中各选一根梁，在其上注写截面尺寸和配筋的具体数值的方式表示的梁平法施工图。平面注写包括集中标注与原位标注。集中标注表明梁的通用值，原位标注表明梁的特殊数值。当集中标注中的某项数值不适用梁的某部位时，将该数值原位标注，施工时原位标注取值优先。

梁编号由梁类型、代号、序号、跨数及是否带有悬挑几项组成，应符合表 5.1 的规定。

表 5.1　梁编号

梁类型	代　　号	序　　号	跨数及是否带有悬挑
楼层框架梁	KL	XX	(XX)、(XXA)或(XXB)
屋面框架梁	WKL	XX	(XX)、(XXA)或(XXB)
框支梁	KZL	XX	(XX)、(XXA)或(XXB)
非框架梁	L	XX	(XX)、(XXA)或(XXB)
悬挑梁	XL	XX	
井字梁	JZL	XX	(XX)、(XXA)或(XXB)

注：(XXA)为一端有悬挑，(XXB)为两端有悬挑，悬挑不计入跨数。例如，KL7(5A)表示第 7 号框架梁，5 跨，一端有悬挑；L9(7B)表示第 9 号非框架梁，7 跨，两端有悬挑。

1. 梁集中标注的内容（集中标注可从梁的任意一跨引出）

(1) 梁编号（括号内标注跨数）。按表 5.1 规定执行，该项为必注值。

(2) 梁截面尺寸。该项为必注值。等截面梁用 $b \times h$ 表示，当有悬挑梁且根部和端部的高度不同时，用斜线分隔根部与端部的高度值，即应为 $b \times h_1/h_2$。

(3) 梁箍筋。它包括钢筋级别、直径、加密区与非加密区间距及肢数，该项为必注值。箍筋加密区与非加密区的间距及肢数不同时需用"/"分隔；当梁箍筋为同一种间距及肢数时，则不需用斜线分隔；当加密区与非加密区的箍筋肢数相同时，则将肢数注写一次；箍筋的肢数应写在括号内。加密区范围按图集中相应抗震等级的标准构造详图。

例如，$\phi 8@100/200(4)$，表示箍筋为 HPB300 级钢筋，直径 $\phi 8$，加密区间距为 100，

非加密区间距为 200，均为四肢箍；φ8@100(4)/150(2)，表示箍筋为 HPB300 级钢筋，直径φ8，加密区间距为 100，四肢箍；非加密区间距为 200，双肢箍。

（4）梁上部通常钢筋或架立筋，该项为必注值。

当梁上部同排纵筋中既有通长筋又有架立筋时，应用"＋"号将通长筋和架立筋相连。

例如，2φ20 用于双肢箍，2φ20＋(2φ12)用于四肢箍，其中 2φ20 为通长筋，2φ12 为架立筋。

当梁的上部纵筋和下部纵筋为全跨相同，且多数跨配筋相同时，此项可加注下部纵筋的配筋值，用"；"将上部与下部纵筋的配筋值分隔开来，少数跨不同者进行原位标注。

例如，3φ25；3φ22 表示梁的上部配置 3φ25 通长筋，梁的下部配置 3φ22 的通长筋。

（5）梁侧面纵向构造钢筋或受扭钢筋的配置，该项为必注值。

当梁腹板高度 h_w≥450mm 时，必须配置纵向构造钢筋，所注规格与根数应按构造要求。此项注写值以 G 开始，接续注写配置在梁两个侧面的总配筋值，且对称配置。

例如，G4φ12，表示梁的两个侧面共配置 4φ12 的纵向构造钢筋，每侧各配置 2φ12。

当梁侧面需配置纵向受扭钢筋时，此项注写值以 N 开始，接续注写配置在梁两个侧面的总配筋值，且对称配置。纵向受扭钢筋应满足梁侧面纵向构造钢筋的间距要求，且不再重复配置纵向构造钢筋。

例如，N6φ14，表示梁的两个侧面共配置 6φ14 的纵向受扭钢筋，每侧各配置 3φ14。

（6）梁顶面标高高差，该项为选注值。

梁顶面标高高差，指相对于结构层楼面标高的高差值。有高差时，必须将其写入括号内，无高差时不注。

提示：当某梁的顶面高于所在结构层的楼面标高时，其标高高差为正值，反之为负值。

2. 梁的原位标注的内容

（1）梁支座上部纵筋。该部位含通长筋在内的所有纵筋。当梁上部纵筋多于一排时，用"/"将各排纵筋自上而下分开。

例如，梁支座上部纵向钢筋注写 6φ25φ4/2，则表示上一排纵筋为 4φ25，下一排纵筋为 2φ25。

当同排纵筋有两种直径时，用加号"＋"将两种直径的纵筋相连，注写时将角部纵筋写在前面。

例如，梁支座上部有 4 根纵筋 2φ20 在角部，2φ18 放在中部，在梁支座上部纵筋应注写为 2φ20＋2φ18。

当梁中间支座两边的上部纵筋不同时，必须在支座两边分别标注；当梁中间支座两边的上部纵筋相同时，可仅在支座的一边标注配筋值，另一边省去不注。

（2）梁下部纵筋。当梁下部纵筋多于一排时，用"/"将各排自上而下分开。

例如，梁下部纵筋注写为 6φ25φ2/4，则表示上一排纵筋为 2φ25，下一排纵筋为 4φ25，全部伸入支座。

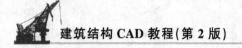

当同排纵筋有两种直径时,用"+"将两种直径的纵筋相联,注写时将角部纵筋写在前面。

当梁的集中标注中已标注梁上部和下部纵筋均为通长值,则不需在梁下部重复做原位标注。

(3) 附加箍筋和吊筋。将其直接绘在平面图中的主梁上,用线引注总配筋值(附加箍筋的肢数注在括号内),多数附加箍筋或吊筋相同时,可在梁平法施工图中统一注明,少数与统一注明值不同时,再进行原位引注。

(4) 当在梁上集中标注的内容(如梁截面尺寸、箍筋、上部通长筋或架立筋,梁侧面纵向构造钢筋或受扭纵向钢筋,以及梁顶标高高差中的某一或几项数值)不适用于某跨或某悬挑部分时,可将其不同数值原位标注在该跨或该悬挑部位,施工时应按原位标注数值取用。

5.2 混凝土柱施工图

5.2.1 柱平法施工图绘制

单击 PKPM 主界面"墙梁柱施工图"主菜单 3"柱平法施工图",进入如图 5.27 所示的窗口。

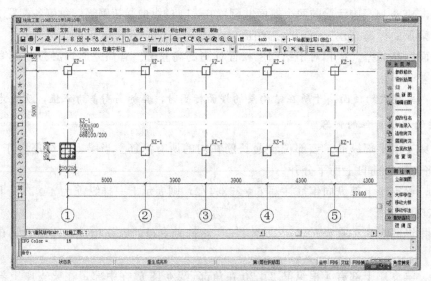

图 5.27 柱平法施工图窗口

1. 参数修改

选择"主菜单/参数修改"选项,弹出"参数修改"对话框,如图 5.28 所示,在出图前应设置柱绘图、归并、配筋等参数。

对话框中的选项不必输入汉字,单击输入项右端的下拉按钮,即以下拉列表的形式显示所有选项,选择其中的一项即可。

1）绘图参数

该项用于设置图纸尺寸、绘图比例及平面图画法。

（1）平面图比例。设置当前图出图时的打印比例。设置不同的平面图比例，当前图面的文字标注、尺寸标注等的大小会有所不同。当前图面上显示的文字标注、尺寸标注的大小由下拉列表"设置/文字设置"中设定的文字、尺寸大小和平面图比例共同控制。

（2）剖面图比例。用于控制柱剖面详图的绘图比例。

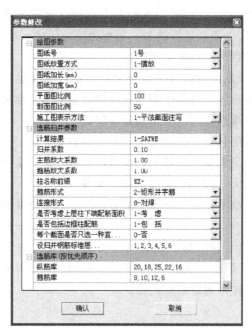

图5.28 "参数修改"对话框

2）选筋归并参数

柱钢筋的归并和选筋是柱施工图最重要的功能。程序归并选筋时，自动根据设计者设定的各种归并参数，并参照相应的规范条文对整个工程的柱进行归并配筋。

（1）计算结果。如果当前工程采用不同的计算程序（SATWE、PMSAP）进行计算分析，则设计者可以选择不同的结果进行归并选筋，程序默认的计算结果采用当前目录中最新一次的计算分析结果。

（2）归并系数。对不同连续柱列作归并的一个系数，主要指两根连续柱列之间所有层柱的实配钢筋占全部纵筋的比例。该值为0～1。如果归并系数为0，则要求编号相同的一组柱所有的实配钢筋数据完全相同。如果归并系数为1，则只要几何条件相同的柱就会被归并为相同编号。通常柱的归并系数取0.3。

（3）柱筋放大系数。只能输入不小于1的数。可取1.1。

（4）箍筋放大系数。只能输入不小于1的数。程序默认值为1.0。

（5）柱名称前缀。程序默认的名称前缀为KZ—，设计者可以根据施工图的具体情况修改。

（6）箍筋形式。对于矩形截面柱共有5种形式供设计者选择，程序默认的是"2－矩形井字箍"。对其他非矩形、圆形的异形截面柱这里的选择不起作用，程序将自动判断该采取的箍筋形式，一般多为矩形箍和拉筋井字箍。

（7）连接形式。程序提供 12 种连接形式，主要用于立面画法，用于表现相邻层纵向钢筋之间的连接关系。

（8）是否考虑上层柱下端配筋面积。通常每根柱确定配筋面积时，除考虑本层柱上、下端截面配筋面积取大值外，还要将上层柱下端截面配筋面积一并考虑。设置该参数可以由设计者决定是否需要考虑上层柱下端的配筋。

（9）是否包括边框柱配筋。选择"1－包括"选项，则剪力墙边框柱与框架柱一同归并和绘制施工图；选择"0－不包括"选项，则剪力墙边框柱不参与归并及施工图的绘制，这种情况下的边框柱应该在剪力墙施工图程序中进行设置。

（10）设归并钢筋标准层。设计者可以设定归并钢筋标准层。程序默认的钢筋标准层与结构标准层数一致。设计者可以修改钢筋标准层数多于结构标准层数或少于结构标准层数，如可设定多个结构标准层为同一个钢筋标准层。

设计者可以设定钢筋层包含若干自然层，每个钢筋层绘制一张柱施工图。设置的钢筋层越多，出的图纸越多；设置钢筋层越少，虽然出图减少，但是由于程序将一个钢筋层内所有柱的实配钢筋归并取大，因此会造成钢筋用量偏多。

提示： *将多个结构标准层归并为一个钢筋标准层时，多个结构标准层中的柱截面布置应该相同，否则程序将提示不能够将多个结构标准层归并为同一钢筋标准层。*

（11）纵筋库。设计者可以根据工程的实际情况，设定允许选用的钢筋直径，程序可以根据设计者输入的数据顺序优先选用排在前面的钢筋直径，如 20，18，25，16，…，20mm 的直径就是程序优先考虑的钢筋直径。

2. 设钢筋层

设置方法与梁的钢筋标准层的设置方法相同。

3. 归并

选择"主菜单/归并"选项，程序按设计者设定的钢筋层和归并系数自动进行柱归并操作。

4. 绘新图

选择"主菜单/绘新图"选项，可以重新绘制当前楼层柱施工图。

5. 编辑旧图

设计者编辑过的柱施工图可以通过此选项反复打开修改，原来的数据可自动提取，如钢筋的各种数据（柱名、纵筋、箍筋），以及钢筋的标注位置。

6. 平法录入

选择"主菜单/平法录入"选项，程序提示"请用光标选择要修改钢筋的柱，[Esc]退出"，单击柱后，弹出平法录入对话框，如图 5.29 所示。

（1）纵向钢筋。对于矩形柱，纵向钢筋分为 3 部分：角筋、X 向纵筋、Y 向纵筋；圆柱和其他异形柱，只输入全部纵筋，程序会根据截面的形状自动布置纵筋。

（2）箍筋。矩形柱可以修改箍筋的肢数，圆柱和其他异形柱不能修改箍筋的肢数，程序根据截面的形状自动布置箍筋。

图 5.29 平法录入对话框

（3）箍筋加密区长度。它包括上下端的加密区长度，程序默认的箍筋加密区长度数值为"自动"，程序自动计算。

（4）纵筋与上层纵筋的搭接位置。程序默认的数值是"自动"，设计者可以根据设计工程情况进行修改。

7. 连柱拷贝

选择要复制的参考柱和目标后，程序将根据设计者对话框中的选项，复制相应选项的数据，如图 5.30 所示。两根柱只有同层之间数据可以相互复制。

8. 层间拷贝

选择复制的原始层号，可以是当前层，也可以是其他层，程序默认是当前层；复制的目标层可以是一层，也可以是多层。单击"确认"按钮后，根据选项（如只选择纵筋或箍筋，或纵筋＋箍筋等），自动将同一个柱原始层号的钢筋数据拷贝到相应的目标层，如图 5.31 所示。

图 5.30 "柱钢筋复制"对话框

图 5.31 "层间钢筋复制"对话框

9. 大样移位

此选项可以将相同编号柱的标注内容(详细标注和简化标注)的标注位置互换，可以解决标注相互重合的问题。

10. 整体移动

整体移动当前图面上同一个局部内的所有实体，如剖面图大样等。

11. 移动标注

可以根据图素的特性，以不同的方式移动选择的实体或相关内容的实体。例如，柱截面注写方式中的集中标注实体，选择其中任何一个实体，则所有的集中标注的内容可以一起移动。

12. 配筋面积

选择"配筋面积"选项，弹出"配筋面积"子菜单。

1) 计算面积

选择"配筋面积/计算面积"选项，显示柱的计算配筋面积。

T：794.0 X(或 Y)方向柱上端纵筋面积，单位为 mm^2。

B：794.0 X(或 Y)方向柱下端纵筋面积，单位为 mm^2。

G：110.0－0.0 加密区和非加密区的箍筋面积，单位为 mm^2。

2) 实配面积

选择"配筋面积/实配面积"选项，显示内容实例如下。

(1) 矩形柱。

A_{SX}：911.1 X 方向纵筋面积，单位为 mm^2。

A_{SY}：911.1 Y 方向纵筋面积，单位为 mm^2。

$G_X(100mm)$：201.1－100.5 X 方向加密区和非加密区的箍筋面积，单位为 mm^2。

$G_Y(100mm)$：201.1－100.5 Y 方向加密区和非加密区的箍筋面积，单位为 mm^2。

(2) 圆形柱和其他异形柱。

A_s：全截面钢筋面积，单位为 mm^2。

$G(100mm)$：226.2－113.1 加密区和非加密区的箍筋面积，单位为 mm^2。

13. 原位修改

直接双击当前图面上的文字标注(包括尺寸标注)，会弹出一个对话框，供设计者修改文字标注，对于钢筋标注，程序将自动将钢筋等级符号进行转换。

5.2.2 柱平面整体表示法

柱平法施工图指在柱平面布置图上采用截面注写方式表达。柱平面布置图，既可采用适当比例单独绘制，也可与剪力墙平面布置图合并绘制，并注明各"结构层的楼面标高、结构层高、及相应的结构层号。"

注写编号时，柱编号由类型代号和序号组成，应符合表 5.2 的规定。

表 5.2　柱编号

柱类型	代　　号	序　　号
框架柱	KZ	XX
框支柱	KZZ	XX
芯柱	XZ	XX
梁上柱	LZ	XX
剪力墙上柱	QZ	XX

截面注写方式：系在柱平面布置图的柱截面上，分别在同一编号的柱中选择一个截面，按另一种比例原位放大绘制柱截面配筋图，并在各配筋图上继其编号后再注写截面尺寸 $b \times h$、角筋、全部纵筋（当纵筋采用一种直径且能够图示清楚时）、箍筋的具体数值（用"/"区分柱端箍筋加密区与非加密区的箍筋间距），以及在柱截面配筋图上柱截面与轴线关系的具体数值（图 5.27）。

当纵筋采用两种直径时，必须注写截面各边中部的具体数值（对于采用对称配筋的矩形截面柱，可仅在一侧注写中部筋，对称边省略不注）。

结构平法施工图制图规则详见《混凝土结构施工图平面整体表示方法制图规则和构造详图》（11G101-1）。

5.2.3　其他柱施工图的绘制表达方式

单击屏幕上端工具条中"画法选择"下拉按钮，弹出下拉列表框，如图 5.32 所示，共 7 种选择，可以用 10 种方式表示柱施工图，包含 4 种平法图，4 种柱表、立剖面图和渲染图。

1. 平法截面注写 1（原位）

平法截面注写 1（原位），参照图集《混凝土结构施工图平面整体表示方法制图规则和构造详图》，分别在同一个编号的柱中选择其中一个截面，用比平面图大的比例在该截面上直接注写截面尺寸、具体配筋数值的方式来表达柱配筋（见图 5.27）。

图 5.32　施工图表示方法

2. 平法截面注写 2（集中）

平法截面注写 2（集中）参照图集《混凝土结构施工图平面整体表示方法制图规则和构造详图》，在平面图上柱原位只标注柱编号和柱与轴线的定位尺寸，并将当前层的各柱剖面大样集中起来绘制在平面图侧方，图样看起来简洁，并便于柱详图与平面图的相互对照。

3. 平法列表注写

平法列表注写参照图集《混凝土结构施工图平面整体表示方法制图规则和构造详图》，由平面图和表格组成，表格中注写每一种归并截面柱的配筋结果，包括该柱各钢筋标准层的结果，注写了它的标高范围、尺寸、偏心、角筋、纵筋、箍筋等。

在图 5.32 中选择"3 - 平法列表注写"选项，选择图 5.33 中的"画柱表/平法柱表"选项，弹出"选择柱子"对话框，如图 5.34 所示，由设计者选择需要列表的柱，单击"确认"按钮，生成柱平法列表注写图。

图 5.33　"画柱表"子菜单　　　　图 5.34　"选择柱子"对话框

4. PKPM 截面注写 1(原位)

PKPM 截面注写 1(原位)将传统的柱剖面详图和平法截面注写方式结合起来，在同一个编号的柱中选择其中一个截面，用比平面图大的比例直接在平面图上柱原位放大绘制详图。

5. PKPM 截面注写 2(集中)

PKPM 截面注写 2(集中)在平面图上柱原位只标注柱编号和柱与轴线的定位尺寸，并将当前层的各柱剖面大样集中起来绘制在平面图侧方，图样看起来简洁，并便于柱详图与平面图的相互对照。

6. PKPM 剖面列表法

PKPM 柱剖面列表法是将柱剖面大样绘在表格中排列出图的一种方法。表格中每个竖向列是一根纵向连续柱各钢筋标准层的剖面大样图，横向各行为自下到上的各钢筋标准层的内容，包括标高范围和大样。平面图上只标注柱名称。

图 5.35　"选择柱子"对话框

7. 广东柱表

广东柱表是在广东地区广泛采用的一种柱施工图表示方法。表中每一行数据包括了柱所在的自然层号、几何信息、纵筋信息、箍筋信息等内容，并且配以柱施工图说明。

8. 立剖面柱图

这是传统的柱施工图画法，选择"立剖面图"选项，屏幕左下方提示"请选择要画立剖面图的柱"，单击需要出图的柱，弹出"选择柱子"对话框，如图 5.35 所示。单击"确认"按钮，生成立剖面柱图。

9. 三维渲染柱图

在生成立剖面柱图后，选择"三维线框"和"三维渲染"选项，生成三维渲染柱图。可以看到柱内的纵筋和箍筋，甚至可以看到钢筋的绑扎和搭接等情况。

5.3 混凝土梁柱施工图绘制实例

【实例】已知条件同第 2 章实例 2.18，第 4 章实例完成后，请用 PMCAD 中的"墙梁柱施工图"绘制底层柱及 2 层梁配筋图。

下面详细介绍梁柱施工图的操作步骤。

1. 梁施工图的绘制

完成内力和配筋计算，就可以进行施工图的绘制了。

双击墙梁柱施工图主菜单 5"梁平法施工图"，弹出"请选择"对话框（图 5.2）。单击"SATWE 计算结果"按钮后弹出梁平法施工图窗口（图 5.3）。

（1）选择"主菜单/配筋参数"选项，弹出"参数修改"对话框（图 5.4）。

在"绘图参数"中，"钢筋等级符号使用"选择"国际符号"，选中"设置/构件显示/绘图参数/绘图开关"中的"柱"复选框，其他可取默认值。

在"归并、放大系数"中，"归并系数"输入 0.2，"梁下部钢筋放大系数"输入 1.1，"主筋选筋库"选择钢筋直径 20，22，25。

在"裂缝、挠度计算参数"中，"根据裂缝选筋"中选择"是"，"允许裂缝宽度"输入 0.3，"支座宽度对裂缝的影响"中选择"不考虑"，其他可取默认值。

（2）绘新图。选择"主菜单/绘新图"选项，在弹出的"请选择"对话框中单击"重新归并选筋并绘制新图"按钮，程序自动生成第一几何层梁的配筋平面图，即为梁的平法施工图结构施工图的第 2 层。

（3）次梁加筋。选择"次梁加筋"选项后，分别选择"箍筋开关"和"吊筋开关"选项，在主次梁交接的地方，程序进行自动计算，确定是否需要吊筋，如果不需要吊筋，程序就会自动把附加箍筋画在施工图上。

如果图面配筋重叠，可通过"钢筋标注/标注开关"选项将一层的梁配筋分成纵向和横向绘在两张施工图上。

（4）挠度图。选择"次梁加筋/挠度图"选项后，弹出"挠度计算参数"对话框，如图 5.36 所示，单击"确定"按钮，由于本实例为办公楼，在"配筋参数"中输入活荷载准永久系数 0.4，可以看到第一层（几何层）梁的挠度图。本实例梁的挠度没有超标。

（5）裂缝图。选择"次梁加筋/裂缝图"选项，弹出"裂缝计算参数"对话框，如图 5.37 所示，单击"确定"按钮后，程序显示每根梁的最大裂缝宽度。本实例裂缝宽度满足要求。

选择"返回平面"选项，返回主平面。

（6）标注。选择"标注轴线/自动标注"选项标注轴线。选择"标注轴线/标注图名"选项，将图名插入到图中。

图 5.36　"挠度计算参数"对话框　　　　图 5.37　"裂缝计算参数"对话框

（7）层高表。选择"标注轴线/层高表"选项，将层高表插入到图中，如图 5.38 所示（请修改为结构标高）。

（8）插入图框及必要的说明完成梁平法施工图。

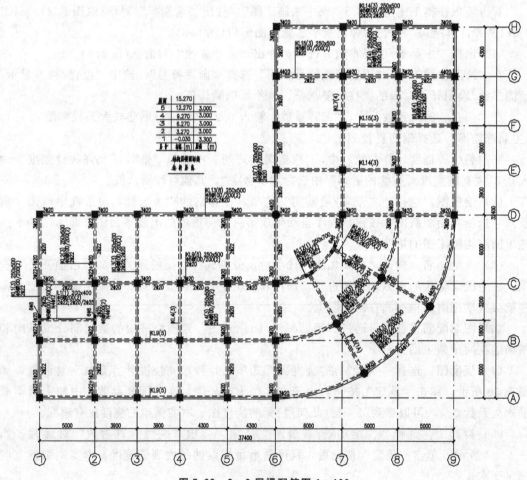

图 5.38　2～3 层梁配筋图 1:100

2. 柱施工图的绘制

双击墙梁柱施工图主菜单 3"柱平法施工图"，弹出柱平法施工图窗口（图 5.27）。

(1) 选择"主菜单/参数修改"选项,弹出"参数修改"对话框(图5.28)。

在"绘图参数"中,"施工图表示方法"选择"1-平法截面注写",在下拉列表"设置/构件显示/绘图参数/构件开关"中选中"绘柱"和"绘轴线"复选框,在"设置/构件显示/绘图参数/绘图开关"中取消选中"柱涂实"复选框,其他可取默认值。

在"选筋归并系数"中,"计算结果"选"1-SATWE","归并系数"输入0.3,"主筋放大系数"输入1.1,"箍筋形式"选择"2-矩形井字箍",其余参数取默认值。

在"主筋选筋库"中,"优选影响系数"输入0.2,"纵筋库"选择钢筋直径20,22,25。

(2) 标注轴线。选择"标注轴线/自动标注"选项标注轴线。选择"标注轴线/标注图名"选项,将图名插入到图中。

(3) 层高表。选择"标注轴线/层高表"选项,将层高表插入到图中,如图5.39所示(请修改为结构标高)。

(4) 插入图框及必要的说明完成柱平法施工图。

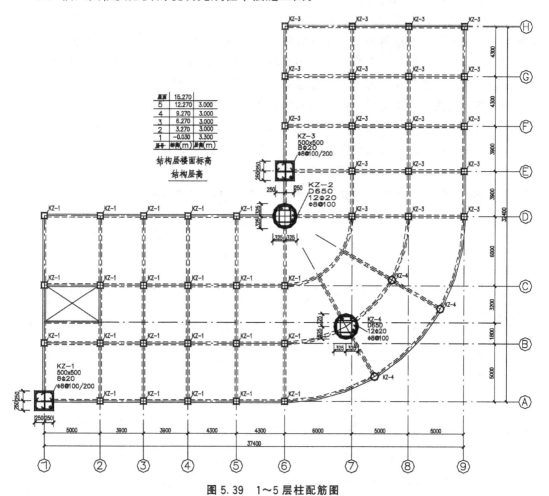

图5.39 1~5层柱配筋图

习　　题

5.1　已知条件同第 2 章习题，采用 SATWE 程序进行内力计算后，要求：

(1) 绘制一层柱平法配筋图。

(2) 绘制二层梁平法配筋图。

(3) 绘制屋顶层梁平法配筋图。

5.2　某 6 层办公楼，采用现浇框架结构，建筑平、剖面如图 5.40 和图 5.41 所示，结构平面布置图如图 5.42 所示。抗震设防烈度 7 度(0.1g)，设计地震分组为第一组，场地类别为 II 类。

1) 设计资料

(1) 设计标高。室内设计标高±0.000 相当于绝对标高 4.40m，室内外高差 600mm。

(2) 墙身做法。墙身为加气混凝土砌块填充墙，用 M5 混合砂浆砌筑。内粉刷为水泥砂浆粉刷，"803"内墙涂料两度。外粉刷为 1∶3 水泥砂浆底，厚 20mm，陶瓷锦砖贴面。

(3) 楼面做法。楼板顶面为 20mm 厚水泥砂浆找平，5mm 厚 1∶2 水泥砂浆加"107"胶水着色粉面层；楼板底面为 15mm 厚纸筋面石灰抹底，涂料两度。

(4) 屋面做法。现浇楼板上铺膨胀珍珠岩保温层(檐口处厚 100mm，2‰自两侧檐口向中间找坡)，1∶2 水泥砂浆找平层厚 20mm，二毡三油防水层，撒绿豆砂保护。

(5) 门窗做法。门厅处为铝合金门窗，其他均为木门，钢窗。

(6) 地质资料。属于 II 类建筑场地，余略。

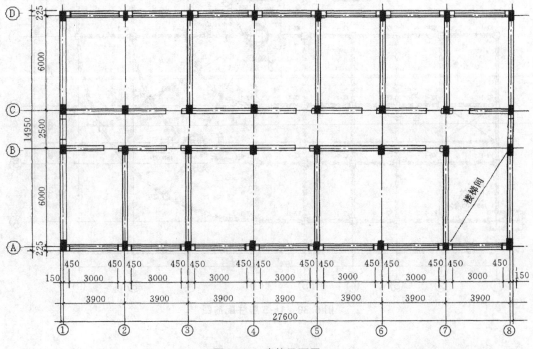

图 5.40　建筑平面图

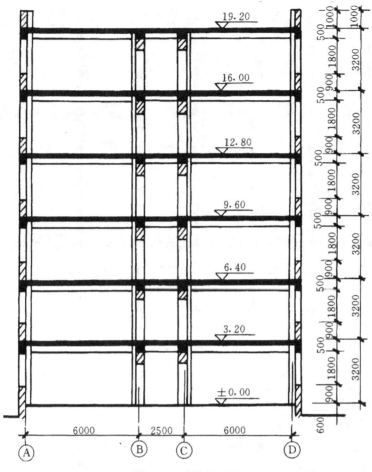

图 5.41 建筑剖面图

（7）活荷载。屋面活荷载为 $2.0\mathrm{kN/m^2}$，办公室楼面活荷载 $2.0\mathrm{kN/m^2}$，走廊楼面活荷载 $2.5\mathrm{kN/m^2}$，楼梯间活荷为 $3.5\mathrm{kN/m^2}$。

（8）楼梯间做法。楼梯踏步尺寸为 $150\mathrm{mm}\times300\mathrm{mm}$。采用 C25 混凝土，板厚取 $h=120\mathrm{mm}$。

2）恒荷载计算

（1）屋面恒荷载标准值。

20mm 厚 1：2 水泥砂浆找平	$0.02\times20=0.4\mathrm{(kN/m^2)}$
100～140mm 厚（2%找坡）膨胀珍珠岩	$\dfrac{0.10+0.14}{2}\times7=0.84\mathrm{(kN/m^2)}$
100mm 厚现浇钢筋混凝土楼板	$0.10\times25=2.5\mathrm{(kN/m^2)}$
15mm 厚纸筋石灰抹底	$0.015\times16=0.24\mathrm{(kN/m^2)}$
屋面恒荷载	$3.98\mathrm{kN/m^2}$

（2）楼面恒荷载标准值。

25mm 厚水泥砂浆面层	$0.025\times20=0.50\mathrm{(kN/m^2)}$
100mm 厚现浇钢筋混凝土楼板	$0.10\times25=2.5\mathrm{(kN/m^2)}$

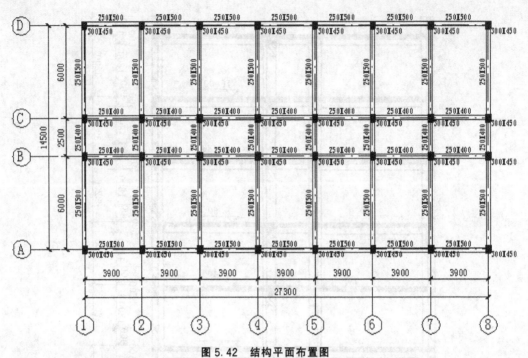

图 5.42　结构平面布置图

15mm 厚纸筋石灰抹底	$0.015 \times 16 = 0.24 (\text{kN/m}^2)$
楼面恒荷载	3.24kN/m^2

(3) 楼梯间恒荷载标准值。

10mm 面层，20mm 水泥砂浆打底	$(0.3 + 0.15) \times 0.65/0.3 = 0.98 (\text{kN/m}^2)$
混凝土三角形踏步	$0.5 \times 0.3 \times 0.15 \times 25/0.3 = 1.88 (\text{kN/m}^2)$
混凝土斜板	$0.12 \times 25/0.894 = 0.38 (\text{kN/m}^2)$
板底抹灰	$0.02 \times 17/0.894 = 0.38 (\text{kN/m}^2)$
楼梯间恒荷载	6.6kN/m^2

(4) 顶层周边屋面梁线荷载标准值。

1m 高女儿墙自重	$1 \times 0.20 \times 8 = 1.6 (\text{kN/m})$
1m 高女儿墙水泥粉刷重	$1 \times 0.02 \times 2 \times 20 = 0.8 (\text{kN/m})$
顶层周边屋面梁线荷载	2.4kN/m

(5) 外墙梁上线荷载标准值。

贴瓷砖墙面(包括水泥砂浆打底)	$(3.2 - 0.5) \times 0.6 = 1.62 (\text{kN/m})$
加气混凝土砌块 200 厚	$(3.2 - 0.5) \times 0.20 \times 8 = 4.32 (\text{kN/m})$
水泥粉刷墙面	$(3.2 - 0.5) \times 0.02 \times 20 = 1.08 (\text{kN/m})$
无洞外墙梁上线荷载	7.02kN/m
有洞外墙梁上线荷载(可按开洞率 15% 考虑)	$0.702 \times 0.85 = 6.0 (\text{kN/m})$

(6) 内墙梁上线荷载标准值(梁高 500mm)。

加气混凝土砌块 200 厚	$(3.2 - 0.5) \times 0.2 \times 8 = 4.32 (\text{kN/m})$

墙体水泥粉刷	$(3.2-0.5)\times2\times0.02\times20=2.16(kN/m)$
无洞口内墙梁上线荷载	$6.48kN/m$

（7）内墙无洞口梁上线荷载标准值（梁高 400mm）。

墙自重	$(3.2-0.4)\times0.20\times8=4.48(kN/m)$
墙体水泥粉刷重	$(3.2-0.4)\times2\times0.02\times20=2.24(kN/m)$
内墙无洞口梁上线荷载	$6.72(kN/m)$

有洞内墙梁上线荷载（可按开洞率 15% 考虑）$6.72\times0.85=5.71(kN/m)$

提示：加气混凝土砌块重度为 $8kN/m^3$，水泥砂浆重度为 $20kN/m^3$，钢筋混凝土重度为 $25kN/m^3$，贴瓷砖墙面面荷载为 $0.6kN/m^2$。

3）设计要求

（1）进行 PMCAD 结构建模：楼层组装形成整体结构。

（2）楼面荷载传导计算：进行楼面恒活荷载标准值的修改。

（3）楼面荷载传导计算。

（4）绘制二层结构楼板配筋图，并转换成 CAD 图形。

（5）采用 SATWE 程序进行结构内力计算。

（6）绘制底层柱及 2 层梁平法配筋图，并转换成 CAD 图形。

第 *6* 章

LTCAD 普通楼梯设计软件

　　本章重点讲述普通楼梯 CAD 的操作过程，全部操作可以采用主菜单中的选项，主菜单名称为 LTCAD，选择"LTCAD"选项后，即进入楼梯 CAD 软件主界面，并可以开始执行各项操作。

　　主菜单内容有 5 项，如图 6.1 所示。

图 6.1　楼梯设计主菜单

一个工程的数据结构是由若干扩展名为.LT的文件组成的。

保留一项已建立的楼梯数据，对于人机交互建立的数据为该项工程名称加扩展名的若干文件，其余为*.LT，把上述文件复制到另一工作子目录，或者选择建模中的"另存为"选项，就可在另一目录恢复原有工程的数据。

交互式输入数据时，命令行有中文提示，它向设计者提示和解释各项数据的意义，设计者只需按照提示键入相关数据即可。同时键入多个数据时，数据之间可用空格或逗号隔开，数据为0时，可直接按Enter键。

6.1　普通楼梯设计

6.1.1　楼梯设计过程

本程序采用屏幕交互式进行数据输入。LTCAD的数据分为两类：第一类是楼梯间数据，包括楼梯间的轴线尺寸，其周边的墙、梁、柱及门窗洞口的布置，总层数及层高等；第二类是楼梯布置数据，包括楼梯板、楼梯梁和楼梯基础等信息。与PMCAD或APM结合使用时，程序会按照设计者指示的楼梯间在结构或建筑平面图中的位置自动从PMCAD或APM已经生成的数据中提取出第一类或第二类数据。

图6.2　"普通楼梯设计"主菜单

建立楼梯过程的步骤：输入楼梯总信息，建立楼梯间，输入楼梯和梯梁，楼梯竖向布置。

双击LTCAD主菜单1"普通楼梯设计"，弹出"普通楼梯设计"主菜单，如图6.2所示。下面详细讲述普通楼梯设计的操作步骤。

1. 主信息

每一个新建的文件必须首先选择此选项，主信息的数据分为3类，其第3类提供给概预算统计使用。

选择"交互输入/主信息"选项，弹出"LTCAD参数输入"对话框，其中"楼梯主信息一"选项卡，如图6.3所示，"楼梯主信息二"选项卡，如图6.4所示。

（1）踏步等分MAVER。踏步是否等分信息，是用0表示，否用1表示。

当MAVER＝0时，踏步数×踏步板高≈平台相对高度。

当MAVER＝1或－1时，可对踏步的第一步或最后一步做调整，最终使踏步数×踏步板高＋踏步调整高度＝平台高度。

MAVER＝1时，对最后一步做调整。

MAVER＝－1时，对第一步做调整。

如在标准楼梯参数中输入第一步或最后一步的高度，则以该楼梯板的数据为准做调整，MAVER不再对该楼梯板起作用。

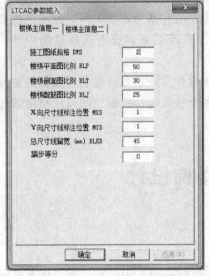

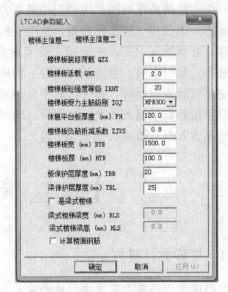

图 6.3　"楼梯主信息一"选项卡　　　　图 6.4　"楼梯主信息二"选项卡

(2) 楼梯板装修荷载 QZX。楼梯板装饰及板底粉刷层荷载标准值，单位为 kN/m^2。

(3) 楼梯板活载 QHZ。楼梯板活荷载标准值，单位为 kN/m^2。

(4) 休息平台板厚度(mm)PH。中间休息平台板厚度，整个楼梯休息平台板取一个厚度。

(5) 楼梯板负筋折减系数 ZJXS。其隐含值为 0.8。梯板负筋按 $ZJXS * M_{max}$ 选配钢筋。

(6) 楼梯板宽(mm)BTB，楼梯板厚(mm)HTB。它们要根据工程实际输入。在其后的楼梯板定义中首先取这两个数作为隐含值。

(7) 是梁式楼梯。选中该复选框后，可以输入梁式楼梯的高和宽。

(8) 梁式楼梯梁宽(mm)BLS、梁式楼梯梁高 HLS。梁式楼梯边梁宽、高在板式楼梯时不起作用。

2. 新建楼梯工程

选择"交互输入/新建楼梯工程"选项，弹出"新建楼梯工程"对话框，如图 6.5 所示。

(1) 手工输入楼梯间。选中该复选框时，需要输入楼梯文件名，然后以类似 PMCAD 的方式建立一个楼梯间。

(2) 从整体模型中获取楼梯间。选中该复选框时，可以选择从 APM 或 PMCAD 读取文件并建立楼梯间，软件自动搜索 APM 或 PMCAD 整体工程文件名，如果不存在整体工程或者所选目录不是工作目录，则程序会要求重新选择目录。设计者输入楼梯文件名正确，单击"确认"按钮后，显示 APM 或 PMCAD 第一标准层的平面图，设计者可选择楼梯间所在网格，按 Tab 键可在"光标-轴线-窗口-围区"间切换选择方式。选择完毕后，程序会自动形成一个楼梯间，并且根据楼梯间所有的构件自动形成与本工程相关的构件信息，在形成构件信息中会自动过滤掉楼梯间无用的构件信息。

3. 建立楼梯间

此项菜单中的选项主要应用于没有 PMCAD 和 APM 数据时建立楼梯间轮廓，也可以补充楼梯间数据。选择"楼梯间"选项，弹出"楼梯间"子菜单，如图 6.6 所示。

图 6.5 "新建楼梯工程"对话框   图 6.6 "楼梯间"子菜单

（1）矩形房间。此选项为简便输入楼梯间的方式。设计者只需要在如图 6.7 所示的"矩形梯间输入"对话框中填入上下左右各边界数据（程序默认该矩形房间为四边是梁的房间），程序自动生成一个房间和相应轴线，简化了设计者建立房间的过程。

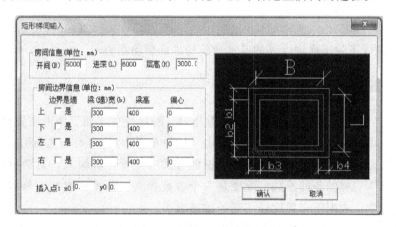

图 6.7 "矩形梯间输入"对话框

（2）本层信息。此选项要求设计者输入两个参数：一个是本标准层楼板厚度，另一个是本标准层层高，与 PMCAD 或 APM 连接使用时，这两个参数都可以从 PMCAD 或 APM 中传递过来，LTCAD 单独使用时需输入其值，默认值分别为 120mm 及 3000mm，在最终楼层布置时，层高值可取标准层层高，也可重新输入。

选择"楼梯间/本层信息"选项，弹出标准层信息对话框，如图 6.8 所示。

4. 轴线

菜单中各选项的用法和 PMCAD 相似，设计者可以利用"轴线"菜单中各选项形成楼梯间的轴线，并利用轴线来进行构件的定位。

5. 画梁线

菜单中各选项可以用来绘各种形状的梁，同时自动生成轴线数据。

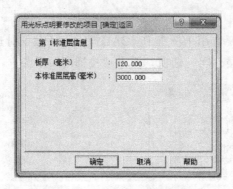

图 6.8   标准层信息对话框

6. 画墙线

菜单中各选项和画梁线操作和功能基本类似。

柱布置：此选项和 PMCAD 中柱布置操作相同。

洞口布置：此选项用于布置承重墙上的门、窗洞口，与 PMCAD 中的洞口布置操作相同。

7. 构件删除

此菜单中包含了除楼梯构件外的其他建筑构件的删除功能。

6.1.2　楼梯布置

"楼梯布置"适用于描述各种单跑和多跑楼梯。程序提供了如下两种布置楼梯的方式。

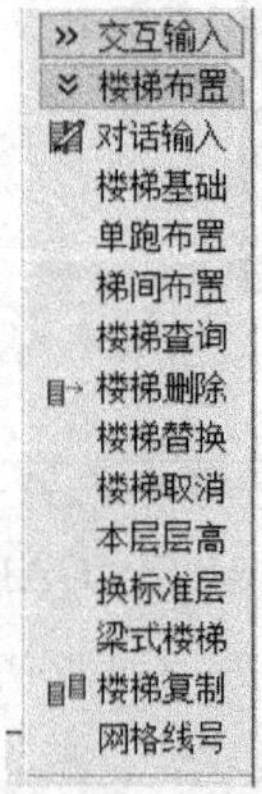

（1）对话框方式。由"楼梯布置/对话输入"选项引导。它把每层的楼梯布置以参数对话框的方式引导设计者输入，对话框中有描述楼梯的各种参数，改变某一个参数数据，楼梯布置相应修改，对话框方式限于布置比较规则的楼梯形式。

（2）鼠标布置方式。它需要分别定义楼梯板、梯梁、基础等，再用鼠标在网格上布置构件，使用"楼梯、梯梁、楼梯基础"完成。该方式即按网格或楼梯间进行布置和编辑，都有专门的相反操作选项，而不能在"图编辑"菜单中用 UNDO 和恢复删除两项菜单选项处理，布置后的楼梯可以在"图编辑"菜单中连同网格一起进行编辑、复制。

设计者可随意选用这两种方式之一布置楼梯。

选择"楼梯布置"选项，弹出"楼梯布置"子菜单，如图 6.9 所示。

图 6.9　"楼梯布置"子菜单

1. 对话框输入

此为楼梯的参数化输入方式。

选择"楼梯布置/对话输入"选项，弹出如图 6.10 所示的选择对话框。选择所需要的楼梯类型后，弹出楼梯参数化输入对话框选项，如图 6.11 所示。

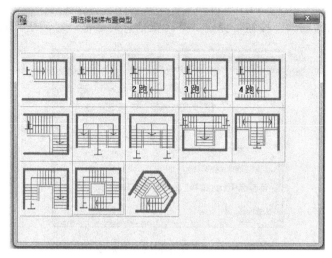

图 6.10　楼梯布置类型选择对话框

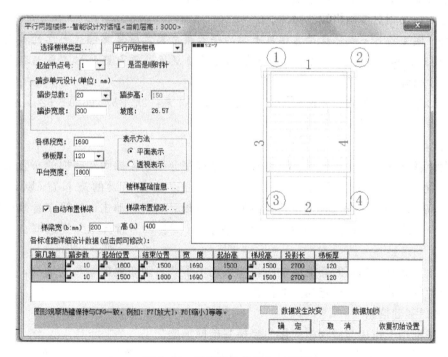

图 6.11　楼梯参数化输入对话框

可输入的楼梯类型包括单、双、三、四跑楼梯，对称式三跑中间上、两边分楼梯，两边上、中间合楼梯，双跑直楼梯和 L 形楼梯。显示区域可显示平面图及透视图。

在参数化输入对话框中，右侧图形上将显示楼梯间周围的网格线号和节点号，选择楼梯类型后，设计者首先输入定位起始节点号，它是第一跑楼梯所在网格的起始方向的节点。

当布置楼梯板时，从定位起始节点号开始，按顺时针或逆时针方向布置楼梯，起始位置为楼梯第一步距起始节点(第一跑)或距与梯跑平行的下方轴线(其他跑)的距离。

1) 梯梁修改

单击"梯梁布置修改"按钮,弹出"平台梁信息对话框"对话框,如图 6.12 所示。

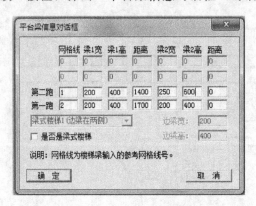

图 6.12　平台梁信息对话框

当输入平台梁信息时,网格线为平台梁输入的参考网格线号,程序要求设计者输入平台梁的宽、高及相对该网格线的距离。

提示:梁 1 指第一跑梯板紧靠梯板上端的平台梁或第二跑紧靠梯板上端的楼层梁,梁 2 指楼梯间边网格线处第一跑的平台梁或第二跑的楼层梁。平台梁的标高自动取与其相连楼梯板上方的标高。

输入信息时,踏步宽度 b 和踏步高 h 存在以下关系:$2h + b = (600 \sim 620)\text{mm}$,如果不满足,则程序将会提示重新输入。

2) 自动布置梯梁

若设计者选中"自动布置梯梁"复选框,则程序会根据楼梯间和楼梯的布置情况自动为梯板布置一个紧靠梯板上端的梯梁,设计者可以设置梯梁的高和宽(默认梯梁宽 200mm,高 400mm),如果梯梁位置需要修改,则设计者可以单击"梯梁布置修改"按钮进行修改。修改梯梁完成后退到智能设计对话框时,"自动布置梯梁"复选框自动设为不被选中。

当设计者修改了梯板的其他属性后,如果选中了"自动布置梯梁"复选框,则程序会根据设计者的新数据重新设定梯梁的位置。

3) 楼梯基础信息

楼梯基础用于描述与楼梯板连接的楼梯基础或地梁。

单击"楼梯基础信息"按钮,弹出"普通楼梯基础参数输入对话框"对话框,如图 6.13 所示。根据工程设计进行楼梯基础各参数输入。

2. 单跑布置

此方法可用另外一种方式布置任何一种类型的楼梯,一般用来对已布好的楼梯间的某一跑个别修改。单跑楼梯是按网格定位的,每道网格上都可以布置楼梯,每道网格布置的楼梯数不限,布置结果只对当前标准层有效。

在布置楼梯之前必须预先定义楼梯,如果在进入"楼梯布置"子菜单时尚未定义过楼梯,则程序也会自动进入楼梯定义过程,定义的楼梯可以用于所有标准层。

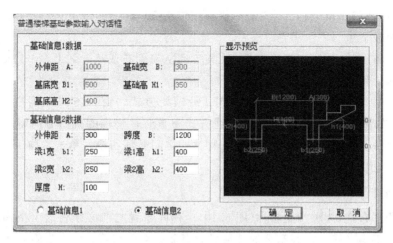

图 6.13　楼梯基础参数输入对话框

选择"单跑布置"选项，弹出楼梯"截面列表"对话框，如图 6.14 所示。在对话框中列出已定义过的楼梯的前两个参数，即楼梯宽和楼梯长。如果"截面列表"对话框中没有已定义的楼梯，则可单击"新建"按钮，弹出标准楼梯参数对话框，如图 6.15 所示。输入相关参数后，单击"确定"按钮，关闭标准楼梯参数输入对话框。

图 6.14　"截面列表"对话框

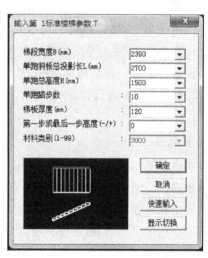

图 6.15　标准楼梯参数对话框

单跑布置操作步骤如下。

（1）选择一项已定义的楼梯。

（2）在对话框中输入楼梯的 4 个定位数据，如图 6.16 所示。

① 起始踏步距离(mm)。表示上楼方向起始踏步距网格线的距离（即平台宽度）。

② 起始标高(mm)。指楼梯起始踏步相对于本层楼面处的距离（如第一跑为 0，第二跑为第一跑梯板的高度）。

图 6.16　楼梯参数设置对话框

③ 挑出方向(+1 或−1)。+1 表示楼梯跑位于梁(墙)右边或上边,−1 表示楼梯跑位于梁(墙)左边或下边。

④ 上楼方向(+1 或−1)。+1 表示上楼方向从左到右或从下到上,−1 表示上楼方向从右到左或从上到下。

(3) 用 4 种网点选择方式(光标方式、沿轴线方式、窗口方式和围栏方式)之一按 Enter 键进行布置。当用光标方式或沿轴线方式布置时,楼梯的挑出方向将以光标的位置偏向轴线的哪一侧决定,按 Tab 键可在 4 种方式之间循环切换,单击"确认"按钮回到步骤(2),单击"退出"按钮。

3. 梯间布置

此选项用来布置 13 种类型楼梯(图 6.10)。梯间布置之前必须将这个楼梯间将要用到的单跑梯段全部定义好。梯间布置的结果只对当前标准层有效。操作步骤如下。

(1) 选择一个梯间类型,程序提供了 13 种常见楼梯类型。

(2) 确定上楼方向第一跑的起始参考节点。

(3) 按照上楼方向的次序,依次选择各跑梯段的类型(即由"单跑布置"所定义的单跑梯段)和它所处的网格,并输入其上楼方向起始踏步距离(即平台宽度)。

4. 楼梯查询

选择"楼梯布置/楼梯查询"选项后,根据命令行提示:按 Enter 键,可查询楼梯长度和宽度;按 Delete 键,可查询楼梯的偏心距离和楼梯标高;按 Tab 键,可查询单个构件的全部信息。查询只在当前标准层进行。

查询的数据在图中进行标注显示后,可按 Enter 键或 Tab 键,改变字体大小,按 Delete 键,退出。

5. 楼梯取消

楼梯取消是楼梯定义的反操作,将定义过的楼梯从定义项目中取消,将各标准层中布置的楼梯删除,取消结果对所有标准层有效。

选择"楼梯布置/楼梯取消"选项后,弹出"截面列表"对话框,其中列出了已定义过的楼梯,在已定义处点取(按 Enter 键)后就完成了对这项楼梯的取消和各标准层布置的删除,按 Delete 键退出。

6. 楼梯删除

楼梯删除是楼梯布置的反操作,删除结果只对当前标准层有效。

可用 4 种网点选择方式(光标方式、沿轴线方式、窗口方式和围栏方式)之一进行选择,被选中的网格上布置的楼梯即被删除。按 Tab 键,可在 4 种方式之间循环切换;按 Delete 键,退出。

7. 楼梯替换

楼梯替换是将已经布置的一种楼梯替换成另一种楼梯,其他数据不变,替换结果只对当前标准层有效。

首先在已定义的楼梯中点取被替换的楼梯,然后在已定义的楼梯中点取新楼梯,即可完成一次替换，按 Delete 键退出。

提示：不同楼梯标准层可以选取不同的梯间类型布置。同一标准层做完梯间布置后，还可用单跑布置的方式做补充。但建议设计者用梯间布置的方式布置。

8. 梁式楼梯

设计者可以在初次设置楼梯工程主信息时设置楼梯是否为梁式楼梯，此时设定的楼梯所有标准层同为板式或梁式楼梯，同时设计者可以针对不同的标准层设置是否为梁式楼梯，并设定斜梁的尺寸，如图 6.17 所示。

9. 换标准层

在程序中，凡楼梯布置及平面布置完全相同的层被视为一个楼梯标准层。

每个标准层都具有独立的网格定位系统。在新的标准层中设计者可以复制旧标准层的网格、轴线、楼梯布置、建筑布置等。

在进入程序后如果是新文件则自动指定本层为第一标准层。

图 6.17 "梁式楼梯设置"对话框

在完成一个标准层布置后，可以用该选项切换至另一标准层。设计者也可以用工具栏中的"切换标准层"完成此功能。

与 PMCAD 或 APM 接力使用时，此处会先显示原在 PM 或 APM 建模时已有的各标准层，但在每标准层中只包含选取的楼梯间信息。

在已有标准层上点取可修改或查看这一层。与 PMCAD 或 APM 接口使用时，与某一标准层相应的楼梯间网格、节点及墙、梁、柱、窗口等构件会自动取出并显示在屏幕上，此时可对楼梯间进行修改布置楼梯，也可用"楼梯复制"选项完成楼梯布置。

在空白处点取可以增加一个标准层，新增加的标准层可自动复制当前标准层的局部或全部内容。

6.1.3 梯梁布置

梯梁是指布置于楼梯间边轴线或内部的各梯板相连的直梁段。

1. 梯梁定义

在布置梯梁之前必须预先定义梁，梯梁定义与 PMCAD 或 APM 中的梁定义是一致的，当与这两个程序连接使用时，从这两个程序中传来的标准层梁截面均可作为标准梯梁截面。如果在进入"梯梁布置"时尚未定义过梯梁或普通梁，程序也会自动进入梁定义过程，梯梁定义也适用于普通梁，定义的梯梁适用于所有标准层。

2. 梯梁布置

楼梯梁是按楼梯板进行布置的，每个楼梯板上可布置两道楼梯梁，布置结果只对当前标准层有效。操作步骤如下。

（1）选择一项已定义的楼梯梁或普通梁。

（2）选择梯梁所属的楼梯板。

（3）用光标平面定位方式点取梯梁的两个端点。这时可使用光标平面准确定位的各种工具。

3．梯梁删除

梯梁删除是梯梁布置的反操作，删除结果只对当前层有效。

程序只提供光标方式，直接点取要删除的梯梁，确认后即可将梯梁删除，按 Delete 键退出。

6.1.4 楼梯实时漫游

设计者单击工具栏中的“实时漫游”按钮，或者按快捷键 Ctrl＋O，可以切换到实时漫游状态，如图 6.18 所示。

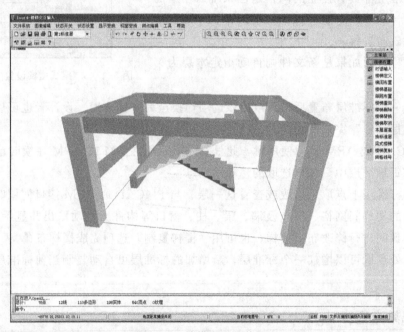

图 6.18 楼梯实时漫游图

右击弹出快捷菜单，设计者可以选择旋转、平移、推进、放缩等选项查看楼梯实体图形。要退出该状态只需重新单击“实时漫游”按钮（或按快捷键 Ctrl＋O），要回到平面状态单击工具栏中的“回到平面视图”按钮即可。

6.1.5 楼梯复制

“楼梯复制”用来在一个已定义好的楼梯间上复制另一标准层的楼梯布置。

它要求设计者首先选取“被复制的标准层”，选择完成后，可将此标准层上布置的楼梯板、楼梯梁的信息全部复制到另一个标准层上。

“楼梯复制”主要适用于与 APM 或 PMCAD 接口使用的情况，当第一标准层上的楼梯间选择完后，其他各标准层相应的网格及楼梯间也已确定，在进行各标准层楼梯布置时，若某一标准层的楼梯布置情况与已布置好的另一标准层相似，则可使用该选项，从而简化楼梯布置过程。

6.1.6 竖向布置

在各标准层的平面布置完成后，可以在以下选项中确定各楼层所属的标准层号及层高，从而完成各层楼梯的最后布置；此外，还可以完成对楼层和标准层的删除和插入操作。

1. 楼层

（1）楼层布置。完成楼梯竖向布局，要求设计者确定楼梯的某一具体楼层属于哪一个标准层，其层高是多少。在已有楼层上点取可以修改该层的标准层号和层高，在空白处点取可以增加一层楼梯标准层，按 Delete 键退出。

当增加一个新楼层时，如果当前尚未有楼层布置，程序首先列出已定义的各标准层号，如 floor1，floor2 等。用光标点取标准层号后，程序要求输入本层层高，不输入数据直接按 Enter 键，则取本层布置时所输入的本层层高；按 Tab 键，可改为常用层的列表选择方式；如果表中无所需值，可再按 Tab 键回到提示区输入方式。

完成一个楼层的标准层选择和层高输入后，菜单区列出了选择结果。

当增加一个新楼层，且当前已有楼层布置内容时，程序提问复制层数，输入复制层数后，程序将按当前选择的标准层号和层高，增加指定的层数。不输入直接按 Enter 键，则复制一层；按 Delete 键表示不复制，则重复标准层选择和层高输入过程。

（2）楼层删除。用于删除在楼层布置中布置的楼层，程序列出各楼层布置后，只要在指定删除的楼层上点取即可完成这个楼层的删除，按 Delete 键，退出。

（3）楼层插入。用于在楼层布置中增加新层，程序列出各楼层布置后用光标点取一个楼层，则新的楼层将插入在这一层之前。新插入的楼层，首先要求选择一个标准层，然后输入层高，可以按 Tab 键在常用层高值中选择。完成一项新楼层的插入后，可以继续下一个新层的输入，按 Delete 键，退出。

2. 标准层

（1）换标准层。在完成一个标准层布置后，可以用选择此选项切换至另一标准层。

（2）删标准层。用于删除在本层布置中建立的标准层，程序列出已定义的标准层后，用光标点取要删除的标准层，程序把这一层显示出来并要求确认是否删除。如果确认无误，按 Enter 键，则将这一标准层删除，同时在楼层布置中选择了这个标准层的楼层也全部删除。

（3）插标准层。"换标准层"选项中每增加一个新标准层总是放在最后的位置，一般情况下，定义标准层的先后次序，不影响全楼的布置，但当数据用于结构计算等用途时，标准层的次序要求与其在楼层布置时出现的次序相同，此时可以用此选项，人为选择新增标准层的位置。在点取了一个已有标准层后，新增加的标准层将插入到所选标准层之前。

插入标准层的方法与换标准层完全相同。

3. 全楼组装

该选项主要用于在透视窗口观察各层楼梯布置后的整体效果。在完成了"竖向布置"

中的"楼层布置"之后，可以进入"全楼组装"进行观察。

选择"全楼组装"选项，弹出"组装方案"对话框，如图 6.19 所示。

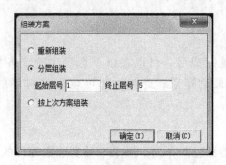

图 6.19 "组装方案"对话框

（1）重新组装。选中"重新组装"单选按钮，单击"确定（Y）"按钮，程序显示整个楼梯间的三维图形。

（2）分层组装。选中"分层组装"单选按钮，并输入起始层号和终止层号，单击"确定（Y）"按钮，程序显示所选择层数的楼梯间的三维图形。

（3）按上次方案组装。选中"按上次方案组装"单选按钮，单击"确定（Y）"按钮，屏幕显示上次组装方案的楼梯间三维图形。

4. 数据检查

此选项对输入的各项数据做合理性检查，并向 LTCAD 主菜单中的其他项传递数据。

6.2 楼梯配筋校验

该菜单中的选项主要进行楼梯的内力计算与配筋。选择"楼梯配筋校验"选项，显示第一标准层第一跑的配筋结果图（平台板、楼梯板及梯梁的配筋），同时提供了计算书，设计者可以通过计算书查看计算过程，同时修改钢筋结果并存储。

设计者直接通过右侧菜单或工具栏完成所有操作，如图 6.20 所示。

图 6.20 楼梯配筋校验及工具栏

工具栏从左至右分别为"选择梯跑"、"上一跑"、"下一跑"、"表式修改"、"对话框修改"、"钢筋表"、"计算书"、"帮助"、"退出"按钮。

1. 梯跑选择

设计者可以单击工具栏中的"选择梯跑"按钮，选择不同的标准层的不同梯跑显示，也可以单击"上一跑"、"下一跑"按钮切换梯跑；选择完成后，程序显示所选梯跑的配筋和受力图。

2. 修改钢筋

程序提供了修改钢筋的两种方式：表式修改及对话框修改。

（1）表式修改。单击工具栏中"表式修改"按钮，弹出"楼梯钢筋验算及修改"对话框，如图 6.21 所示。设计者在对话框中可以集中修改所有梯跑的钢筋。对话框中各列显示了各个梯跑的钢筋数据，各行则分类显示不同类型的钢筋数据，设计者根据约定的钢筋格式修改钢筋，同时可以单击最左边的"＋"、"－"号展开或缩放数据。

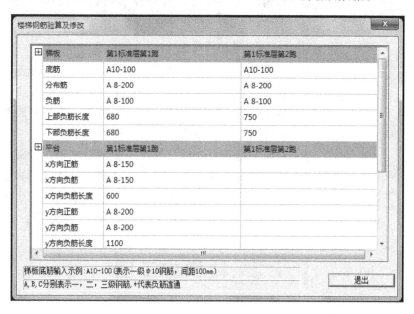

图 6.21 "楼梯钢筋验算及修改"对话框

修改负筋时包括梯板和平台，设计者可以选择是否连通负筋，在负筋的数据后加上"＋"代表负筋连通，同时也可以重新设定负筋的长度。负筋连通后，程序自动设定负筋形状、长度、根数等钢筋数据。退出后程序会自动更新图形显示。

（2）对话框修改。单击工具栏中"对话框修改"按钮，弹出楼梯钢筋验算对话框，如图 6.22 所示。其中提供了设计者在对话框中修改当前梯跑的所有钢筋数据，包括梯板底筋、梯分布筋、梯板负筋、平台底筋、平台负筋、梯梁纵筋、梯梁箍筋、斜梁纵筋、斜梁箍筋。

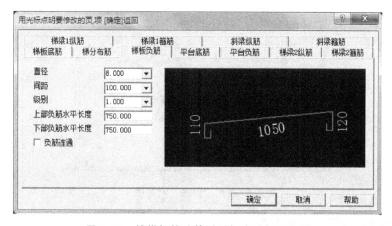

图 6.22 楼梯钢筋验算对话框方式修改钢筋

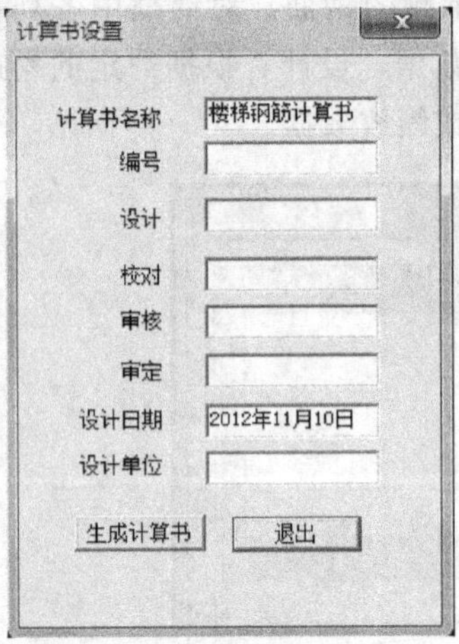

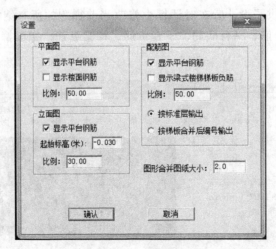

图 6.23　"计算书设置"对话框

3. 钢筋表

单击工具栏中"钢筋表"按钮，屏幕上显示经过统计和编码的所有楼梯钢筋详细列表(钢筋编号、钢筋简图、规格、长度、根数及重量)。

4. 楼梯计算书

单击工具栏中"楼梯计算书"按钮，弹出"计算书设置"对话框，如图 6.23 所示。设计者输入必要的工程信息，然后单击"生成计算书"按钮，程序自动根据目前的楼梯数据生成楼梯计算书，该计算书中包含 3 部分：荷载和受力计算，配筋计算及实配钢筋结果。计算书中给出了详细的计算技术条件及计算过程，设计者可以直接对该计算书进行修改、预览、打印、存储等操作，也可以插入图片(包含位图和 PKPM 的 ∗.T 图)、文件等。

6.3　楼梯施工图

该菜单中的选项主要用于完成楼梯施工图的绘制。

1. 设置基本绘图的基本参数

选择"设置"选项或者单击工具栏中的"设置"按钮，可以设置绘制不同图形的相关参数，如图 6.24 所示。图纸号可以是 1、2 或 3，若为 2 号加长，则可输入 2.25(加长 1/4)，2.5(加长 1/2)等。

图 6.24　"设置"对话框

2. 楼梯各部分绘图默认文件名

设计者每打开一幅新图，都有一个默认的文件名，并且在程序的标题栏中可以看见该名字，分别如下。

（1）平面图。楼梯工程名＋TP＋标准层号＋.T。

（2）立面图。楼梯工程名＋LTLM＋.T。

（3）配筋图。楼梯工程名＋TB＋标准层号＋楼梯跑＋.T。

（4）图形合并。楼梯工程名＋Lt＋图样张数＋.T。

6.3.1　楼梯平面图

楼梯平面图的绘制由此项功能菜单中的选项做出。设计者可以通过选择标准层选项来绘制不同层的楼梯平面图。

首先显示首层平面模板图，内容有柱、梁、墙、洞口的布置，楼梯板、楼梯梁的布置，横竖轴线及总尺寸线等。"平面图"子菜单如图6.25所示。

图6.25　"平面图"子菜单

1. 选择标准层

选择"平面图/选择标准层"选项，弹出"选择梯跑"对话框，如图6.26所示，设计者可以选择要绘制的标准层。选择后单击"确认"按钮。

2. 设置

选择"平面图/设置"选项，弹出"设置"对话框，如图6.24所示。可设置楼梯各施工图模块的参数。

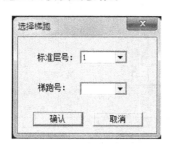

图6.26　"选择梯跑"对话框

3. 移动标注

设计者可以选择标注，然后整体移动标注。

4. 标注尺寸、标注文字

具体操作同PMCAD。

5. 平台钢筋

程序目前只能针对有平行边界的房间且楼梯间类型为一、二、三、五、六（图6.10）的楼梯配置平台钢筋，其余部分暂时不处理。如果平台板是与楼梯板连在一起的折形板（没有梯梁存在），则选择此选项后，程序提示"不存在梯梁，不设平台钢筋"。

6. 楼面钢筋

程序在楼梯钢筋计算和校核模块中没有计算楼面的钢筋，所以在默认状态下，楼面处钢筋没有配置，设计者可以选择重新配置或者不配置钢筋。其操作方式和平台钢筋类似，程序会自动判断寻找楼面部分及钢筋位置。

7. 立面图、配筋图、图形合并

分别选择"立面图"、"配筋图"及"图形合并"选项，同单击工具栏中的按钮相同，程序会分别在不同图形操作模式下切换，并自动存储已经编辑好的图形。

1) 楼梯立面图

选择"立面图"选项(图 6.25)，弹出立面图形及右侧菜单，如图 6.27 所示。

选择"梯板钢筋"选项，再单击梯板可绘制梯板上的钢筋。其他菜单的功能同楼梯立面图菜单。

2) 楼梯配筋图

选择"配筋图"选项，弹出"配筋图"子菜单，如图 6.28 所示。

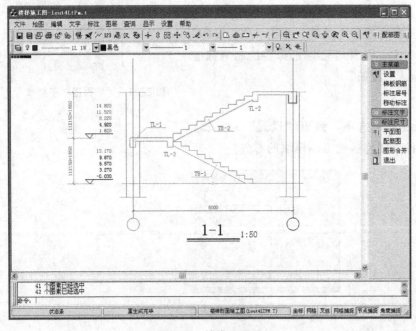

图 6.27　楼梯立面图

图 6.28　"配筋图"子菜单

该项中的选项可完成楼梯配筋图的绘制。设计者通过"选择梯跑"选项或者"前一跑"、"后一跑"选项来绘不同楼梯板的配筋图。

"修改钢筋"选项可修改梯板上任一种钢筋，点取图面上钢筋的标注位置，按屏幕提示输入新值后即可将施工图及钢筋表中的钢筋全部修改。

"梯梁立面"选项可以绘出详细的梯梁的立面图，设计者点取后，程序会自动在屏幕上显示梯梁立面详图。

"标注文字"和"标注尺寸"同文字和尺寸标注基本相同。

6.3.2　施工图图面布置

该菜单中的选项可将形成的楼梯平面图、楼梯剖面图、楼梯配筋图有选择地布置在一张或几张图样上，形成最终要在绘图仪上输出的施工图。

选择"图形合并"选项，弹出图形合并图框及菜单，如图6.29所示。

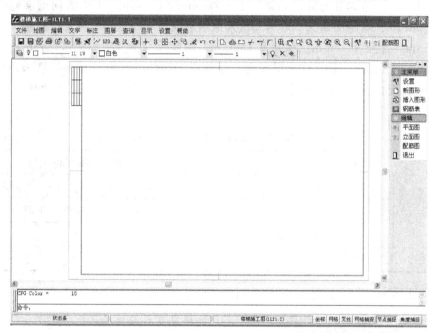

图 6.29　图形合并图框及菜单

1. 新图形

此选项自动打开一幅带有图框并按自动增长的图形数目进行文件名编号。

2. 插入图形

选择"主菜单/插入图形"选项后，程序自动查找已有的楼梯各个图形，并弹出"插入图形"对话框，如图6.30所示，设计者选取需要的图形文件插入，程序默认插入到整幅图形的右下角，设计者可以拖动图形到合适的位置。

3. 钢筋表

此选项可以把当前楼梯工程的所有钢筋统计后详细输出到表格中并插入。

图 6.30　"插入图形"对话框

4. 编辑

可用该菜单中的选项对施工图做进一步地局部修改。其中图块炸开可以炸开选中的图块。

6.4 板式楼梯设计实例

【实例】 某框架结构建筑共 6 层，框架柱截面尺寸均为 450mm×500mm，梯柱尺寸为 240mm×240mm，进深方向的梁截面尺寸为 250mm×600mm，开间方向的梁截面尺寸为 250mm×400mm。底层层高为 3600mm，其他层层高为 3000mm，现浇板式楼梯，楼梯间进深 6600mm，开间 3600mm，梯井宽 150mm，踏步尺寸为 150mm×300mm，平台梁尺寸为 200mm×350mm，采用 C25 混凝土，板采用 HPB300 级钢筋，梁纵筋采用 HRB335 级钢筋。梯段板面层的荷载标准值统计如表 6.1 所示。请用 LTCAD 程序绘制楼梯施工图。

表 6.1 梯段板的面层荷载统计及活荷载标准值

荷载种类		荷载标准值/(kN/m²)
恒荷载	水磨石面层	(0.3+0.15)×0.65/0.3=0.98
	板底抹灰	0.02×17/0.894=0.38
	合　计	1.36
活荷载标准值		3.5

下面详细介绍 LTCAD 程序的建模过程及绘图步骤。

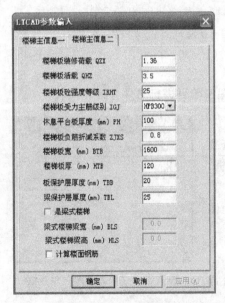

图 6.31 楼梯主信息二

1. 楼梯交互式数据输入

(1) 主信息。双击 LTCAD 主菜单 1 "普通楼梯设计"，选择 "交互输入/主信息" 选项，弹出 "LTCAD 参数输入" 对话框。"楼梯主信息一" 取程序默认值，"楼梯主信息二" 的输入参数如图 6.31 所示。单击 "确定" 按钮关闭 "LTCAD 参数输入" 对话框。

(2) 新建楼梯。选择 "交互输入/新建楼梯工程" 选项，弹出 "新建楼梯工程" 对话框，选中 "手工输入楼梯间" 单选按钮，"楼梯文件名" 键入 LT1，然后单击 "确定" 按钮。

(3) 楼梯间。选择 "楼梯间/矩形房间" 选项，弹出本层信息对话框，如图 6.8 所示，在对话框中板厚输入 100mm(本层楼板的板厚)，本层标准层层高输入 3600mm。单击 "确定" 按钮，弹出 "矩形梯间输入" 对话框，在对话框中输入已知数据，

如图 6.32 所示。单击 "确认" 按钮，弹出一个矩形房间。选择 "柱布置" 选项进行框架柱及梯柱布置，布置方法同 PMCAD。

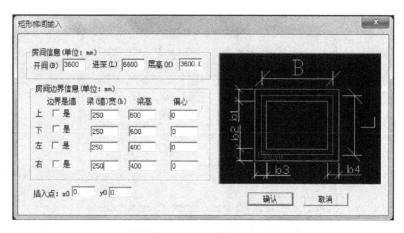

图 6.32　"矩形梯间输入"对话框

提示： 框架结构填充墙不承重，平台梁的荷载通过梯柱传递给框架梁，因此在平台梁处要布置梯柱。

（4）楼梯布置。选择"楼梯布置/对话输入"选项，弹出楼梯类型选择对话框，选择第3种"双跑楼梯"选项（图 6.10），弹出平行两跑楼梯智能设计对话框，在对话框中输入相关数据，如图 6.33 所示。

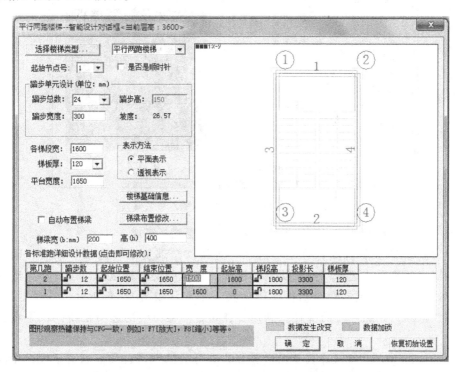

图 6.33　第一标准层平行两跑楼梯智能设计对话框

① 平台梁输入。单击图 6.33 中的"梯梁布置修改"按钮，弹出"平台梁信息对话框"，输入相关信息，如图 6.34 所示。输入完后单击"确定"按钮，关闭"平台梁信息对话框"。

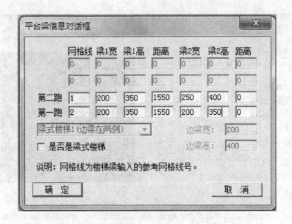

图 6.34　第一标准层平台梁信息对话框

②　基础信息输入。单击"楼梯基础信息"按钮(图 6.33),弹出"普通楼梯基础参数输入对话框",在对话框中输入相关参数,如图 6.35 所示,输入完毕单击"确定"按钮,关闭"普通基础参数输入对话框"。

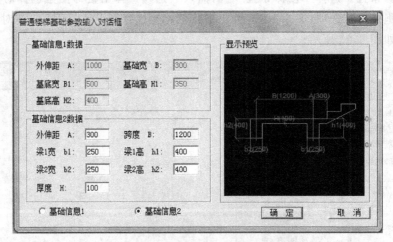

图 6.35　普通楼梯基础参数输入对话框

单击"确定"按钮(图 6.33),楼梯间第一标准层建模完成。

选择"换标准层/添加新标准层"选项,选择"全部复制"选项,单击"确定"按钮,进入第 2 标准层,选择"本层层高"选项,将本层层高修改为 3000mm,选择"楼梯布置/对话输入"选项,在对话框中输入相关参数,如图 6.36 所示。选择"楼梯间/删除构件"选项,删除原有的梯柱。利用"柱布置"菜单中的选项在新的位置重新布置梯柱。

单击图 6.36 中的"梯梁布置修改"按钮,在弹出的"平台梁信息对话框"中输入相关数据,如图 6.37 所示。输入完后单击"确定"按钮,关闭"平台梁信息对话框"。

单击"确定"按钮(图 6.36),完成楼梯第二标准层的建模。选择"交互输入"选项,退出"楼梯布置"菜单。

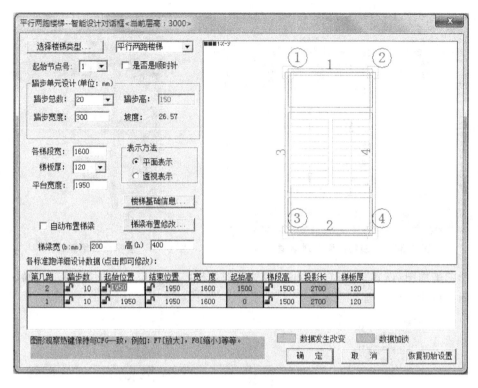

图 6.36 第二标准层楼梯智能设计对话框

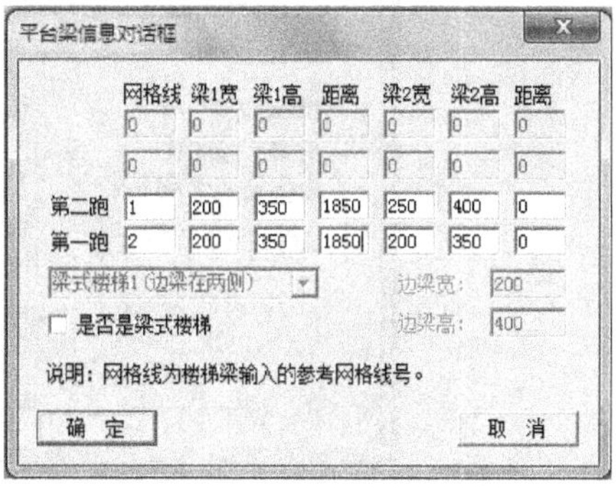

图 6.37 第二标准层平台梁信息对话框

（5）竖向布置。选择"竖向布置/楼层布置"选项，弹出"楼层组装"对话框，进行楼层组装，如图 6.38 所示(组装方法同 PMCAD)。

单击"确定"按钮，选择"全楼组装"选项查看建模是否正确，如图 6.39 所示。若不正确，则返回"楼梯布置"菜单进行修改，选择"数据检查"选项。

2.楼梯校核

选择"楼梯校核"选项，查看楼梯的计算简图及计算书等是否正确。

3.楼梯施工图

选择"楼梯施工图"选项，弹出"楼梯施工图"子菜单，如图 6.40 所示。

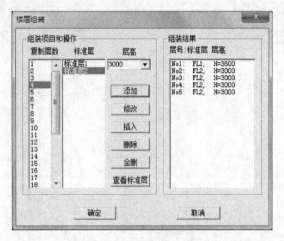

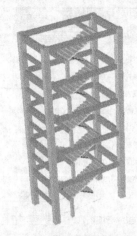

图 6.38 "楼层组装"对话框   图 6.39 楼梯全楼组装模型

选择"平面图/设置"选项,弹出"设置"对话框,如图 6.41 所示。单击"确认"按钮,关闭"设置"对话框。

图 6.40 "楼梯施   图 6.41 "设置"对话框
工图"子菜单

分别选择"标注轴线"、"标注文字"、"平台钢筋"选项,完成楼梯第一标准层的平面图绘制。

选择"选择标准层"选项,选择第二楼梯结构标准层,分别选择"标注轴线"、"标注文字"选项,完成楼梯第二标准层的平面图绘制。

分别选择"立面图"、"配筋图"、"图形合并"选项,完成楼梯施工图,如图 6.42 所示。

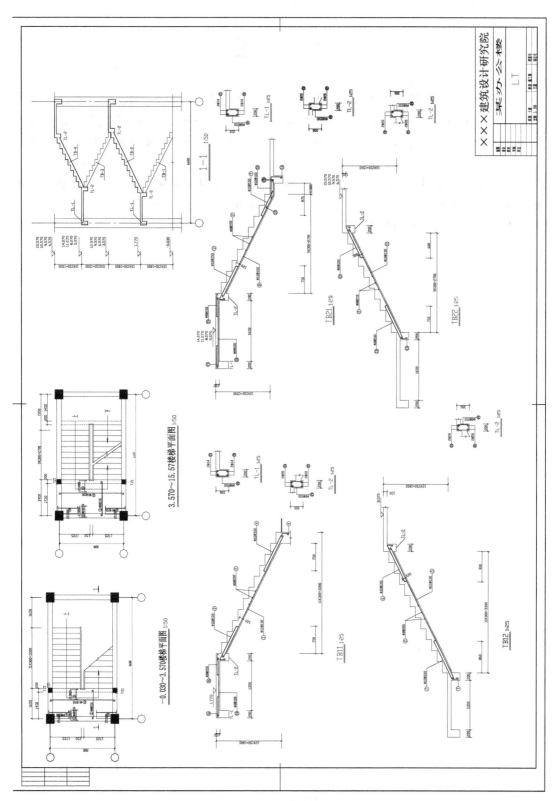

图 6.42 楼梯施工图

习　　题

　　已知某框架结构建筑共 3 层，框架柱截面尺寸均为 350mm×400mm，梯柱尺寸为 240mm×240mm，进深方向的梁截面尺寸为 250mm×600mm，开间方向的梁截面尺寸为 250mm×400mm。层高均为 3300mm，现浇板式楼梯，楼梯间进深 6600mm，开间 3600mm，梯井宽 150mm，踏步尺寸为 150mm×300mm，平台梁尺寸为 200mm× 350mm，采用 C25 混凝土，板采用 HPB300 级钢筋，梁纵筋采用 HRB335 级钢筋。梯段板面层的恒荷载标准值为 1.36kN/m²，活荷载标准值为 3.5kN/m²。

　　请用 LTCAD 绘制楼梯施工图。

第 7 章
JCCAD 基础设计软件

7.1 JCCAD 的基本功能及操作步骤

JCCAD 软件可完成独立基础、条形基础、弹性地基梁基础、筏板基础、桩基础和桩筏基础的设计，且 JCCAD 可与 PMCAD 接口，读取柱网轴线和底层结构布置数据以及读取上部结构计算(PK，SATWE，PMSAP 等)传来的基础荷载，可人机交互布置和修改基础并完成各类基础施工图的绘制。

1. JCCAD 软件的基本功能

(1) 可完成柱下独立基础、墙下条形基础、弹性地基梁、带肋筏板、柱下平板、墙下筏板、柱下独立桩基承台基础、桩筏基础、桩格梁基础及单桩的设计。同时，还可完成由上述多类基础组合起来的大型混合基础的设计，且一次处理的筏板数可达 10 块。

(2) 可设计的独基的形式。包括倒锥型、阶梯型、现浇或预制杯口基础、单柱、双柱或多柱的联合基础；条基包括砖条基、钢筋混凝土条基(可带下卧梁)、灰土条基、混凝土条基及钢筋混凝土毛石条基；筏板基础的梁肋可朝上或朝下；桩基包括预制混凝土圆桩、钢管桩、水下冲(钻)孔桩、沉管灌注桩、干作业法桩和各种形状的单桩或多桩承台。

(3) 可自动读取上部结构中与基础相连的各层柱、墙布置，并在交互输入和基础平面施工图中绘制出来。

(4) 可继承上部结构 CAD 软件生成的各种信息。从 PMCAD 软件生成的数据库中自动提取上部结构中与基础相连的各层的柱网、轴线、柱子、墙的布置信息。JCCAD 软件还可读取 PMCAD、SATWE 及 PMSAP 软件计算生成基础的各种荷载，并按需要进行不同的荷载组合。自动读取上部结构生成的基础荷载可以同人工输入的基础荷载相互叠加。

（5）对于整体基础。如交叉地基梁、筏板、桩筏基础，软件提供了 3 种方法来考虑上部结构对基础的影响。可供选择的方法有上部结构刚度凝聚法、上部结构刚度无穷大的倒楼盖法和上部结构等待刚度法。

（6）设计者可以很方便地使用"基础人机交互输入"统一布置各类基础，布置荷载及绘制施工图。

（7）有较强的自动设计功能。如可根据荷载和基础设计参数自动计算出独立基础和条形基础的截面面积与配筋、自动计算柱下承台桩设置、自动调整交叉地基梁的翼缘宽度、自动确定筏板基础中梁翼缘宽度，能自动做独立基础和条形基础的碰撞检查，若发现有底面迭合的基础自动选择双柱基础、多柱基础或双墙基础。

（8）整体基础可采用多种计算模型。如交叉地基梁可采用文克尔模型——即普通弹性地基梁模型进行分析，又可采用考虑土壤之间相互作用的广义文克尔模型进行分析。筏板基础可按弹性地基梁有限元法计算，也可按 MINDLIN 理论的中厚板有限元法计算，或按一般薄板理论的三角形板有限元法分析。筏板的沉降计算提供了规范的假设附加压应力已知的方法和刚性地板假定、附加应力为未知的两种计算方法。

（9）有很强的交互和施工图绘图功能。通过基础交互输入可很方便地布置各种类型的基础，以及确定各种计算参数，供后面的计算分析使用。通过绘平面图可将所布置的基础全部绘制在一张图样上，绘出筏板钢筋，标注各种尺寸、说明。通过绘制地基梁可画出不同分析方法计算出的梁施工图。

2. 操作步骤

JCCAD 软件的主菜单如图 7.1 所示。

图 7.1　JCCAD 软件主菜单

进行独基、条基设计必须选择主菜单 2、4、7，弹性地基梁板基础设计应运行第 1、2、3、7 项主菜单，桩基基础设计必须选择主菜单 1、2、4、7，桩筏基础设计须运行第 1、2、5、6、7 项主菜单。

7.2 地质资料输入

7.2.1 地质资料输入方法

地质资料是基础设计计算的重要依据，可以用人机交互方式或填写数据文件的方式输入。一个完整的地质资料包括建筑物场地各个勘测孔的平面坐标、孔口标高、水头标高、竖向土层标高及各个土层的物理力学指标。

提示： 对桩基础(特别是摩擦桩基础)，地质资料需要输入每层土的 5 个参数：压缩模量、重度、状态参数、内摩擦角和黏聚力；对无桩基础进行沉降计算时，仅需要输入压缩模量一个参数；基础设计不采用桩基础且不需要进行沉降计算时，可以不输入地质资料，调用程序自带的地质资料文件(F.dz)进行基础设计。

双击 JCCAD 主菜单 1 "地质资料输入"，将弹出 "选择地质资料文件" 对话框，如图 7.2 所示。

图 7.2　"选择地质资料文件" 对话框

设计者可以根据具体情况输入一个文件名。如果这个文件在当前目录(文件夹)下存在，那么将显示地质勘测孔点的相对位置和由这些孔点组成的三角形单元控制网格，如图 7.3 所示，设计者即可利用各子菜单中的选项观察地质情况。如果这个文件不存在，则程序将引导设计者，采用人机交互方式建立这个地质资料数据文件。

提示： 如果设计者希望采用以前形成的地质资料数据文件，则可将该数据文件复制到当前目录下调用，否则采用主菜单 3 的沉降计算时可能产生错误。

地质资料输入的一般步骤如下。

(1) 归纳出能够包容大多数孔点土层分布情况的 "标准孔点" 土层，并选择 "主菜单/标准孔点" 选项，根据实际的勘测报告修改各土层物理力学指标、压缩模量等参数。

(2) 选择 "孔点布置" 选项，将标准孔点土层布置到各个孔点。

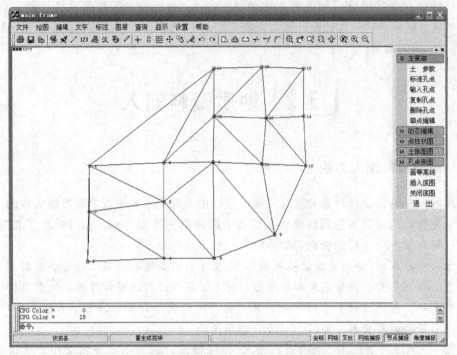

图 7.3　地质勘测孔点组成的三角形单元控制网格

（3）选择"动态编辑"选项，对各个孔点已经布置土层的物理力学指标、压缩模量、土层厚度、顶层土标高、孔点坐标、水头标高等参数进行细部调节。也可以通过添加、删除土层来补充修改各个孔点的土层布置信息。

（4）对地质资料输入的结果的正确性，可以通过"点柱状图"、"土剖面图"、"画等高线"、"孔点剖面"选项进行校核。

（5）重复步骤（3）～（4），完成地质资料输入的全部工作。

7.2.2　地质资料人机交互输入

1. 土参数

选择"主菜单/土参数"选项，弹出"默认土参数表"对话框，如图 7.4 所示。

压缩模量用于沉降计算，重度用于沉降计算，摩擦角用于沉降及支护结构计算，黏聚力用于支护结构计算，状态参数用于计算桩基承载力。

土参数表用于设定各类土的参数。程序已设有初始值（前提是在运行程序所在的子目录下有 DZCS.DAT 文件），设计者可修改，修改后单击"确定"按钮即可使修改数据有效。

提示：无桩基础只需要压缩模量参数，不需要修改其他参数。所有土层的压缩模量不能为零。

2. 标准孔点

"标准孔点"选项用于生成土层参数表，描述建筑物场地地基土总体分层信息，作为生成各个勘察孔柱状图的地基土分层数据的模板。

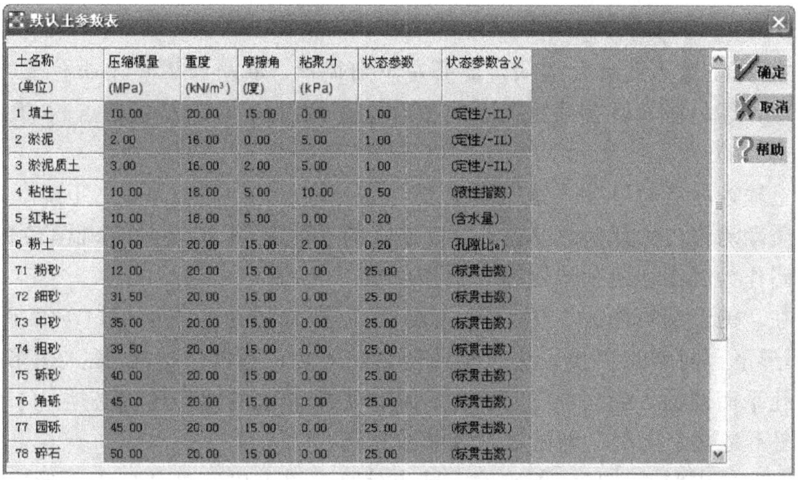

土名称	压缩模量	重度	摩擦角	粘聚力	状态参数	状态参数含义
(单位)	(MPa)	(kN/m³)	(度)	(kPa)		
1 填土	10.00	20.00	15.00	0.00	1.00	(定性/-IL)
2 淤泥	2.00	16.00	0.00	5.00	1.00	(定性/-IL)
3 淤泥质土	3.00	16.00	2.00	5.00	1.00	(定性/-IL)
4 粘性土	10.00	16.00	5.00	10.00	0.50	(液性指数)
5 红粘土	10.00	18.00	5.00	0.00	0.20	(含水量)
6 粉土	10.00	20.00	15.00	2.00	0.20	(孔隙比e)
71 粉砂	12.00	20.00	15.00	0.00	25.00	(标贯击数)
72 细砂	31.50	20.00	15.00	0.00	25.00	(标贯击数)
73 中砂	35.00	20.00	15.00	0.00	25.00	(标贯击数)
74 粗砂	39.50	20.00	15.00	0.00	25.00	(标贯击数)
75 砾砂	40.00	20.00	15.00	0.00	25.00	(标贯击数)
76 角砾	45.00	20.00	15.00	0.00	25.00	(标贯击数)
77 圆砾	45.00	20.00	15.00	0.00	25.00	(标贯击数)
78 碎石	50.00	20.00	15.00	0.00	25.00	(标贯击数)

图 7.4　"默认土参数表"对话框

选择"主菜单/标准孔点"选项后，将弹出"土层参数表"对话框，如图 7.5 所示。

设计者按对话框次序输入每层土的名称、土层厚度、物理力学参数、标高与图幅。每层土的名称填写区是一个下拉列表，单击名称填写区右侧的下拉按钮就能显示所有土的名称，再单击即可任意选取所需土层名称。

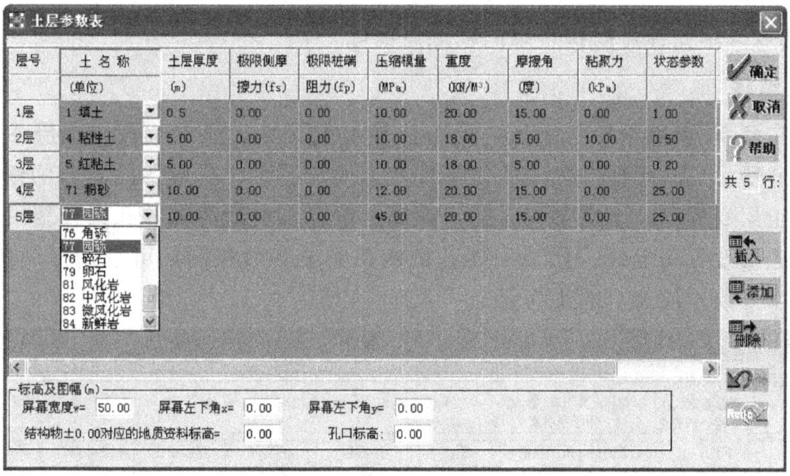

层号	土名称	土层厚度	极限侧摩擦力(fs)	极限桩端阻力(fp)	压缩模量	重度	摩擦角	粘聚力	状态参数
	(单位)	(m)			(MPa)	(kN/m³)	(度)	(kPa)	
1层	1 填土	0.5	0.00	0.00	10.00	20.00	15.00	0.00	1.00
2层	4 粘性土	5.00	0.00	0.00	10.00	18.00	5.00	10.00	0.50
3层	5 红粘土	5.00	0.00	0.00	10.00	18.00	5.00	0.00	0.20
4层	71 粉砂	10.00	0.00	0.00	12.00	20.00	15.00	0.00	25.00
5层	77 圆砾	10.00	0.00	0.00	45.00	20.00	15.00	0.00	25.00

共 5 行

标高及图幅(m)
屏幕宽度x= 50.00　屏幕左下角x= 0.00　屏幕左下角y= 0.00
结构物±0.00对应的地质资料标高= 0.00　孔口标高: 0.00

图 7.5　"土层参数表"对话框

某土层的参数输入后，可通过单击"添加"按钮输入其他层的参数，也可以单击"插入"、"删除"按钮进行土层的调整。

地质资料中的标高，可以按相对于上部结构模型中一致的坐标系输入，也可以按地质报告的绝对高程输入。当选择前一种输入方法时，应该将地质报告中的绝对高程数值换算成与上部结构模型一致的建筑标高；当选择后一种输入方法时，地质资料输入中的所有标高必须按绝对高程输入，并在"结构物±0.000 对应的地质资料标高"填入上部结构模型中±0.000 标高对应的绝对高程。

"孔口标高"的值用于计算各层土的层底标高。第一层土的底标高为孔口标高减去第一层土的厚度；其他层土的底标高，为相邻上层土的底标高减去该层土的厚度。

3. 输入孔点

选择"主菜单/输入孔点"选项，屏幕左下角提示"在平面图中单击位置"，以相对坐标和米为单位，逐一输入所有勘测孔点的相对位置（相对于屏幕左下角点），孔点的精确定位方法同 PMCAD。

在平面上输入孔点时可导入参照图形。

一般地质勘测报告中都包含 AutoCAD 格式的平面图（即扩展名为 .DWG 的图）。设计者可导入该图作为底图，用来参照输入孔点位置。

首先应在"图形编辑修改"中，把 AutoCAD 格式的钻孔平面图（DWG 图）转换成为与 PKPM 图形平台同名的 T 图。进入地质资料输入后，选择"文件/插入图形"选项，将转换好的钻孔平面图插入到当前显示图中，程序要求导入的图形比例必须是 1∶1，单位为 m，如果原图不是这个比例，则需要修改缩放比例。

程序如果需要参照基础平面图来输入孔点信息，也可以通过"插入图形"选项插入底层的结构平面图，再参照结构平面图上的节点、网格、构件信息确定孔点坐标。

4. 复制孔点

"复制孔点"用于土层参数相同勘察点的土层设置。也可以将对应的土层厚度相近的孔点，用该选项输入，然后编辑孔点参数。

5. 删除孔点

"删除孔点"用光标可以将多余的勘测点删除。

6. 单点编辑

选择"主菜单/单点编辑"选项，单击已输入的孔点，弹出"孔点土层参数表"对话框，如图 7.6 所示。对话框中显示的是标准孔点的土层数，应按各勘测孔的情况修改表中的数据，如土层底标高、土层参数、孔口标高、探孔水头标高等。孔口位置一般不采用绝对标高，不必修改孔口坐标。如某一列各勘测孔的土参数相同，可以选择"用于所有点"选项，以减少修改土层参数的工作量。

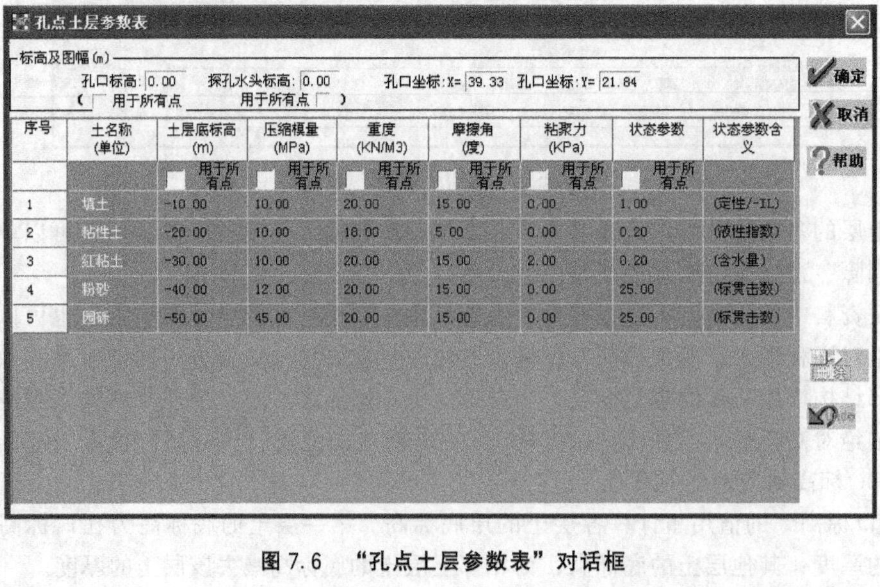

图 7.6　"孔点土层参数表"对话框

7. 动态编辑

程序允许设计者选择要编辑的孔点，程序可以按照"孔点柱状图"(图 7.7)和"孔点剖面图"(图 7.8)两种方式显示选中的孔点土层信息。设计者可以在图上修改孔点土层的所有信息，将修改的结果直观地反映在图上，方便设计者理解和使用。

图 7.7　孔点柱状图

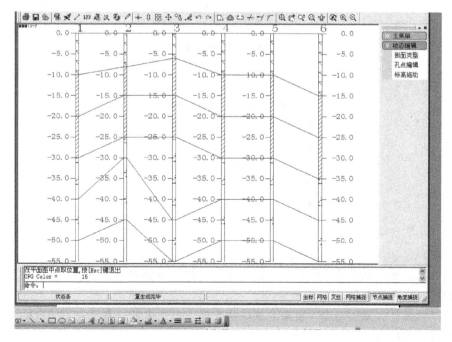

图 7.8　孔点剖面图

8. 点柱状图

"点柱状图"菜单中的选项用于观看场地上任何点的土层柱状图。

9. 土剖面图

"土剖面图"菜单中的选项用于观看场地上任意剖面的地基土剖面图。

10. 孔点剖面

单击选择要绘制剖面的孔点,程序自动绘制出孔点间的剖断面。

11. 画等高线

"画等高线"选项,用于查看场地的任一土层、地表或水头标高的等高线。

7.3 基础人机交互输入

此主菜单根据设计者提供的上部结构数据、荷载数据和有关地基基础的数据,进行柱下独立基础、墙下条形基础和桩承台的设计、桩长计算,以及布置基础梁、筏基和桩基等基础。

程序读取上部结构分析程序与基础相连构件的内力作为基础设计的外荷载。上部结构分析程序包括 PMCAD、砌体结构、钢结构、SATWE、PMSAP、PK。

双击 JCCAD 主菜单 2 "基础人机交互输入",将弹出当前目录下的工程与基础相连的各层轴网及柱墙布置图,并弹出 JCCAD 数据选择对话框,如图 7.9 所示。

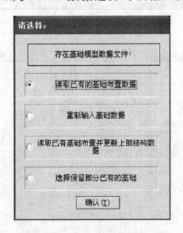

图 7.9 JCCAD 数据选择对话框

选中"读取已有的基础布置数据"单选按钮,表示此前建立的基础数据和上部结构数据仍然有效。

选中"重新输入基础数据"单选按钮,表示初始化本模块的信息,重新读取 PMCAD 生成的轴网、柱和墙布置。

选中"读取已有基础布置并更新上部结构数据"单选按钮,表示 PMCAD 的构件修改了又想保留原基础数据可尝试选择。

选中"选择保留部分已有的基础"单选按钮,则对基础平面布置图图形文件的处理。如果该单选按钮被选中,则仍然采用前一次形成的基础平面图;反之则重新生成。

单击"确认"按钮,弹出如图7.10所示的子菜单。

7.3.1 地质资料

此菜单中的选项用于地质资料与实际基础对位。在这里需要将勘探孔点相对位置通过平移与转角移动到基础的实际位置上。该菜单下有两个选项,即"平移"、"旋转"。选择"地质资料"选项后输入地质资料文件名,然后选择"平移"选项,用光标拖动地质勘探孔网格单元移动到实际位置上,如角度不对,再选择"旋转"选项,用键盘输入其旋转角。

7.3.2 参数输入

选择"参数输入"选项,弹出"参数输入"子菜单,如图7.11所示。根据输入的基础类型,选择相应的选项进行参数修改。

图7.10 PKPM基础
数据输入子菜单

图7.11 "参数输入"子菜单

1. 基本参数

选择"参数输入/基本参数"选项,弹出"基本参数"对话框,如图7.12所示。

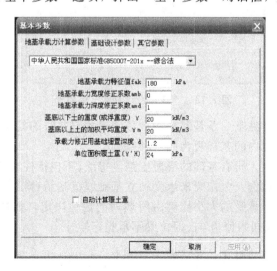

图7.12 "基本参数"对话框

1) 地基承载力计算参数

在输入地基承载力数据时首先应在下拉列表中选择使用的规范。目前可供选择的规范有 5 种。初始值为中华人民共和国国家标准 GB 50007—201×——综合法,需输入的数据如图 7.12 所示。

(1) 地基承载力特征值。按工程场地实际情况输入地基承载力特征值。

(2) 地基承载力宽度、深度修正系数。按工程实际情况输入地基承载力修正系数。

(3) 基底以上土的加权平均重度。按工程场地实际情况输入土的重度。当地下水位较高时,土的重度要考虑水浮力的浮重度。

(4) 承载力修正用基础埋置深度 d(m)。一般应自室外地面标高算起。对于有地下室的情况,如采用箱形基础或筏板基础也应自室外地面标高算起,其他情况(如独基、条基、梁式基础)从室内地面标高算起。

(5) 自动计算覆土重。该项复选项,用于独基、条基、桩承台基础部分。选中该复选框后程序自动按 $20kN/m^3$ 的混合重度计算基础的覆土重。如不选中该复选框,则对话框中的"单位面积覆土重($r'H$)"参数需要设计者填写。一般来说,如条基、独基有地下室时应采用人工填写"单位面积覆土重($r'H$)",且覆土高度应计算到地下室室内地坪处,以保证地基承载力计算正确。

2) 基础设计参数

"基础设计参数"选项卡如图 7.13 所示。

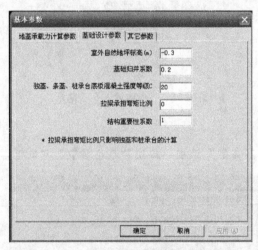

图 7.13 "基础设计参数"选项卡

(1) 基础归并系数。独基、条基及桩承台截面尺寸归并时的控制参数,程序将基础宽度相对差异在归并系数之内的基础视为同一种基础。

(2) 混凝土强度等级。所有基础的混凝土强度等级(不包括柱和墙)。

(3) 拉梁承担弯矩比例。由拉梁来承受独立基础或桩基承台沿梁方向上的弯矩,以减小独基或承台的底面积。承受的大小比例由所填写的数值决定,如填 0.5 就是承受 50%,填 1 就是承受 100%。其初始值为 0,即拉梁不承担弯矩。

提示:拉梁应有一定的刚度,其截面高度可取 $\left(\dfrac{1}{15} \sim \dfrac{1}{10}\right)L$,截面宽度不小于 250mm,其中 L 为柱距。

（4）结构重要性系数。按工程实际情况输入结构重要性系数，但结构重要性系数不能小于1.0。

3）其他参数

"其他参数"选项卡如图7.14所示。

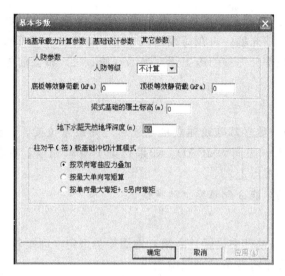

图7.14 "其他参数"选项卡

2. 个别参数

个别参数主要用于对局部区域的不同参数值进行设置。

3. 参数输出

以文件形式输出基础的基本参数。

7.3.3 网格节点

此菜单中的选项用于补充增加PMCAD传送的平面网格轴线。程序可将与基础相连的各层网格全部传下来，并合并为同一网点。如果在PMCAD中已经将基础所需要的网格全部输入，则在基础程序中可不进入"网格节点"子菜单；否则需要在该子菜单中增加轴线与节点，如设置弹性地基梁的挑梁，设置筏板加厚区域等。

提示："网格输入"子菜单调用应在"荷载输入"和"基础布置"之前，否则荷载或基础构件可能会错位。如果在这里输入网格不能满足要求，则可以在PMCAD中加入网格。设计者可根据具体情况决定是否使用此菜单。

7.3.4 上部构件

此菜单中的选项主要用于输入基础上的一些附加构件，设计者可根据基础类型选择使用以下选项。

1. 框架柱筋

"框架柱筋"用于输入框架柱在基础上的插筋，设计者在选择该选项后，单击"新建"

按钮与"布置"按钮即可在各个柱子布置上不同的插筋。

提示： 如果生成过与基础相连楼层的全部框架柱施工图，并在退出时选择将柱数据保存在数据库中，则基础施工图可自动绘制柱插筋。

2. 填充墙

"填充墙"用于输入基础上面的底层填充墙，对于框架结构，如底层填充墙下需设置条基，则可在此先输入填充墙，再在荷载输入中用附加荷载将填充墙荷载布置在相应位置上，这样程序会绘出该部分完整的施工图。当墙有偏心时，布置前先用"移心设置"选项设定偏心距。

3. 拉梁

"拉梁"用于在两个独立基础或独立桩基承台之间设置拉梁，拉梁的详图必须由设计者自己补充。拉梁输入方法同 PMCAD。如果拉梁上有填充墙，则其荷载应该按"点荷载"输入到拉梁两端的节点上。

提示： 程序目前尚不能分配拉梁上的荷载。

4. 圈梁

"圈梁"用于在砖混基础中设置地圈梁，地圈梁类型定义时要输入其主筋根数、直径、箍筋直径和间距，地圈梁将在条基详图中绘出。

5. 柱墩

"柱墩"用于在平筏板节点上布置柱墩，提高筏板抗冲切力。

7.3.5 荷载输入

此菜单中的选项用于输入设计者自己定义的荷载标准值和读取上部结构计算传下来的各单工况荷载标准值，并可对各组荷载编辑修改。程序按规范要求对各类荷载进行组合，作为基础设计依据，设计者可以根据具体情况调用此菜单下的各选项。

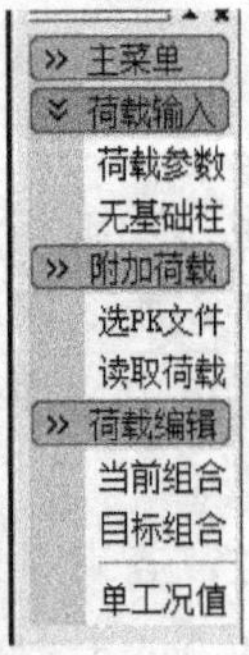

选择"荷载输入"选项，弹出"荷载输入"子菜单，如图 7.15 所示。

图 7.15 "荷载输入"子菜单

1. 荷载参数

选择"荷载输入/荷载参数"选项，弹出"请输入荷载组合参数"对话框，如图 7.16 所示。

对话框中灰颜色的数值是规范中指定的值，一般不需要修改，如果设计者要修改可双击该值，将其激活，变成白色的文本框；白色的文本框的值是在规范中允许根据工程情况修改的参数。

分配无柱节点荷载：设计砌体结构墙下条形基础时，应选中该复选框。程序将墙间无柱节点荷载或无基础柱(构造柱)上的节点荷载分配到节点周围的墙上，使基础既不丢失荷载，又避免在条形基础中生成独立基础。

提示： 选中该复选框时应与"无基础柱"选项配合使用，使指定区域内不生成独立基础。

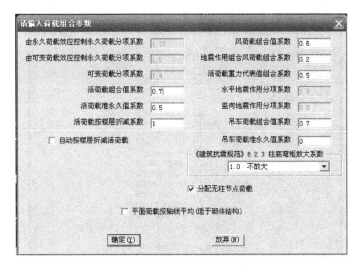

图 7.16 "请输入荷载组合参数"对话框

2. 附加荷载

该选项作用是布置、删除设计者自己定义的节点荷载与线荷载。

选择"附加荷载/附加点荷载"、"附加荷载/附加线荷载"选项，分别弹出附加点荷载对话框，附加线荷载对话框，如图 7.17 和图 7.18 所示。

图 7.17 附加点荷载对话框	图 7.18 附加线荷载对话框

先定义各类荷载的大小，然后采用 4 种选取方式，即轴线方式、窗口方式、直接方式、围区方式，即可将自定义的荷载布置好。

附加荷载包括恒荷载标准值和活荷载标准值，可作为一组独立的荷载工况进行基础计算或验算。若输入了上部结构荷载，如 PK 荷载、PMSAP 荷载、SATWE 荷载、PM 恒＋活荷载等，则附加荷载先要与上部结构各组荷载叠加，然后进行基础计算。一般来说框架结构的填充墙或设备重应按附加荷载输入。

提示：对独立基础来说，如果在独基上架设拉梁，拉梁上有填充墙，则应将填充墙的荷载在此选项中作为节点荷载输入，而不要作为均布荷载输入。否则将会形成墙下条形基础，或丢失荷载。

3. 读取荷载

该选项作用为读取上部结构分析程序传来的首层柱、墙内力。该内力可作为基础设计的外加荷载，其对话框如图 7.19 所示。

如果要选择某一程序生成的荷载，则选取左面的按钮，选取之后右面的列表框中会在相应的荷载项前打"√"，表示荷载选中。程序根据设计者的选择读取相应的上部结构分析程序生成的荷载，并组合成计算所需要的荷载组合。

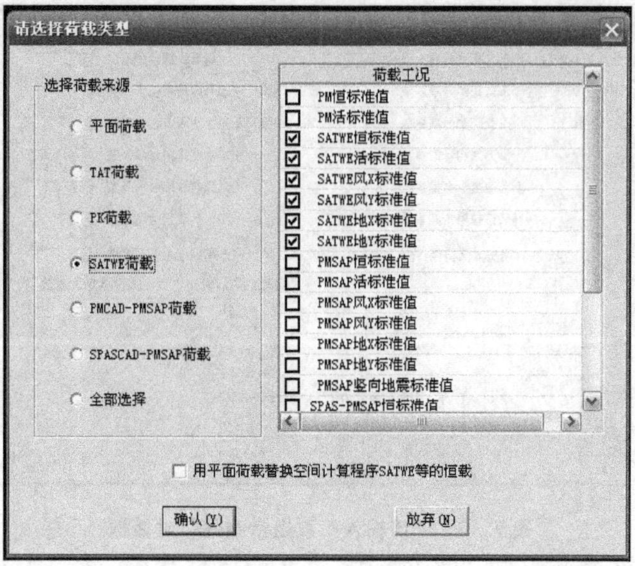

图 7.19 选择荷载类型

提示: ① 进行独立基础和桩承台基础设计时,可以选择多组荷载组合进行计算,以便取得最不利的荷载组合。

② 地梁基础、筏板基础,可以选择上部计算软件的荷载组合。

③ 砖混结构的墙下条形基础,可选用平面荷载。

4. 荷载编辑

该选项用于对"附加荷载"和"上部荷载"进行查询或修改。对于节点荷载,选择"点荷编辑"选项后,再单击要修改荷载的节点即可在弹出的对话框中修改节点的轴力、弯矩和剪力,如图 7.20 所示。

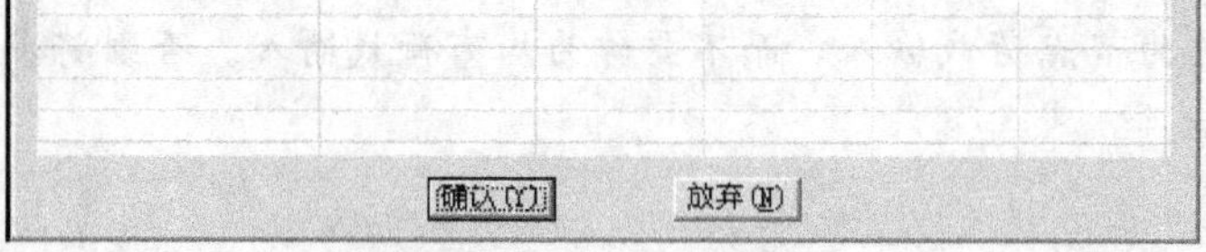

结点号:21

标准荷载	N	Mx	My	Qx	Qy
SATWE恒标准荷载	707.495	11.987	-0.821	-0.446	-11.186
SATWE活标准荷载	193.224	4.294	-0.646	-0.518	-4.016
SATWE风X标准荷载	1.490	-0.003	23.528	11.984	0.002
SATWE风Y标准荷载	37.581	-29.657	-0.015	0.001	14.612
SATWE地X标准荷载	3.690	-0.832	55.066	27.902	0.412
SATWE地Y标准荷载	77.187	-56.126	-0.362	-0.168	27.521

图 7.20 节点荷载编辑

选择相应的选项即可对荷载进行编辑。

提示: 这里的荷载是作用点在节点上的值;而屏幕显示的荷载作用点在柱形心上,二者按矢量平移原则转换。

5. 当前组合

该选项用于检查校核荷载组合情况。

6. 目标组合

该选项用于显示选择荷载组合的某些特征荷载数值,如最大轴力、最大偏心距、最大弯矩等。

提示:SATWE吊车荷载可以传递给独立基础和桩承台基础,不能传递给梁和筏板基础,需要人工补充输入;基础荷载组合在文件JC0.OUT中输出;SATWE和TAT的"底层柱、墙最大组合内力简图"数据不能用于设计基础。

7.3.6 柱下独基

"柱下独基"菜单中的选项用于独立基础设计。它可根据输入的多种荷载自动选取独基尺寸,自动完成独基冲切、底板配筋等计算,并可灵活地进行人工干预。独基的沉降计算由JCCAD主菜单4"桩基承台及独基沉降计算"完成。

选择"柱下独基"选项,弹出"柱下独基"子菜单,如图7.21所示。

1. 自动生成

选择"柱下独基/自动生成"选项,先选择要生成独立基础的柱,可以单击一个柱,也可以在窗口中选择一批柱;然后输入有关地基承载力参数和独立基础的有关参数,如图7.22和图7.23所示。单击"确定"按钮后,程序会自动在所选择的柱下(除已布置筏板和承台桩的柱外)自动进行独基设计。

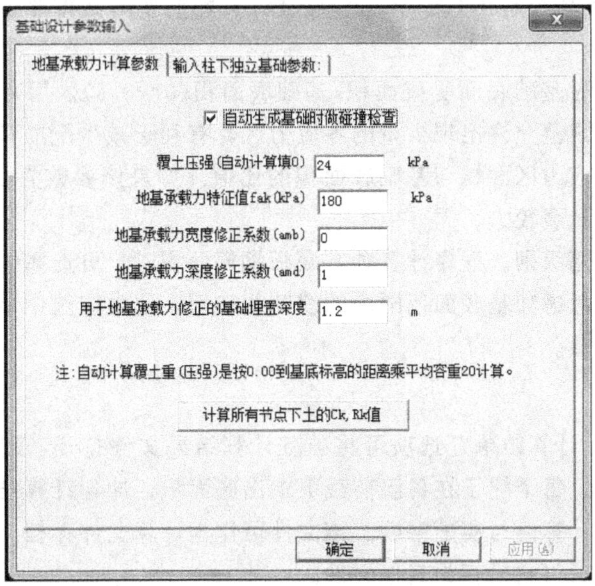

图7.21 "柱下独基"子菜单

图7.22 "地基承载力计算参数"选项卡

图 7.23   "输入柱下独立基础参数"选项卡

（1）相对正负 0。当基础底标高相同时可以选择"相对正负 0"的标高输入一个绝对标高。

（2）相对柱底标高。当因为柱底标高不同，需要将基础底设置在不同标高位置时，可以选中"相对柱底标高"单选按钮，输入基础底标高。这样，在柱底标高不同时也可以输入一次参数同时生成基础。

（3）独立基础底板最小配筋率（%）。设计者可以根据需要自己输入，如果采用默认值 0，则程序将最小配筋率控制在 0.15%。程序在计算配筋率时是按照独立基础全截面面积计算的。

（4）承载力计算时基础底面受拉面积/基础底面积（0~0.3）。用来确定是否允许基础底面积局部不受压，规范允许出现少量的零应力区，有利于减少配筋量。如允许存在零应力区，则计算输出零应力区面积与基础底面积的比值。如果该参数为 0，则表示不允许出现受拉区，基础配筋量会较大。

（5）基础底板钢筋级别。程序计算独基底板钢筋面积时，可选择的钢筋级别。

（6）计算独基时考虑独基底面范围内的线荷载作用。通常应选中该复选框，考虑独基底面积范围内的线荷载。

2. 计算结果

选择"柱下独基/计算结果"选项可将独基计算结果文件打开，浏览计算数据，其中包括各荷载工况组合、每个柱子在各组荷载下求出底面积、冲切计算结果、程序实际选用的底面积、底板配筋计算值与实配钢筋。该文件可作为计算文件存档。如果想要保留该文件，则可在打开文件时将它另存为其他文件。

提示：该文件必须在执行自动计算以后打开才有效，否则有可能是其他工程或本工程的其他条件下的结果。

3．独基布置

"独基布置"选项用于新定义独基类型并进行布置或对自动生成结果中的独基进行编辑修改和删除等操作。

选择"柱下独基/独基布置"选项，弹出柱下独立基础标准截面对话框，如图 7.24 所示。设计者可根据需要对已布置的独基类型进行修改、删除和布置操作，或重新定义新的独基类型并进行布置。新定义独基类型时应单击"新建"按钮；对已有独基进行修改或删除，需首先在列表框中选中该独基，然后单击"修改"按钮或"删除"按钮；对新定义的独基或已定义的独基进行重新布置时，需首先在列表框中选中该独基，然后单击"布置"按钮。

当要布置独基时，可选中一种独基类型，单击"布置"按钮，程序将弹出输入移心值对话框，设计者可根据独基结构布置的特点输入移心值及相对轴转角，再在平面图上柱下布置独基。

图 7.24　柱下独立基础标准截面对话框

提示：若原来位置上已布置了独基，则再次在该位置选取并布置独基时，原来布置的独基将被替换为新布置的独基。

4．独基删除

该选项用于对多余的独基进行删除。选择"柱下独基/独基删除"选项后，设计者可根据程序提示，采用围区方式、窗口方式、轴线方式或直接方式进行选择，选择独基后程序即删除该独基。

5．双柱基础

"双柱基础"选项用于自动设置和人工设置双柱基础。采用自动设置时，设计者应先选择"柱下独基/双柱基础"选项，用任意独基类型布置相邻两个柱子，布置完成后再选择"柱下独基/自动生成"选项，即可将设计者确定的柱按双柱基础重新计算，得到一个合适的基础类型。采用人工设置时，设计者应先定义一个合适的类别，再用双柱基础布置。当进行多柱基础的设置时，设计者可定义一个大些的基础(但不要太大，因为自动生成时，小基础可自动扩大，但大基础不会自动缩小)，通过"移心设置"选项输入移心值、转角，然后用"独基布置"选项将其布置在刚好能包住预先选定的多个柱子的位置上，再选择"自动生成"选项即可对其重新计算，生成合适的多柱基础。对于双柱基础和多柱基础，程序可根据多个柱的平面坐标算出基础的移心值，并将基础布置在多个柱的形心上。通过"移心设置"选项设置的偏心、转角参数，选择"回前菜单"选项后移心值就不再起作用。

7.3.7　墙下条基

"墙下条基"菜单中的选择用于砌体结构墙体下面条形基础的设置。它可根据输入的多种荷载自动选取条基尺寸，并可灵活地进行人工干预。

选择"墙下条基"选项,弹出"墙下条基"子菜单,如图 7.25 所示。

"墙下条基"子菜单的使用方法与"柱下独基"子菜单的用法相似。

提示:条基沉降计算由 JCCAD 主菜单 3:"基础梁板弹性地基梁法计算"完成。

7.3.8 地基梁

"地基梁"菜单中的选项用于输入各种钢筋混凝土基础梁(柱下条形基础),包括普通交叉地基梁,柱下条形基础,剪力墙下条形基础,有桩、无桩筏板上的肋梁和暗梁,墙下筏板上的墙折算肋梁,桩承台梁等。布置方法是先定义梁类型,然后用多种布置方式(围区、窗口、轴线、直线方式)沿网格线布置。如梁有偏心,则要在布置前先设置偏心距。梁如要挑出,则应先在"网格输入"选项中补充网格线,然后在此输入。

选择"地基梁"选项,弹出"地基梁"子菜单,如图 7.26 所示。

图 7.25 "墙下条基"子菜单

图 7.26 "地基梁"子菜单

1. 地梁布置

选择"地基梁/地梁布置"选项,弹出地梁标准截面对话框,如图 7.27 所示。它用于定义和布置各种类型有翼缘和无翼缘地基梁、筏板上的肋梁、带桩的地基梁。

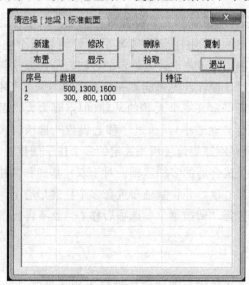

图 7.27 地梁标准截面对话框

单击"新建"按钮,弹出"基础梁定义"对话框,如图7.28所示。在对话框中输入"翼缘偏心"的值,可以定义偏心基础。

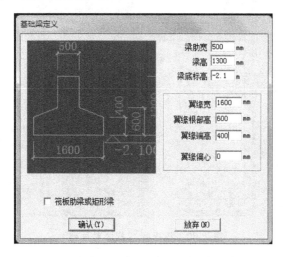

图 7.28 "基础梁定义"对话框

2. 翼缘宽度

选择"地基梁/翼缘宽度"选项,弹出输入翼缘放大系数(>1.0)对话框,可根据工程实际情况输入翼缘放大系数,对软件根据荷载分布情况和地梁肋宽、高尺寸自动生成的地梁翼缘宽度进行放大。

3. 墙下布梁

此选项用于在平筏板上布置剪力墙或布置砌体墙下的暗梁。应先布置筏板,再布置墙下暗梁,暗梁宽度同墙厚,高度同板厚。板上已有肋梁处不生成暗梁。

7.3.9 筏板

"筏板"菜单中的选项用于布置各种有桩、无桩筏板,带肋筏板,墙下筏板,平筏板,不等边筏板,不等厚筏板和带子筏板等所有筏板,一个工程最多布置10块筏板(含子筏板)。

选择"筏板"选项,弹出"筏板"子菜单,如图7.29所示。

1. 围区生成

选择"筏板/围区生成"选项,弹出筏板标准截面对话框,如图7.30所示。

(1) 新建。定义一个新的截面类型。单击"新建"按钮,弹出"筏板定义"对话框,如图7.31所示。

(2) 修改。修改已经定义过的筏板截面类型。

(3) 删除。删除已经定义过的筏板截面定义。

(4) 显示。首先选取已经定义过的筏板截面,单击"显示"按钮,则布置在图面上的筏板会闪烁显示,直到单击后结束,并返回筏板标准截面对话框。

图 7.29 "筏板" 子菜单

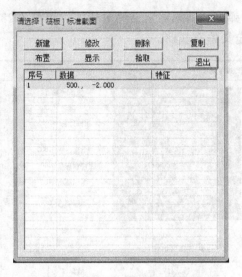

图 7.30　筏板标准截面对话框

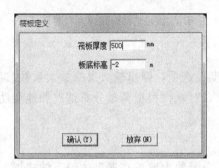

图 7.31　"筏板定义"对话框

（5）拾取。当想布置一个与图面上已有筏板完全相同的筏板时可利用此功能，单击"拾取"按钮后，在图面上单击被复制的筏板，然后便可在想要的新的位置上布置同类筏板。

（6）布置。在对话框中选取某一种筏板截面后，单击"布置"按钮，将弹出"输入筏板相对于网格线的相对挑出宽度"对话框，如图 7.32 所示。

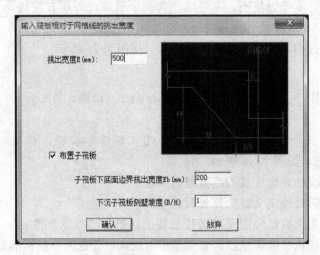

图 7.32　"输入筏板相对于网格线的挑出宽度"对话框

① 挑出宽度。输入筏板相对于网格线的挑出距离，然后单击"确认"按钮，用围区布置方式沿着所包围的外网格线布置筏板，这样程序即可形成一个闭合的多边形筏板。

② 布置子筏板。在筏板内的加厚区、下沉的集水坑和电梯井都称之为子筏板。子筏板应该在原筏板的内部。

该项复选项，对于每一块筏板，程序允许在其内设置加厚区，设置方法仍采用筏板输入，只是要求加厚区在已有的板内，加厚区最多可设9个，可放在一块筏板中，也可放在多块筏板中。集水坑和电梯井的输入方法和加厚区相同。

2. 修改板边

如果板边挑出的轴线距离各不相同，可选择"筏板/修改板边"选项用多种方式(围区、窗口、轴线、直线方式)修改板边挑出距离。

3. 删除筏板

该选项用于删除基础平面图上已布置的筏板。

4. 筏板荷载

选择"筏板/筏板荷载"选项，弹出输入筏板荷载对话框，如图7.33所示。"筏板荷载"选项用于布置各筏板上的覆土重和覆土上的恒荷载、活荷载标准值。

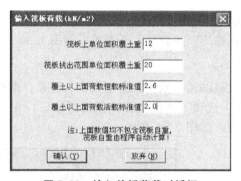

图7.33　输入筏板荷载对话框

(1) 筏板上单位面积覆土重。只包括板上的土重，不涉及板和梁肋自重，它们已由程序自动计算。

(2) 覆土以上面荷载恒载标准值。包括地面做法和地面恒荷载，或者是地面架空板和板面恒荷载。

(3) 覆土以上面荷载活载标准值。地面上的活荷载，或地面架空板上面的活荷载。

提示：无地下室的筏板基础应设置单位面积覆土重(不含板自重)，有地下室的筏板基础应布置子筏板或悬挑板，分别设置覆土重。如没有设置"筏板荷载"，则基础自重将漏掉该部分荷载。

5. 柱(桩、单墙、多墙)冲切计算

这些选项用于验算柱(桩、单墙、多墙)下平板基础的冲切，显示的每根柱子的安全系数，大于1.0(绿色数字)为满足规范要求，小于1(红色数字)则为不满足规范要求。

提示：如果设计者要采用弹性地基梁元法计算，务必要在需要的轴线及板边界的网格线上布置肋梁，墙下筏板要将墙作为等宽度折算梁(高度可取1.5～2m)输入，柱下平板要在柱网轴线适当位置上布置板带，否则将不能形成弹性地基梁的数据，或有些边界梁将缺乏边界板挑出长度信息,从边界梁到挑出板的边界这一段的配筋将无法用程序设计。板元法计算则无此要求。但采用板元法计算,还要进行交互配筋设计和绘制板筋施工图时,应设置梁或板带。

6. 后浇带布置

这些选项可以用来定义后浇带并进行布置。

7.3.10 板带

"板带"菜单中的选项是柱下平板基础按弹性地基梁元法计算所必须选择的。当采用板元法计算平板时,最好也布置板带,这样可使用板钢筋交互设计和绘制板筋施工图。板带布置时无需定义,可采用多种方式(围区、窗口、轴线、直接方式)沿柱网轴线(即柱下板带)布置。采用该方法计算时应注意遵守《钢筋混凝土升板结构技术规范》(GBJ 130—1990)有关的要求(一般柱网应正交,柱网间距相差不宜太大)。

板带布置位置是一个较重要的问题,布置位置不同可导致配筋的差异。布置原则是将板带视为暗梁,沿柱网轴线布置,但在抽柱位置不应布置板带,以免将柱上板带布置到跨中。

7.3.11 承台桩

"承台桩"菜单中的选项用于布置或生成桩承台。

选择"承台桩"选项,弹出"承台桩"子菜单,如图 7.34 所示。

1. 定义桩

定义桩用于增加或修改桩的基本数据,如桩类型、桩径、单桩承载力等。

选择"承台桩/定义桩"选项,弹出桩标准截面对话框,在对话框中单击"新建"按钮,弹出"定义桩"对话框,如图 7.35 所示。

图 7.34 "承台桩"子菜单

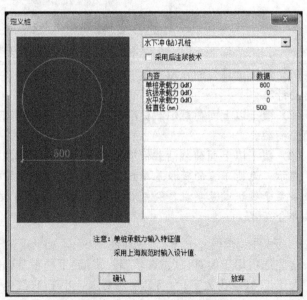

图 7.35 "定义桩"对话框

2. 承台参数

选择"定义桩/承台参数"选项，弹出"桩承台参数输入"对话框，如图 7.36 所示。

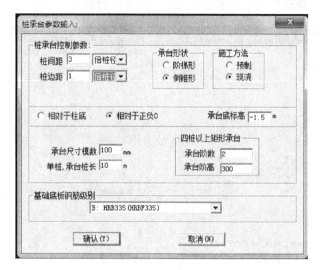

图 7.36　"桩承台参数输入"对话框

（1）桩间距。承台内桩形心到桩形心的最小距离。

（2）桩边距。承台内桩形心到承台边的最小距离。

（3）单桩，承台桩长。该值仅用于没有计算桩长的情况，其初始值为10m。

3. 自动生成

该选项用于自动生成桩承台。

4. 承台布置

"承台布置"选项用于定义新的承台或修改已定义的承台。其操作步骤如下。

（1）选择"承台桩/承台布置"选项。弹出承台标准截面对话框，如图 7.37 所示。

图 7.37　承台标准截面对话框

（2）在承台标准截面对话框中选中承台后，单击"修改"按钮，弹出"承台定义"对话框，如图 7.38 所示，在该对话框中要输入承台的形状、尺寸、承台阶数、承台底标高等，输入完毕单击"确认"按钮，弹出如图 7.39 所示的窗口。

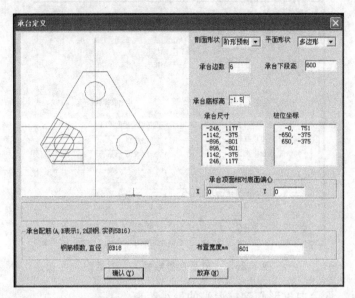

图 7.38　"承台定义"对话框

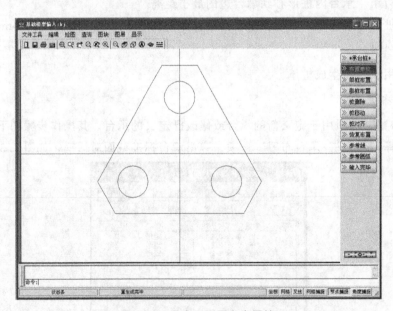

图 7.39　承台平面图和布置桩

（3）设计者可以用窗口右侧提供的 9 个菜单中的选项进行承台下桩布置，最后选择"输入完毕"按钮完成该类承台定义。

（4）单击"布置"按钮。屏幕左下角提示"承台相对柱的沿轴移心，偏轴移心（mm）和轴角度可在对话框内输入。按窗口布置（删除）（[Tab]换方式，[Esc]退出）"，并弹出"请输入移心值"对话框，如图 7.40 所示。

（5）输入移心值后，用光标指定生成承台的范围，完成承台布置。

提示：承台桩的计算由 JCCAD 主菜单 4："桩基承台及独基沉降计算"完成。

图 7.40　"请输入移心值"对话框

5．联合承台

"联合承台"选项用于处理承台间距过小的情况。当发现承台间距过小并希望布置成一个承台时，可先将原有的承台删掉，再选择该选项，然后按程序的提示输入一个多边形，将指定的柱包括在多边形内，程序会根据多边形范围内所有柱的合力生成一个联合承台。承台的布置角度由设计者指定。生成的联合承台上柱数不能超过 4 根，否则操作无效。

7.3.12　非承台桩

"非承台桩"菜单中的选项用于布置位于筏板和基础梁下面的桩。非承台桩采用人工输入及程序验算的方法进行设计，桩的数量和布置位置是否合理可通过 JCCAD 主菜单 5 "桩筏及筏板有限元计算"计算结果中的反力图来校核。为了简化桩输入的操作，程序提供了多种输入方法。

选择"非承台桩"选项，弹出"非承台桩"子菜单，如图 7.41 所示。下面介绍各主要选项的功能。

1．定义桩

定义桩的方法同承台桩。

2．布置参数

选择"非承台桩/布置参数"选项，弹出"桩布置参数定义"对话框，如图 7.42 所示。设计者可按需要填写有关信息。

图 7.41　"非承台桩"子菜单

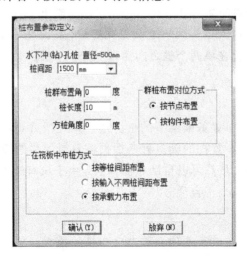

图 7.42　"桩布置参数定义"对话框

295

3. 单桩布置

"单桩布置"选项用于布置单个的桩和进行桩的类型定义。

选择"非承台桩/单桩布置"选项，弹出"桩标准截面定义"对话框，单击"新建"按钮可以定义桩的类型，然后选择桩类型，单击"布置"按钮，在弹出的移心对话框中输入移心值，即可布置单个的桩。

4. 桩复制

"桩复制"选项用于将某区域的桩复制到其他位置。

选择"非承台桩/桩复制"选项，屏幕左下角提示"选择要复制的桩。窗口方式选择。请用光标输入对角坐标"，选择要复制的桩后，右击，屏幕提示"选择群桩基点"，选择基点后，屏幕提示"输入群桩目标点"，用光标输入目标点后右击完成桩的复制。

5. 桩删除

"桩删除"选项用于删除已经布置好的桩。

选择"非承台桩/桩删除"选项，屏幕提示"请用光标选择要删除的桩。[Tab]键转换输入方式。窗口方式选择，请用光标输入对角坐标。"，选择将被删除的桩，即可完成桩的删除工作。

6. 桩移动

"桩移动"选项可调整已经布置好的桩的位置。

选择"非承台桩/桩移动"选项，屏幕提示"选择要移动的桩。窗口方式选择，请用光标输入对角坐标。"，选择布置好的桩后右击，屏幕提示"选择群桩基点"，单击群桩基点，屏幕提示"输入群桩目标点"，单击目标完成桩的移动。

7. 等分桩距

"等分间距"选项是在两个桩之间输入一根或多根桩，桩的位置在选定的两根桩的等分点上。该选项可与"群桩布置"选项结合使用进行基础梁下桩的输入。具体操作：选择该选项后在程序的引导下输入要将两桩之间做几等分(如 N 等分)，然后输入要进行等分间距操作的两个桩，程序会在该两个桩之间插入 $N-1$ 个桩。重复执行选择桩的操作，直到设计者右击为止。

8. 梁下布桩

"梁下布桩"选项用于布置基础梁下的桩。选择该选项后要选择梁下桩的排数(单排、交错、双排)，然后单击要布置桩的梁。程序根据被选择的梁的荷载情况及梁的布置情况将桩布置在梁下。这种方法虽然可以自动布桩，但是由于没有进行整体分析，所以必须经过桩筏有限元计算才能知道是否合理。

9. 筏板布桩

选择"非承台桩/筏板布桩"选项，单击要布桩的筏板，单击"确认"按钮，弹出筏板布桩对话框，如图 7.43 所示。在对话框中单击"计算桩布置"按钮，单击"确认"按钮完成筏板桩的布置。

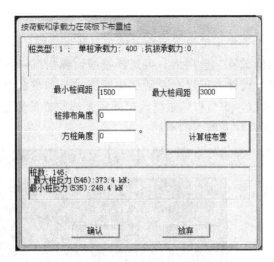

图 7.43 筏板布桩对话框

10. 群桩布置

"群桩布置"选项用于输入行列对齐或隔行对齐的一组桩。

选择"非承台桩/群桩布置"选项,弹出"群桩输入"对话框,如图 7.44 所示。在对话框中有桩的布置简图。当在"排列方式"选项组中选中"交错"单选按钮时,行数和列数的奇偶不相同的桩会去掉。"方向"决定当前输入的桩间距是 X 方向间距还是 Y 方向间距,列表框中显示的也是该方向的间距。可通过单击"插入"、"修改"、"删除"按钮进行桩间距的编辑。

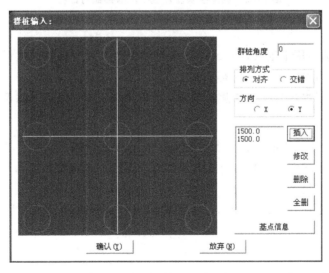

图 7.44 "群桩输入"对话框

图中白色的十字交点代表群桩的基点,该点在后面的操作中要和平面简图中的节点对位。该点的隐含值为群桩的中心,如果要修改它,可单击"基点信息"输入偏移值,单击"确认"按钮后即可将该组桩交互布置到平面的节点上,布置方式有直接选取、轴线输入、窗口输入等。

11. 沉降试算

"沉降试算"选项提供了根据桩筏沉降确定桩布置数量或桩长的工具。

选择"非承台桩/沉降试算"选项后，再选择筏板，弹出沉降控制复合桩筏沉降曲线对话框，如图 7.45 所示。设计者可以在对话框中看到桩长和桩数对桩筏的影响，并可以对筏板内的桩做相应的修改，也可以通过修改桩间距来调整桩的数量。这里的桩长是按单桩承载力计算得到的，与设计者输入的不同。

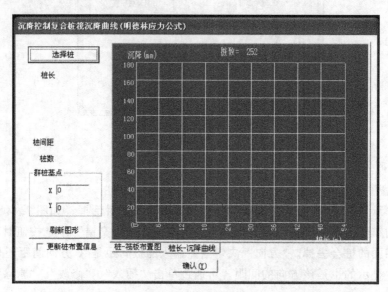

图 7.45　沉降控制复合桩筏沉降曲线对话框

12. 桩数量图

"桩数量图"选项用于生成且显示各节点和筏板区域内所需桩的数量的参考值，同时显示筏板抗力和抗力形心坐标，筏板荷载合力和合力作用点坐标。

提示：筏板区域内所需桩的数量参考值后面用括号表示的数是单桩承载力。

13. 围桩承台

"围桩承台"选项用于墙下桩承台的形成。先根据墙体的荷载在"非承台桩"子菜单中输入桩，桩的数量应满足承载力的要求。然后按围区方式将要生成承台的桩选取。程序会在选中的桩上形成桩承台。在选取过程中应注意在多边形凹点处尽量沿着桩边输入控制点。这里程序只是形成承台的多边形，承台的内力计算和配筋计算在后面的桩筏计算中进行。

14. 计算桩长

"计算桩长"选项可根据地质资料和每根桩的单桩承载力计算出桩长。对于同一承台下桩的长度取相同的值。选择"计算桩长"选项前必须首先选择"地质资料输入"选项。

为了减少桩长的种类，在计算桩长时要输入桩长归并长度，程序将桩长差在归并长度内的桩处理为同一长度。

15. 修改桩长

"修改桩长"选项用于输入或修改桩长。可对计算的桩长进行人工归并，如果没有计算桩长也可用该选项输入桩长。

无论是承台桩还是非承台桩，当程序退出交互输入计算校核前，桩的长度数据必须是已知值，可以通过"计算桩长"和"修改桩长"实现。

15. 查桩数据

"查桩数据"选项可以检查桩的数量、最小桩间距等信息。

选择"非承台桩/查桩数据"选项，在围区选取承台桩和非承台桩，弹出"桩数据检查结果"，如图 7.46 所示。

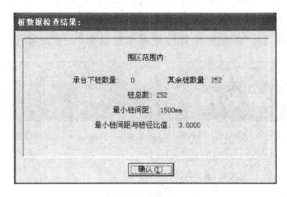

图 7.46　"桩数据检查结果"对话框

7.3.13　导入桩位

"导入桩位"菜单中的选项可以导入 AutoCAD 桩位图，程序默认输入图纸比例为 1∶100，并转为基础桩布置数据。

7.3.14　重心校核

"重心校核"菜单中的选项用于筏板基础、桩基础的荷载重心与基础形心位置的校核、基底反力与地基承载力的校核。该菜单下有 4 个选项：选荷载组、筏板重心、桩重心、清理屏幕。"选荷载组"选项供设计者在所有荷载组合中选择其中一组进行重心校核，每次只能选择一组，若要用多组荷载校核，则必须分多次进行。选择"筏板重心"选项后，各块筏板分别显示作用于该板上的荷载重心、筏板形心、平均反力、地基承载力设计值、最大及最小反力位置与数值。选择"桩重心"选项之后，程序提示设计者用光标围区若干桩，再显示该围区内的荷载重心与合力值、群桩形心与总抗力两者的偏心距。"清理屏幕"选项用于清除"筏板重心"和"桩重心"选项后在屏幕上显示的信息。

7.3.15　局部承压

"局部承压"选项是进行柱对独基、承台、基础梁及桩对承台的局部承压计算。选择该选项后再选择柱或桩屏幕上就会显示出局部承压计算结果。＞1.0 为满足局部承压要求。

7.4　基础梁板弹性地基梁法计算

此主菜单可用于按弹性地基梁法输入的筏板(带肋梁或板带)基础、梁式基础,进行基础沉降及基础结构计算,新的程序增加了一些新功能,如同时计算多块筏板;在筏板内的考虑多块加厚区的影响;等代上部结构刚度值可人工干预,以处理上部结构刚度不相同的基础;地基基床反力系数可人工修改;板计算增加了平均净反力的选择和塑性理论分析方法;对房间板的冲切、抗剪验算;墙下筏板的边界在一定条件下按铰接考虑;增加了平板抗冲切验算图等。沉降计算除原有的刚性底板假定外又增加了基础完全柔性假定方法(即规范手算方法),该方法可用于独基、条基的沉降计算。

右击 JCCAD 主菜单 3:"基础梁板弹性地基梁法计算",弹出如图 7.47 所示的主界面。

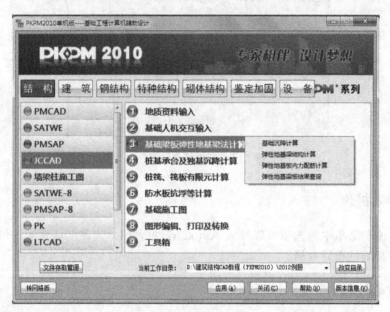

图 7.47　基础梁板弹性地基梁法计算主界面

7.4.1　基础沉降计算

此选项可用于按弹性地基梁法输入的筏板(带肋梁或板带)基础、梁式基础、独立基础、条形基础的沉降计算。如不进行沉降计算可不选择此选项,如采用广义文克尔法计算梁板式基础(筏板)则必须选择此选项,并按"刚性底板"假定方法计算。

提示:桩筏基础和无板带的平板基础则不能选择此选项。

选择"基础沉降计算"选项后,弹出"基础沉降计算"子菜单,如图 7.48 所示。

"刚性沉降"是采用以下假定与步骤计算沉降的。

图 7.48　"基础沉降计算"子菜单

① 假设基础底板为完全刚性的。

② 将基础划分为 n 个大小相等的区格。

③ 设基础底板最终沉降的位置用平面方程表示：$z=Ax+By+C$。

这样可得到 $n+3$ 元的线性方程组，未知量为 n 个区格反力加平面方程的 3 个系数（A、B、C）。方程组前 n 组是变形协调方程，后 3 组是平衡方程，解该方程组便可得到基底最终沉降和反力。本方法适用于基础和上部结构刚度较大的筏板基础(广义文克尔假定计算梁的内力，即用梁元法计算的筏板)。

"柔性沉降"是采用以下假定与步骤计算沉降的。

① 假设基础底板为完全柔性的。

② 将基础划分为 n 个大小可不相同的区格。

③ 采用规范使用的分层总和法计算各区格的沉降，计算时考虑各区格之间的相互影响。

本方法适用于独基、条基、梁式基础、刚度较小或刚度不均匀的筏板。

"结果查询"将以上两种计算方法和这计算两种方法后面附带的考虑荷载变化、地基刚度变化、基础梁刚度、上部结构刚度影响的沉降计算结果全部列出，包括全部图形文件和文本文件。下面将分别介绍刚性沉降的使用方法。

选择"刚性沉降"选项后，屏幕上会显示底板图形，并弹出"EFCJ"对话框，如图 7.49 所示。设计者可根据具体情况回答；然后按对话框提示输入网格区格的宽、高(mm)，输入后单击"确定"按钮并将其移动到合适位置。一般区格短向不少于 5 个，长向不小于 7 个，或长、宽为 2000～3000mm，总之区格总数不能超过 1000 个，尽量使区格与筏板边界对齐，一般区格的大小要反复调整几次才能达到较理想的状态。

图 7.49 "EFCJ"对话框

然后显示地质资料勘探孔与建筑物的相对位置，屏幕弹出"沉降计算参数输入"对话框，如图 7.50 所示。

1) 沉降计算地基模型系数

该系数为地基变形计算原理中的 $K_{ij}(i\neq j)$，当取 0 时为文克尔模型，考虑了土的应力、应变扩散能力后的折减系数。一般其值为 0.1～0.4，软土取小值，硬土取大值。

2) 沉降计算经验系数

该系数如填 0，则程序可自动按《建筑地基基础设计规范》(GB 50007—2011)给出的沉降计算经验系数 ψ_s 进行沉降修正。如果设计者不想用《建筑地基基础设计规范》给出的沉降计算经验系数 ψ_s 进行沉降修正，而想采用箱基规程或各地区的沉降计算经验系数 ψ_s 进行沉降修正，则设计者可输入自己选择的值。

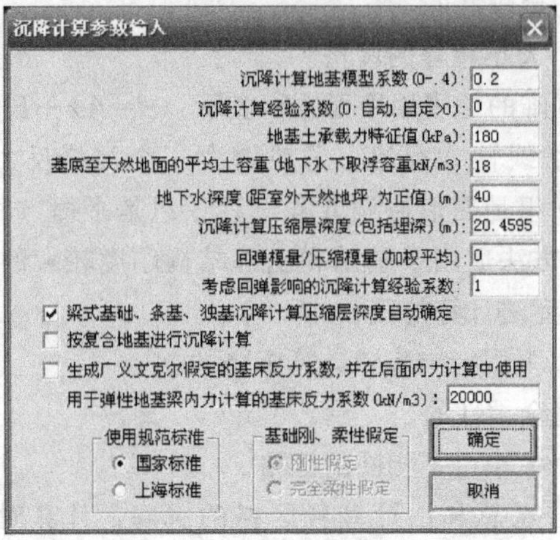

图 7.50 "沉降计算参数输入"对话框

3）地基土承载力特征值

所谓地基土承载力特征值指的是未经过基础宽度和深度修正的地基承载力特征值，单位为 kPa。它可根据地质勘测资料的实际情况输入。

4）基底至天然地面的平均土重度

按实际情况取值，当有地下水的部分取浮重度。

5）地下水深度（距室外天然地坪，为正值）

按地下水位距室外天然地坪的距离填写。

6）沉降计算压缩层深度（包括埋深）

对于筏板基础，该值可按规范近似公式取：基础埋深$+b(2.5-0.4lnb)$。其中：b 为基础宽度（详见《建筑地基基础设计规范》第 5.3.7 条）。对筏板基础，程序初次运行时自动按此公式给出初始值。

7）回弹模量/压缩模量

此项是根据《建筑地基基础设计规范》和《高层建筑筏形与箱形基础技术规范》（JGJ 6—2011）中的要求加上的，所不同的是后者中采用的是回弹再压缩模量。这样即在沉降计算中考虑了基坑底面开挖后回弹再压缩的影响，回弹模量或回弹再压缩模量应按相关试验值取值（见《建筑地基基础设计规范》的第 5.3.8 条和《高层建筑筏形与箱形基础技术规范》的第 3.3.1 条）。如没有该参数也可取 0，这样计算就不考虑回弹再压缩的影响了。

8）基础刚、柔性假定

设计者已选择了"刚性"或"柔性"假定计算沉降，因此该参数只显示选择的方法，不能修改。

提示：当基础计算仅有独基、条基时，设计者选择"刚性沉降"选项时，程序将提示不能采用刚性假定计算。

修改完参数后单击"确定"按钮，弹出输入沉降计算结果数据文件名对话框，如图 7.51 所示，如设计者想改为其他名称可在屏幕上输入。

程序继续运行时会在屏幕下方的提示区显示"柔性矩阵、位移和平衡方程正在形成"，然后每 10 列柔度矩阵元素形成后就在提示区显示"××列元素已形成"，提示区显示正在进行××区格沉降计算，计算完成后屏幕用图形方式显示计算出的各筏板基础各区格的设

计反力(含基础自重)，并在屏幕左上角用汉字显示各块板的平均沉降值(即形心处沉降)，X 向、Y 向倾角(由此可得到沉降差)，平均附加反力值。同时子菜单区弹出"数据文件"、"刚度沉降"选项，下面分别介绍这两个菜单。

(1)"数据文件"选项可查阅计算结果数据文件。

有关计算结果数据文件的内容与含义如下：第一次计算出的底板附加反力和底板设计反力(kN/mm^2)，下面是底板垂直变形方程的 3 个参数，即 A、B、C($Z = Ax + By + C$ 中的 3 个参数)。实际上 A 是底板 X 向转角(千分之 A)，B 是 Y 向转角(千分之 B)，C 是坐标为 $(0，0)$ 点的沉降值(mm)。下面的 3 个数是在设计荷载下的位移方程参数，没有实际意义。

程序继续运行，屏幕显示第一次修正后的反力与变形方程参数，格式同前面一样。这次修正主要是修正由于区格划分较多，K_{ij} 取值小于 1 引起的与《建筑地基基础设计规范》计算方法的差别，屏幕上会显示第二次修正结果，格式同前。这次修正主要是按《建筑地基基础设计规范》表 5.35 沉降计算经验系数 ψ_S 进行修正，设计者也可按《高层建筑筏形与箱形基础技术规范》的规定或各地区有关的经验系数取值进行修正。

各区格的地基刚度。它由公式 $\dfrac{q_i}{S_i}$(kN/m^3)计算得出，其中 q_i 和 S_i 分别为区格的设计反力和沉降值。一般来说，这个刚度值比弹性地基中选用的基床反力系数要低。如果前面数据表格中填写采用广义文克尔方法计算，则文件中还包括按填写的基床反力系数为平均值修正的变化的基床反力系数。最后用上述值得到各梁下地基土的基床反力系数，一般边角部大些，中央小些。

文件最后面是根据各区格的地基刚度得到的各梁下的地基刚度值，该刚度值用于考虑荷载变化、地基刚度变化、基础梁刚度、上部结构刚度影响的沉降计算。

(2)"刚度沉降"。

此选项可进行考虑荷载变化、地基刚度变化、基础梁刚度、上部结构刚度影响的沉降计算。

选择"刚度沉降"选项，程序将调用弹性地基梁内力计算程序，此时程序不采用并行方式运行，而进行顺序操作运行，并只给出与沉降有关的数据结果。程序首先进行计算参数的选择，选择计算模式；然后出现上部等代刚度选择修改(如果采用上部等代刚度模式计算)；再进行基床反力系数修改，这里的基床系数即为地基刚度；荷载图，显示的是准永久荷载；最后进行运算就得到梁的沉降图。

(3)"柔性沉降"。

选择"柔性沉降"选项后，程序运行时会在屏幕上提示设计者输入沉降计算结果数据文件名(隐含名 CJJS.OUT)，完成此操作后程序显示基础各区格附加反力图。此处显示的附加反力是该筏基的平均附加反力。沉降计算过程中屏幕下方的提示区显示"正在进行第

××区格中点的沉降计算"。可通过右侧菜单中的选项显示沉降量数值,沉降横剖面与纵剖面,查看计算结果数据文件,该文件记载有各区格编号、附加反力、应力积分系数、当量压缩模量、经验修正系数、沉降值。数据文件中有详细的中文说明。

7.4.2 弹性地基梁结构计算

此选项为弹性地基梁的结构计算,但带肋板式基础、划分了板带的平板式基础和墙下筏板式基础也可以用此选项计算。其中,墙下筏板式基础采用此选项时,仅计算出的节点反力用于板内力计算,其他计算结果没有意义。

选择"弹性地基结构计算"选项,弹出要求设计者确认输出文件名的对话框,如图 7.52 所示。设计者可根据情况自行决定。输入文件名后,单击"确定"按钮,弹出"弹性地基梁结构计算"子菜单,如图 7.53 所示。设计者可根据需要任意选择选项,进行各选项功能的查看、修改和执行,若对计算结果不满意,则可随时调整参数重新计算。下面介绍各选项的功能和使用方法。

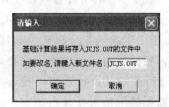

图 7.52　输入计算结果文件名　　　图 7.53　"弹性地基梁
结构计算"子菜单

1. 计算参数

此选项的主要功能是读取相关数据,并通过对话框修改计算参数,增加吊车荷载和选择计算模式。

选择"计算参数"选项,弹出"计算模式及计算参数修改"对话框,如图 7.54 所示,对话框中有多个按钮。

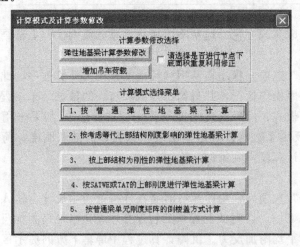

图 7.54　"计算模式及计算参数修改"对话框

1）计算参数修改选择

（1）弹性地基梁计算参数修改。

单击"弹性地基梁计算参数修改"按钮，弹出"弹性地基梁计算参数修改"对话框，如图7.55所示。

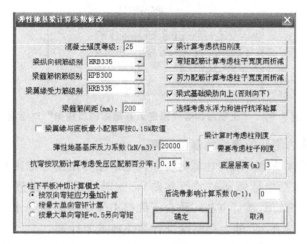

图7.55　"弹性地基梁计算参数修改"对话框

① 弹性地基基床反力系数。在单位面积上引起单位位移所需施加的外力。K 值应取与基础接触处的土参数值，土越硬取值越大，埋深越大取值越大，考虑垫层影响取值较大。

② 抗弯按双筋计算考虑受压区配筋百分率。为合理减少钢筋用量，在受弯配筋计算时考虑了受压区有一定量的钢筋，在程序中实配钢筋量不少于 0.15%。此项初始值为 0.15。

③ 梁计算考虑抗扭刚度。该项为复选项，选中表示考虑扭转刚度。不考虑扭转刚度时，梁计算后没有扭矩，但另一方向梁的弯矩会增加。该项初始值为考虑扭转刚度。

④ 弯矩配筋计算、剪力配筋计算考虑柱子宽度而折减。在弹性地基梁采用梁元法配筋计算时，可以考虑支座（柱）宽度的影响，实现配筋取距柱边 1/3 宽度处的内力计算，此时最多可减少 30% 的内力。

（2）增加吊车荷载。

程序增加了带轻型吊车工业框架结构的基础计算功能。

选择"轮压荷载"选项，定义吊车的最大和最小轮压荷载，再选择"吊车节点"选项，将吊车荷载输入到图中各对节点上。

2）计算模式选择菜单

程序提供了5种弹性地基梁计算模式。

（1）按普通弹性地基梁计算。

该方法是指进行弹性地基结构计算时不考虑上部结构刚度影响，是最常用的方法，一般推荐使用此方法。

（2）按考虑等代上部结构刚度影响的弹性地基梁计算。

该方法是指进行弹性地基结构计算时可考虑一定等代上部结构刚度的影响。

单击该按钮，弹出"上部结构等代刚度为基础梁刚度倍数"对话框，如图 7.56 所示，单击"利用上面 3 个数自动计算下面的刚度倍数"按钮，程序自动计算等代刚度倍数。

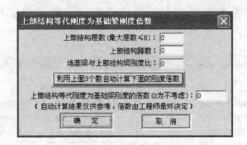

图 7.56　"上部结构等代刚度为基础梁刚度倍数"对话框

(3) 按上部结构为刚性的弹性地基梁计算。

该方法是指进行弹性地基结构计算时将等代上部结构刚度考虑得非常大，以至于各节点的位移差很小(不包括整体倾斜时的位移差)，此时几乎不存在整体弯矩，只有局部弯矩，其结果类似于传统的倒楼盖方法，适合于纯剪力墙结构的地梁计算。

(4) 按 SATWE 或 TAT 的上部刚度进行弹性地基梁计算。

该方法是指按 SATWE 或 TAT 计算的上部结构刚度用子结构方法凝聚到基础上，该方法最接近实际情况，用于框架结构非常理想。对于框架-剪力墙结构，建议优先使用 SATWE 刚度(SATWE 和 TAT 刚度数据文件名为 SATFDK.SAT 和 TATFDK.TAT)。

(5) 按普通梁单元刚度矩阵的倒楼盖方式计算。

该方法采用传统的倒楼盖方法，梁单元取用了考虑剪切变形的普通梁单元刚度矩阵，一般不推荐使用该方法，其计算结果明显不同于弹性地基梁方法。

2. 等代刚度

如果设计者选择了"按考虑等代上部结构刚度影响的弹性地基梁计算"或"按上部结构为刚性的弹性地基梁计算"，即采用等代上部结构刚度法计算时，此选项才有意义，否则程序自动跳过，弹出一幅位于基础上面的等代交叉梁体系图。这一梁系通过柱子及剪力墙与基础梁系相接，当基础发生整体弯曲时，上部梁系就会抑制这种弯曲，抑制弯曲能力取决于等代交叉梁系的刚度。图中梁线上的紫色数据是该梁相对于基础梁平均刚度的倍数(该数越大对基础整体弯曲约束性能越好)，该数值是设计者在"参数修改"时确定的，选择"按上部结构为刚性的弹性地基梁计算"方法计算时，该数值自动由程序定义为 200。梁线上的绿色数据是该梁编号(该编号排在地基梁系后面)，梁线下的黄色数据是该梁的长度(mm)。

设计者可通过右侧"改刚度值"选项来修改等代刚度倍数，以便处理同一基础上部刚度不等的情况(如高层与裙房)。设计者可用"刚度保存"选项来决定下次运行该程序是否保留目前图上显示的相对刚度值，程序的隐含不保留当前相对刚度值。

3. 基床系数

选择"基床系数"选项，屏幕显示地基梁的节点平面图(DL.T)供设计者检查，图中红圈内的数值是节点编号，绿色数字是梁编号，黄色数字是梁的标准截面号，其后是梁肋尺寸，紫色数字是梁的基床反力系数。

"改基床 K 值"选项：对各梁基床反力系数进行修改，以达到不同位置基床反力系数不同的目的，特别是当局部地基做了处理后，承载力得到提高，其基床反力系数也应做相同提高。

"改独基值 K"选项：用于独立基础和地基梁基础的共同工作计算。当独立基础与地基梁基础刚接，且地基梁承受一部分反力时，设计者可用此选项在独基节点下输入独基反力系数(基床反力系数×独基面积，节点下有桩时也可采用输入桩基反力系数方法做类似处理)，此时设计者可根据地基梁承受的反力比例适当调整，减小地基梁下的基床系数，以达到共同工作的目的。

"存基床 K 值"选项：可保存或不保存当前显示的基床反力系数，程序隐含保存当前基床反力系数。

4. 荷载显示

选择"荷载显示"选项，屏幕显示梁的荷载图(DH？.T)，其中红色为节点垂直荷载，紫色为节点 M_X 弯矩，黄色为节点 M_Y 弯矩(弯矩方向已在图上标出)，绿色为梁上均布荷载。图名中的"？"表示荷载组号，前面选择了几组荷载，这里就显示几幅荷载图。

5. 计算分析

"计算分析"选项是进行弹性地基梁有限元分析计算的一个必须执行的过程，执行过程中没有图形显示。当设计者要求计算要考虑底面积重复利于修正时，程序在运行中会用对话框提示设计者底面积重复利用修正系数的理论值及是否修正，如不修正，则系数填0。

在"计算分析"选项中，程序要形成弹性地基梁的总体刚度矩阵，它包含上部结构等代刚度或 SATW 凝聚到基础的刚度，局部剪力墙对墙下梁的刚度贡献，并形成荷载向量组，求解线性方程组，得出各节点、杆件的位移、内力，然后根据混凝土规范、基础规范、人防规范(处理4、5、6级核武人防和5、6级常武人防)、升板结构规范(处理柱下平板结构)，进行杆件配筋计算和相关的验算。

图 7.57 "计算结果图形显示"菜单

6. 结果显示

选择"结果显示"选项，弹出"计算结果图形显示"菜单，如图 7.57 所示。

设计者可根据需要选择是否显示计算结果图形，选择点取显示或按顺序全部都显示。设计者在前面选择了几组荷载，这里每个内力、位移、反力图就显示几幅内力图。配筋面积图则选择各组荷载的最大配筋量。

提示：如果上面选项中的图在这里没有点取、形成、打开，那么在后面的"计算结果查询"中也没有此图。

7. 归并退出

"归并退出"选项的功能是对完成计算的梁进行归并及退出。

选择"归并退出"选项，屏幕显示归并条件，并提示输入归并系数(其隐含值为0.2)，单击"确定"按钮后程序自动根据各梁段的截面、跨度、跨数等几何条件进行几何归并，然后根据几何条件相同的梁的配筋量和归并系数进行归并。

选择"归并结果"选项，在屏幕上显示归并结果，其中包括所采用的归并系数、基础连续梁的总根数、标准梁的种类数和最后归并出的连续梁根数；然后屏幕显示地基梁简图，并标出每根连续梁的编号。

选择"改梁名称"选项，可修改程序隐含的标准梁名称，该梁名称将传到施工图绘制程序，并自动标注名称。

选择"重新归并"选项，可重新输入归并系数进行归并。对于柱下平板体系程序，考虑到平面结构的布筋复杂，故不进行连梁的归并。

7.4.3 弹性地基板内力配筋计算

此选项的主要功能是对地基板局部内力进行分析与配筋，以及对钢筋进行实配和裂缝宽度的计算。但梁式基础结构无需选择此选项。

选择"弹性地基板内力配筋计算"选项时，弹出其子菜单，如图 7.58 所示。

1. 参数 & 计算

此选项的功能是确定、修改板计算参数和板的局部弯矩配筋计算。

图 7.58 "弹性地基板内力配筋计算"子菜单

选择"参数 & 计算"选项，弹出"弹性地基板内力配筋计算参数"对话框，如图 7.59 所示。

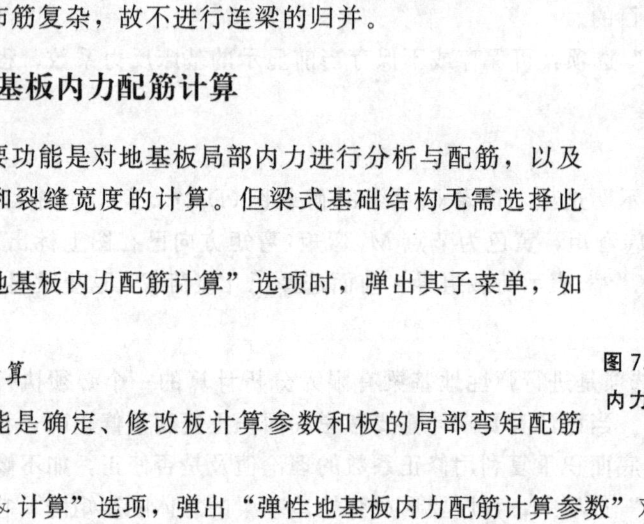

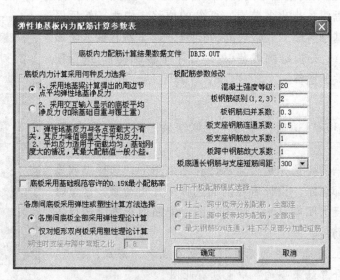

图 7.59 "弹性地基板内力配筋计算参数表"对话框

1）底板内力配筋计算结果数据文件

该项初始名为"DBJS.OUT"，如改名，则需设计者键入新文件名。

2）底板内力计算采用何种反力选择

底板计算反力选择有两种：一种是采用地基梁计算得出的各房间周边节点弹性地基反

力的平均值，另一种是采用平均反力计算底板配筋。弹性地基反力与各点荷载大小有关，其反力峰值明显大于平均反力。平均反力适用于荷载均匀、基础刚度大的情况，其最大配筋值较小些。

3）各房间板采用弹性或塑性计算方法选择

程序提供两种选择：各房间底板全部采用弹性理论计算；仅对矩形双向板采用塑性理论计算。设计者可根据具体情况自行决定进行选择。

4）板底通长钢筋与支座短筋间距

该间距参数是指通长筋与通长筋的间距，短筋与短筋的间距，当通长筋与短筋同时存在时，两者间距应相同，以保持钢筋布置的有序。规范要求基础底板的钢筋间距一般不小于150mm，但由于板筋可能通长筋与短筋并存，也可能通长单独存在，因此板筋的实配比较复杂。通过该参数，可根据不同情况控制板底总体钢筋间距。该参数隐含为300mm。当实配钢筋选择无法满足指定间距要求时，程序自动选择直径36mm或40mm的钢筋，间距根据配筋量反算得到。

5）底板采用基础规范容许的0.15％最小配筋率

该项为复选项，选中表示不但在平时条件下，而且在人防条件下底板配筋计算中均采用了0.15％的最小配筋率，否则将按普通构件的最小配筋率0.2％计算。

完成选择输入相关参数后单击"确定"按钮，程序便开始底板计算，其工作界面如图7.60所示。

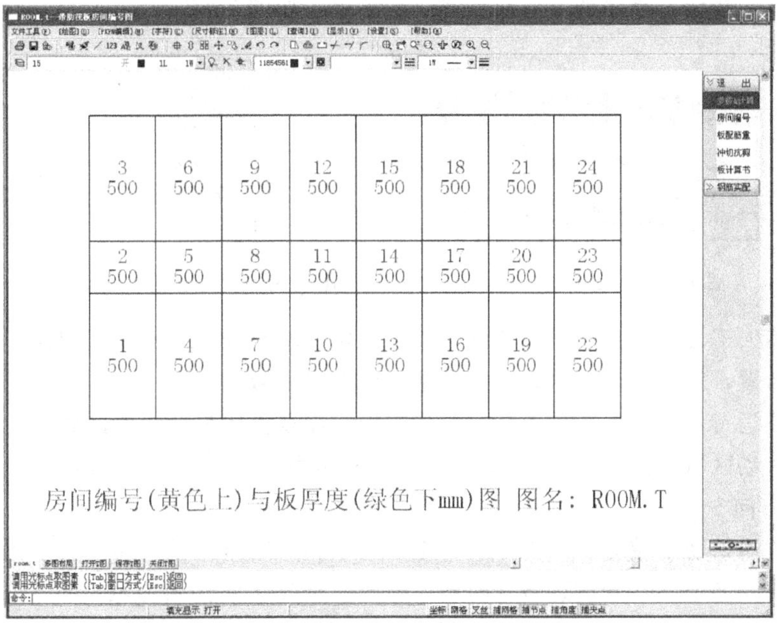

图7.60　地基板内力分析计算工作界面

2. 房间编号

选择"房间编号"选项，弹出房间编号图，给出每个房间的编号（黄色上）、板厚度（绿色下），通过房间编号图可很方便地同板计算书中的各房间的计算结果对应检查。

3. 板配筋量

选择"板配筋量"选项，弹出各房间的板局部弯矩下的配筋面积图（BJ.T）。图中显示所有板的跨中、支座钢筋 A_s/m。图中绿色数字表示支座配筋量，黄色数字表示跨中配筋量。跨中钢筋显示的方向即为主弯矩方向。

4. 冲切抗剪

选择"冲切抗剪"选项，弹出肋板式基础的每个房间底板的抗冲切、抗剪安全系数图。本程序采用了地基基础规范的验算方法。图中每个房间均有抗冲切安全系数（黄色上）、抗剪安全系数（黄色下），这里的安全系数定义为设计承载能力/设计反力，其值大于或等于 1 时满足规范要求。

5. 板计算书

选择"板计算书"选项，弹出文本格式的底板计算书，其内容为计算参数与计算结果。

6. 钢筋实配

此选项的功能是进行筏板钢筋实配选择和裂缝宽度验算。其形成的钢筋实配方案可直接用于后面的筏板钢筋施工图中，如果不选择此选项，也可在筏板钢筋施工图绘制中进行钢筋实配。此选项钢筋实配的基本方法是必须在筏板上布置一定量的通长钢筋，根据钢筋量的大小，梁下不足之处再补充支座短筋，跨中钢筋则全部使用通长筋布置。

选择"钢筋实配"选项，程序弹出"JCEF2"对话框，如图 7.61 所示，设计者根据实际情况选择。

单击"是"按钮，程序弹出"通长筋"子菜单，如图 7.62 所示。

图 7.61 "JCEF2"对话框 　　图 7.62 "通长筋"子菜单

需要采用人工方式或自动方式布置通长筋区域。所有操作均有中文提示。通长筋区域一般要正交布置，对非正交布置，不宜少于 3 个方向区域相交。

若需反复运行，则可单击"否"按钮，这样无需重复定义通长筋区域。

选择"自动区域"选项，程序自动将每块板作为两个通长筋区域，一个为 X 方向，另一个为 Y 方向。

人工布置通长筋区域时有两种方式：矩形区域和多边形区域。布置时按提示应先指出与通长筋方向相同的梁，若没有该方向梁，则要在按 Tab 键后键盘输入角度。

完成通长筋区域布置，程序继续运行时就会显示计算好的钢筋布筋图，如图 7.63 所示。设计者可根据"改通长筋"、"改支座筋"选项分别修改通长筋和支座筋。修改内容包括通长筋直径与间距，支座筋的直径、间距、长度和两支座筋的连通。对于平板支座短筋还可修改钢筋方向和布筋宽度。程序还有相同修改和相同拷贝的功能，设计者可根据程序提示进行操作。对于平板柱式基础，如上面有剪力墙，应适当在墙下增加一些支座短筋，或采用柱上板带的配筋量以保证不出现较大的裂缝。

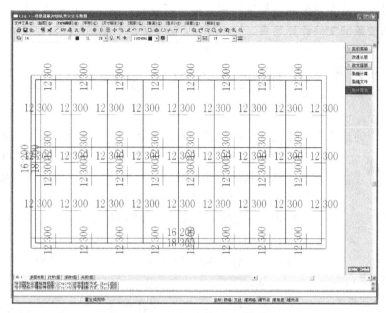

图 7.63 底板钢筋布筋图

设计者可选"裂缝计算"选项，查看裂缝宽度计算结果。如果不满意，则可修改配筋，重新验算。

7.4.4 弹性地基梁板结果查询

此选项的主要功能是方便设计者查询 JCCAD 主菜单 3："基础梁板弹性地基梁法计算"中完成的计算结果，包括图形和文本数据文件。

选择"弹性地基梁板计算结果查询"选项，弹出"计算结果查阅菜单"对话框，如图 7.64 所示。

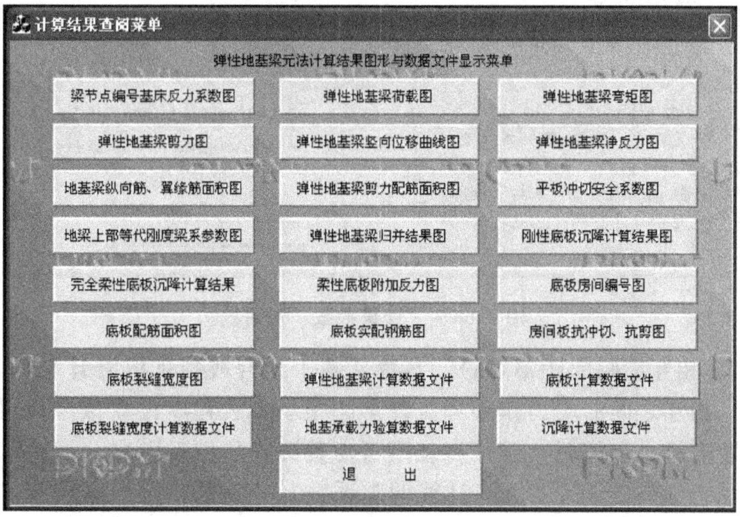

图 7.64 弹性地基梁元法计算结果图形与数据文件显示菜单

设计者可根据需要查询的结果选择相应的选项查阅。当某选项变灰时，即意味着没有该选项的图形或数据文件计算结果。

7.5 桩基承台及独基沉降计算

此主菜单中的选项主要适用于桩承台基础的计算分析，可从前面交互输入选取的荷载中挑选多种荷载工况下对承台和桩进行抗弯、抗剪、抗冲切计算与配筋，给出基础配筋、沉降等计算结果，并将计算结果以图形方式存储，也可完成柱下独立基础的沉降计算。

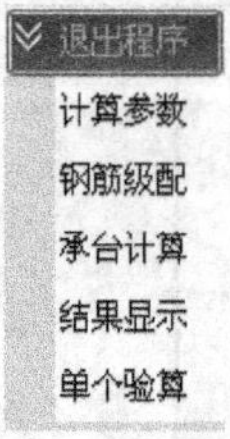

双击 JCCAD 主菜单 4："桩基承台及独基沉降计算"，弹出其子菜单，如图 7.65 所示。

桩基承台是桩基的主要形式，其计算可在菜单的提示下进行。

图 7.65 "桩基承台及独基沉降计算"子菜单

（图中菜单项：退出程序、计算参数、钢筋级配、承台计算、结果显示、单个验算）

1. 退出程序

选择此选项，会将交互式计算及归并的结果进行存储，形成绘制桩基础详图程序所需的数据文件。

2. 计算参数

选择"计算参数"选项，弹出"计算参数"对话框，如图 7.66 所示。

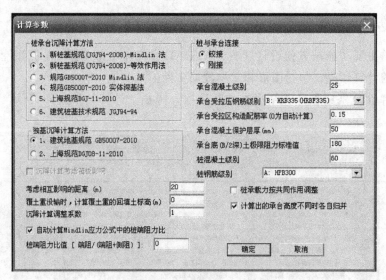

图 7.66 "计算参数"对话框

其中，"考虑相互影响的距离(m)"参数是基于承台或独基沉降计算的，当两基础距离相距较远时，相互之间的应力作用和沉降影响很小，故程序设立该参数供设计者修改；当两基础之间距离超过该值时，程序自动不考虑其沉降的相互影响。"覆土重没输时，计算覆土重的回填土标高(m)"、"沉降计算调整系数"等参数，可根据工程实际情况填写，对于桩承台计算方法，程序为设计者提供了 6 种规范计算方法，设计者可根据工程实际情况及修改规范进行选择使用。

（1）承台底（$B/2$深）土极限阻力标准值。

此名词为桩基规范名词，也称土极限承载力特征值。其输入的目的是当桩承载力按共同作用调整时，考虑桩间土的分担。

（2）桩承载力按共同作用调整。

该项的含义为是否采用桩土共同作用方式进行计算。影响共同作用的因素有桩距、桩长、承台大小、桩排列等，见《建筑桩基技术规范》（JGJ 94—2008）第 5.2.2.2 条和5.2.3.2 条。

（3）桩与承台连接。

程序提供"铰接"和"刚接"两种连接方式。按工程实际输入，通常为铰接。

3. 钢筋级配

选择"钢筋级配"选项，弹出钢筋级配表。承台配筋时将以此表级配进行选筋，若设计者对此表级配不满意，则可进行修改。

4. 承台计算

此选项运行时首先选择荷载。荷载选择范围必须在交互输入已选定的荷载中，PMSAP、SATWE、砖混荷载、PM 四类荷载不能同时选择。选择荷载后程序立即根据计算信息的内容进行自动计算，计算结果见"结果显示"。

5. 结果显示

选择"结果显示"选项，弹出"计算结果输出"对话框，如图 7.67 所示，其内容为计算结果图形和文件。

图 7.67 "计算结果输出"对话框

对图形文件 ∗.T 及数据文件 ∗.OUT 都可进行操作，其中"改变字高"用于改变图形中标注字体的大小，"图层管理"主要进行各图层（包括墙、柱、梁、桩、承台、板等）的打开（显示）、关闭（不显示）与删除。

6．单个验算

此选项的功能是对指定的承台及荷载进行计算并显示计算过程及结果，以便设计者进行校核。使用方法为直接点取，轴线点取和窗口点取方式单击要计算的承台，并显示其计算结果。

7.6 桩筏、筏板有限元法计算

此主菜单中的选项用于桩筏和筏板基础的有限元分析计算（简称"板元法"，它考虑梁与板的共同作用），适用于平筏板、梁筏板、桩筏板、地基梁、带桩地梁、桩承台等多种基础的计算分析。

通过此菜单中选项的运行，可以计算得到筏板在各荷载工况下的配筋、内力、位移、沉降、反力等较为全面的图形和文本结果。

进行板有限元法计算，首先必须进行网格单元划分，本程序实现了对于一般承台梁与筏板的网格与单元按设计者指定的单元尺寸范围自动划分编号，形成有限元计算程序所需的几何数据文件 DAT.ZF 及荷载数据文件 LOAD.ZF。荷载文件中包含多种荷载，并同时进行计算。

双击 JCCAD 主菜单 5："桩筏、筏板有限元计算"，弹出"请选择"对话框，如图 7.68 所示。

如果单击"第一次网格划分"按钮，则所有已经存在的网格划分结果及相关参数均被取消。如果单击"在原基础上修改或计算"按钮，则原来的网格划分结果及相关参数将被保留，可以在此基础上进行更加深入的网格细分工作。进行选择后，弹出其子菜单，如图 7.69 所示。下面主要介绍各选项的功能。

图 7.68 "请选择"对话框

图 7.69 筏板数据输入子菜单

7.6.1 模型参数

选择"模型参数"选项，弹出"计算参数"对话框，如图 7.70 所示。下面对各功能进行详细讲解。

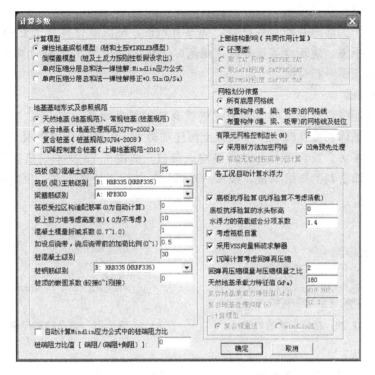

图 7.70　板元法"计算参数"对话框

1．计算模型

"计算模型"是对桩土计算模型的选择，4 种计算模型适应不同的情况，如图 7.71 所示。

（1）弹性地基梁板模型（桩和土按 WINKLER 模型）。

该模型为简化模型，是工程设计常用模型，适用于上部刚度较小的结构（如框架结构、多层框架-剪力墙结构），薄筏板基础。

（2）倒楼盖模型（桩及土反力按刚性板假设求出）。

该模型按刚性板假定计算桩顶反力，适用于上部刚度较大的结构（如剪力墙结构，高层框架-剪力墙结构），厚筏板基础。

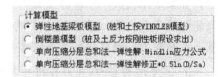

图 7.71　板元法计算模型的选择

（3）单向压缩分层总和法——弹性解：Mindlin 应力公式。

该模型为《建筑地基基础设计规范》（GB 50007—2011）推荐的桩基、筏基分层总和沉降计算方法，适用于上部刚度较小的结构，薄筏板基础。

（4）单向压缩分层总和法——弹性解修正 * 0.5ln(D/Sa)。

该模型是对第 3 种模型改进的计算方法，在弹性应力叠加时考虑应力扩散的局限性，其应用范围更广泛。

2．地基基础形式及参照规范

不同的地基基础形式参照的规范是不同的，由设计者选择基础形式及参照规范，如图 7.72 所示，共有 4 个单选按钮。

（1）天然地基和常规桩基。

此形式适用于天然地基和常规桩基，如没有布桩，则沉降计算按天然地基进行考虑，计算参数的选择根据《建筑地基基础设计规范》（GB 5007—2011)沉降计算方法进行反推。如有桩，则桩间土不分担荷载。

（2）复合地基。

此形式适用于符合地基，可以采用无桩或有桩的复合地基，如 CFG 桩、石灰桩、水泥土搅拌桩等，桩体在交互输入中按混凝土灌注桩输入，沉降计算时根据《建筑地基处理技术规范》进行考虑。复合地基可以直接输入参数，如图 7.73 所示。没有布桩的复合地基，可以提高地质资料的压缩模量，按天然地基设计并选择计算方法，决定采用复合模量法还是 Mindlin 法。

图 7.72　基础形式的选择

图 7.73　地基的类型选择

（3）复合桩基。

对桩土共同分担计算方法采用《建筑桩基技术规范》（JGJ 94—2008)中的相关规定，根据分担比确定基床系数(1 模型)或分担比(2、3、4 模型)。一般基床系数是天然地基基床系数的 1/10 左右，分担比小于 10%。计算参数的选择根据《建筑桩基技术规范》沉降计算方法进行反推。

（4）沉降控制复合桩基。

对桩土共同分担计算方法采用《地基基础设计规范》（DGJ 08—11—2010)中的相关规定，如果上部荷载小于桩的承载力，土不分担，则其计算与常规桩基一样，当上部结构荷载超过桩承载力后，桩承载力不增加，其多余的荷载由桩间土分担，计算类似于天然地基，计算参数的选择根据上海规范沉降计算方法进行反推。

3. 上部结构影响(共同作用计算)

板元法可以考虑上部结构刚度对基础的影响，使上下部结构共同作用，计算比较准确地反映了实际受力情况，可以减少内力，节省钢筋。程序共有 4 个单选按钮，分别是不考虑、取 TAT 刚度 TATFDK. TAT、取 SATWE 刚度 SATWE. SAT 和取 PMSAP 刚度 SAPFDK. SAP，如图 7.74 所示。

提示：选择考虑上部结构影响的前提是，在上部结构计算时在计算控制参数中单击"生成传给基础的刚度"。

4. 网格划分依据

网格划分依据分 3 种情况，如图 7.75 所示。

（1）所有底层网格线。

程序按所有底层网格线先形成一个个大单元，再对大单元进行细分。

图 7.74　上部结构影响的选择　　　　图 7.75　网格划分依据的选择

（2）布置构件（墙、梁、板带）的网格线。

当底层网格线较为混乱时，划分的单元也可能比较混乱，选中此单选按钮后，只选择有布置构件（墙、梁、板带）的网格线形成一个个大单元，再对大单元进行细分。

（3）布置构件（墙、梁、板带）的网格线及桩位。

此项在第 2 项的基础上考虑桩位，有利于提高桩位周围板内力的计算精度。

提示：桩筏板基础网格划分应选择第 3 项，以保证柱和桩位于网格节点上，剪力墙位于网格线上，其他筏板可以选择前两项。

5. 单元尺寸

单元尺寸的选择如图 7.76 所示。

有限元网格控制边长（m）：控制网格单元自动划分的大小，一般来说每个房间，或至少起控制作用的房间划分不得少于 4 个区格，否则精度不够。但是网格划分精密度高，其计算时间就长，同时还可能某些单元需要人工处理。其隐含值为 2，对于小体量筏板或局部计算，可将控制边长缩小（0.5~1m）。

6. 材料参数

材料参数的设置如图 7.77 所示。

图 7.76　有限元单元尺寸　　　　图 7.77　材料参数的设置

（1）筏板受拉区构造配筋率。

当为 0 时按《混凝土结构设计规范》自动计算，该规范第 9.5.1 条规定为 0.2% 和 $0.45f_t/f_y$ 中的较大值，地基规范第 8.4.11 条与第 8.4.12 条规定是 0.15%，应输入 0.15。

（2）板上剪力墙考虑高度（m）。

板上剪力墙在计算中按深梁考虑，高度越高剪力墙对筏板的贡献越大。其隐含值为10，表示 10m 高的深梁。

（3）混凝土模量折减系数。

其隐含值为 1.0，在计算时直接采用《混凝土结构设计规范》第 4.1.5 条中的弹性模

量。这是为了满足设计者的特殊要求，因为内力计算与刚度相关，刚度越大内力越大，有些设计者为了降低配筋而对混凝土弹性模量进行折减。

(4) 如设后浇带，浇后浇带时的荷载比例。

程序用该参数控制是否计算后浇带且与后浇带的布置配合使用，有以下3种选择。

① 输入"0"，取整体计算结果，即筏基为一块整体筏板，不设后浇带。

② 输入"1"，取分别计算结果，即筏板为几块独立筏板，不设后浇带，设沉降缝。

③ 输入"0~1"之内的小数，为设后浇带，该值与浇注后浇带时沉降完成比例有关，浇注时间越晚，沉降越趋于稳定，取值越大。

(5) 桩顶的嵌固系数(铰接0~1刚接)。

该参数为0~1，反映嵌固状况，无桩时此系数不出现在选项组中。其隐含值为0。

提示：除嵌入筏板一倍桩径以上的钢桩和预应力管桩可以设置为刚接，其他只传递竖向力不传递弯矩的各类桩都应设置为铰接。

7. 水浮力计算选择及参数输入

水浮力计算选择及参数输入如图7.78所示。

(1) 各工况自动计算水浮力。

如需要在原计算工况组合中考虑水浮力，则选中该复选框，标准组合系数为1.0，基本组合系数由设计者设置，初始值为1.0。

(2) 底板抗浮验算的水头标高。

它是勘察设计单位依据已有水文地质资料预测的在未来结构设计使用年限内的最高水位值，以结构±0.000标高为基准，±0.000标高以上为正，±0.000标高以下为负，单位为m。

(3) 底板抗浮验算(抗浮验算不考虑活载)。

程序对筏板进行抗浮力验算，选中该复选框后，屏幕提示"底板抗浮力验算的水头标高"，可按实际情况输入抗浮参数。

8. 沉降计算考虑回弹再压缩

回弹再压缩参数如图7.79所示。

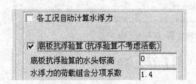

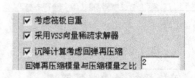

图7.78 水浮力计算选择及参数输入　　　　　图7.79 回弹再压缩参数

(1) 考虑筏板自重。

基础设计需要考虑筏板自重时，应选中该复选框。

(2) 沉降计算考虑回弹再压缩。

选中该复选框后，屏幕提示"回弹再压缩模量与压缩模量之比"，可按实际情况输入参数，取值为2~5，初始值为2。

提示：除先打桩后开挖施工外，沉降计算应考虑基坑土回填再压缩影响，否则计算裙房沉降偏小，主楼沉降偏大。

9. 桩端阻力比

桩端阻力比的设置如图7.80所示。

如果选择上海规范，并在地质资料中输入每个土层的侧阻力、桩端土层的端阻力，则程序以输入的承载值做依据。其他情况根据桩基规范计算桩承载力的表格查表求出每个土层的侧阻力、端桩土层的端阻力并计算桩端阻力比。程序可以自动计算，为了设计者校核方便，还可以直接输入桩端阻力比值。

```
☐ 自动计算Mindlin应力公式中的桩端阻力比
  桩端阻力比值 [ 端阻/(端阻+侧阻) ]: 0
```

图7.80 桩端阻力比的设置

设置板元法计算参数后，单击"确定"按钮，返回到"筏板参数输入"子菜单，下面必须进行计算前的数据准备工作。

7.6.2 刚度修改

此菜单中的选项用于设置各桩的刚度，当无桩时不显示此菜单。

选择"刚度修改"选项，弹出桩的"刚度修改"子菜单，如图7.81所示。

单桩弹性约束刚度 K 包含竖向与弯曲刚度，程序能根据地质资料计算单桩刚度，如果有地质资料，则可选择"刚度显示"选项，显示程序自动计算的刚度值。

```
∨ 回主菜单
  桩K定义
  K值布置
  K值删除
  刚度显示
  局部放大
```

图7.81 桩的"刚度修改"子菜单

桩竖向刚度可以根据试桩报告中 Q-S 曲线（图7.82）的斜率求取"桩竖向刚度＝桩承载力特征值(kN)/对应的桩顶沉降(m)"。桩弯曲刚度可取0。图中提供了试桩沉降完成系数，设计者可将试桩刚度结果进行折减，这是由于试桩过程只反映单桩短期受力特性。如刚度为0，则不考虑桩的作用。

图7.82 试桩报告中的 Q-S 曲线

7.6.3　网格调整

有限元计算精度与单元数有关，程序可根据 PMCAD 的网格线及"模型参数"中有限元网格控制边长参数，进行自动划分单元，也可采用人工加密网格。

选择"网格调整"选项，弹出"网格调整"子菜单，如图 7.83 所示。

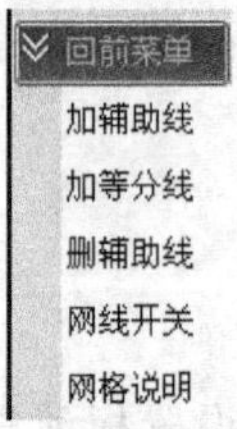

1. 加辅助线

加辅助线可在 PMCAD 已有的网格上增加辅助线重划网格，可随意输入两点，但在原节点周围输入点时会自动捕捉到原节点。

2. 加等分线

加等分线时，先完成有效网格线的捕捉，将两条捕捉到的网格线上的等分点连接，这几条互不相交的连线就是辅助线，并能记忆输入的辅助线。

3. 网线开关

网格开关的作用是对多余的网格线进行删除及对删除后的网格线进行恢复。

4. 网格说明

网格说明指对网格含义与使用作提示性说明。

提示：从一般意义上讲，随着网格细分程度的增加，程序的计算结果将会更加准确，但是同时也会使得计算资源的耗费成倍增加。比较合理的选择网格密度的做法是通过不同网格细分程度的多次试算，找到一个可以得到工程满意解的网格密度。程序给出的有限元网格控制边长的默认值为 2m。

JCCAD 程序对桩筏基础的网格划分采用了"先细化，后合并"的做法。首先将柱、桩、剪力墙作为节点将筏板基础划分为三角形网格，然后将划分得到的三角形网格合并为符合规定的、可以转变为 MINDLIN 板单元的四边形网格。

提示：常规工程通常不需要人工修改网格。

7.6.4　单元形成

有限元单元形成是在前面网格加密后的基础上，按网格线形成的区格自动形成单元。单元自动形成的原则如下。

（1）四边形单元，每边中间节点数不可大于 2 点。

（2）三角形单元，每边中间节点数不可大于 1 点。

（3）为了保证收敛，相邻单元节点必须满足变形协调。

单元自动划分生成的单元，单元形状是四边形（每边可为曲线）或三角形，三角形节点数从 3 节点到 6 节点，四边形节点数从 4 节点到 12 节点。单元编号完全自动进行。如果不成功，则选择"网格调整"进行处理。

图 7.83　"网格调整"子菜单

回前菜单
加辅助线
加等分线
删辅助线
网线开关
网格说明

7.6.5 筏板布置

此菜单中的选项功能是在形成的单元上，允许设计者对已经布置筏板参数进行修改，各单元上的筏板厚度、标高、板面荷载、基床反力系数都可变化，只是需要人工设置。

选择"筏板布置"选项，弹出"筏板布置"子菜单，如图7.84所示。

选择"筏板定义"选项，弹出筏板定义对话框，如图7.85所示。

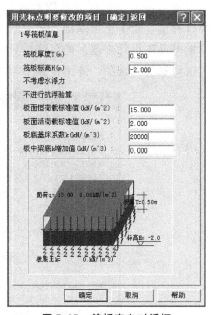

图7.84 "筏板布置"
子菜单

图7.85 筏板定义对话框

"筏板定义"选项允许设计者将已定义的筏板布置在指定位置，取代原有筏板。

使用时先进行筏板定义，其中包括板底标高、板厚、板的均布荷载、板底水浮力、板及梁下土的基床反力系数，再进行筏板布置，可以直接布置和窗口布置。直接布置时，在图形区上方，显示筏板与周围承台梁的交接情况。如不进行筏板布置，则程序默认取第一种类型布置。基床反力系数可以由设计者给出，也可通过后面的沉降试算由程序给出建议值。

（1）"板中梁底 k 增加值"。即针对格梁和筏板下土基床系数不同情况下的调整系数。例如，防水板不承受土反力，可将筏板的基床系数定为0，梁底 k 增加值设为土相应的基床系数。

（2）"定后浇带"选项。允许设计者将部分筏板指定为后浇带。

（3）"查单元号"和"查节点号"选项。用于查询指定的单元或节点在筏板上的位置。

7.6.6 荷载选择

荷载选择只能在前面交互输入选取的荷载中做选择。由于高速解法器可以同时计算多种荷载工况，因此选择交互设计的荷载作为计算荷载。

交互输入中选择过的荷载在此全部列出，包括 PMCAD 荷载和砖混荷载、SATWE 荷载，计算只取其一。即使取其中之一，荷载工况也有很多种，有计算沉降用的准永久组合，桩及土承载力校核用的标准组合，构件配筋计算用的基本组合。

7.6.7 沉降试算

沉降试算的目的是对给定的参数进行合理性校核，其主要指标是基础的沉降值，对于桩筏基础，同时给出了《建筑桩基技术规范》及上海市工程建设规范《地基基础设计规范》的沉降计算值。对于筏板基础，同时给出了《建筑地基基础设计规范》及上海市工程建设规范《地基基础设计规范》的沉降计算值。

选择"沉降试算"选项，弹出筏板平均沉降试算结果对话框，如图 7.86 所示。

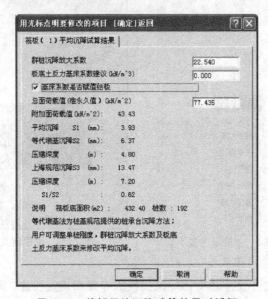

图 7.86 筏板平均沉降试算结果对话框

1. 群桩沉降放大系数

该系数由程序自动计算，设计者可以进行修改，1 表示不考虑群桩的相互作用对沉降的影响。计算群桩作用时，可考虑桩数、桩长径比、桩距径比、桩土刚度比 4 项因素，从而较全面地反映桩筏的沉降影响因素。当无桩时，此系数不出现在对话框中。该系数隐含值为 1，如大于 1，则为自动计算出的建议值。

2. 板底土基床反力系数建议(kN/m^3)

板底土反力基床系数是后续计算的重要参数，对话框中给出的建议值是通过结构总面荷载值和平均沉降值计算出来的。其隐含值如下。

（1）桩筏基础为 0，表示不考虑板底土的反力。

（2）没有地质资料的筏板基础为交互输入时设计者给定的 K 值。

（3）有地质资料的筏板基础为板面荷载值除以沉降值。

提示：如果没有使用"沉降试算"计算板底土反力的基床系数，则必须使用"筏板布置"选项人为指定该参数，否则程序将无法得到正确的计算结果。

7.6.8 基床系数

程序通过"基床系数"选项再一次提供修改 K 值的机会。可以调整每个筏板板块的 K 值。

7.6.9 有限元计算

程序采用中厚板的 MINDLIN 板理论和应力磨平技术，用有限元法自动对多种基础进行计算分析。

7.6.10 结果显示

计算结果图形文件包括沉降图、反力图、冲切图、弯矩图、剪力图和配筋图等，如图 7.87 所示。

图 7.87 "计算结果输出"对话框

程序计算结果数据文件包括桩位移和反力文件、板弯矩和剪力文件、梁弯矩和剪力文件等。设计者可根据需要打开相关图形或数据文件。

7.6.11 交互配筋

选择"交互配筋"选项，弹出筏板配筋方式对话框，如图 7.88 所示。

图 7.88 筏板配筋方式对话框

程序提供以下 3 种筏板配筋方式。

(1) 梁板(板带)方式配筋。适用于薄筏板(板厚与肋梁高度比较小),柱上板带弯矩取板带范围内有限元计算结果的最大值。

(2) 分区域均匀配筋。适用于较厚筏板(板厚与肋梁高度比较大)。

(3) 新梁板(板带)方式配筋。适用于薄筏板,柱上板带弯矩取板带横截面范围弯矩积分的平均值。

1. 梁板(板带)方式配筋

使用梁板(板带)方式配筋的前提条件是必须在筏板上设置肋梁(对梁板式、墙下筏板基础)或设置板带(对柱下平板基础)。梁板式基础肋梁要按实际位置设置。对墙下筏板基

础,应将所有墙下都布置肋梁,可用地基梁中的墙下布梁来输入或根据墙的分布情况布置相应截面的暗梁。对柱下平板基础布置板带时,应注意板带位置。板带布置原则是将板带视为暗梁,沿柱网轴线布置,但在抽柱位置不应布置板带,以免将柱下板带布置到跨中。

配筋时,首先通过肋梁或板带的坐标对位,将板元法计算配筋量传至梁元法的相应数据上,然后按梁元法的交互配筋设计程序进行设计,这样的设计结果就可以在基础平面施工图的"筏板配筋"选项中绘出。

此选项的使用方法与主菜单 3"基础梁板弹性地基梁元法"中的第 3 项"弹性地基板内力配筋计算"中的交互配筋设计完全相同,程序以支座短钢筋和通长筋的方式显示筏板配筋示意图。

图 7.89 "分区域均匀配筋"子菜单

2. 分区域均匀配筋

单击"分区域均匀配筋"按钮,程序弹出其子菜单,如图 7.89 所示。下面介绍各选项的功能和用法。

1) 信息输入

选择"信息输入"选项,弹出"筏板钢筋级配表"对话框,如图 7.90 所示。

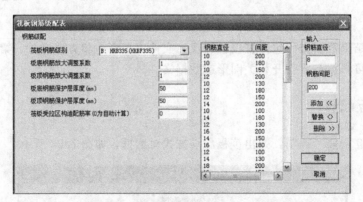

图 7.90 "筏板钢筋级配表"对话框

输入各参数、钢筋级配表可根据实际情况进行修改,完成后单击"确定"按钮即可。

2) 区域布置

该菜单中的选项有"矩形窗口"、"任意多边"、"角点修进"、"区域删除"。

3）区域选择

该菜单中的选项为定义的区域赋予了特性。板中有4种钢筋，即X上筋、Y上筋、X下筋、Y下筋，每种钢筋都可以有相应的区域，为了方便，还增加了"各区有效"和"各区无效"选项。

4）配筋计算

选择"配筋计算"选项后，可得出定义的各个区域和外区域4种钢筋的计算结果。所谓"外区域"是指定义区域没有包含的区域，一般理解为通长筋结果。

5）配筋修改

该选项用于显示计算结果及进行人工干预。

6）配筋简图

在设计者选择有效区域中，读取两个方向上下钢筋数值，程序按划分区域均匀配筋方式生成筏板配筋简图。

3．新梁板(板带)配筋方式

由设计者输入板带参数，程序自动在各房间分界线处布置柱上板带，且自动计算柱上板带和跨中板带的配筋数值并生成筏板配筋简图。

单击"新梁板(板带)配筋方式"按钮，弹出其子菜单，如图7.91所示。

1）板带参数

选择"板带参数"选项，弹出"板带参数"对话框，如图7.92所示。

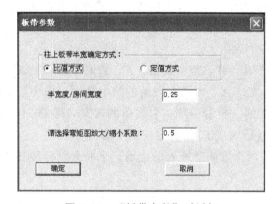

图7.91　"新梁板(板带) 图7.92　"板带参数"对话框
配筋方式"子菜单

柱上板带半宽的确定可以采用两种方式：比值方式和定值方式。

（1）比值方式。在编辑框中输入板带半宽度与房间跨度的比值。

（2）定值方式。设计者可根据需要，自己定制板带半宽，单位为mm。

弯矩图放大/缩小系数：主要用于调整弯矩图的显示效果。

输入完参数后，单击"确定"按钮，在原结构图上会显示各房间板带划分结果，各房间中间显示房间编号，绿色线表示板带划分的结果，房间内箭头表示该房间板带起始编序号的位置，即在描述该房间时，该边的序号为1，并按照逆时针方向递增。

2）板带修改

"板带修改"菜单中的选项用于对个别房间个别板带进行尺寸的调整。

选择"板带修改"选项,屏幕左下角提示"请用光标指定房间([Esc]退出)",单击房间,弹出"板带宽度修改"对话框,如图7.93所示。可在此对话框中对各房间各边进行修改,修改之后单击"确定"按钮,即修改成功,按Esc键退出。

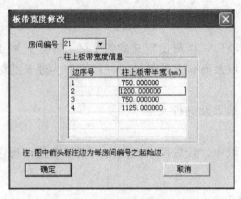

图7.93 "板带宽度修改"对话框

3) 柱上板带

(1) 弯矩图。最大弯矩包络图用黄线绘制,最小弯矩包络图用白线绘制。柱上板带相当于一根梁,为了求算各截面的弯矩,要先取该板带横截面范围的弯矩积分后再求出平均值。

(2) 配筋图。对于柱上板带的配筋图,标注的位置与弯矩图相对应,当配筋结果显示为0时,表示按构造配筋。

4) 跨中板带

(1) 弯矩。对于跨中板带,X、Y两个方向支座处的最大与最小弯矩分别标注在X、Y方向支座处,X、Y两个方向的跨中最大、最小弯矩标注在房间中部。

(2) 配筋。板带中部4个数值的含义,即第一行是X方向和Y方向的上筋,第二行显示的数值是X方向和Y方向的下筋。

X、Y两个方向支座处的上筋、下筋分别标注在X、Y方向支座处。

7.7 基础施工图

此菜单中的选项用于所有基础类型的平面图绘制。运行此菜单中选项时,首先要进行绘图参数和显示内容的设置,其中包括更改图样号、绘图比例尺,确定绘图参数(控制是否画柱、梁、墙、桩、板、承台、独基、条基的参数)、要不要钢筋表等。

双击"基础平面图"选项,弹出上部中的选项菜单包括标注构件、标注字符、标注轴线、大样图等。其用法同PMCAD主菜单5:"画结构平面图"类似。其子菜单如图7.94所示。下面首先介绍上部菜单中选项的用法,其子菜单功能分别在7.7.2~7.7.5小节介绍。

7.7.1　屏幕上部菜单

1. 标注构件

此菜单中的选项实现对所有基础构件的尺寸与位置进行标注。其各选项的用法和功能如下。

（1）条基尺寸。用于标注条形基础和上面墙体的宽度，使用时只需单击任意条基的任意位置即可在该位置上标出相对于轴线的宽度。

（2）柱尺寸。用于标注柱子及相对于轴线尺寸，使用时只需要单击任意一个柱子，光标偏向哪边尺寸线就标在那边。

（3）拉梁尺寸。用于标注拉梁的宽度及与轴线的关系。

（4）独基尺寸。用于标注独立基础及相对于轴线尺寸，使用时只需要单击任意一个独立基础，光标偏向哪边尺寸线就标在那边。

（5）承台尺寸。用于标注桩基承台及相对于轴线尺寸，使用时只需要单击任意一个桩基承台，光标偏向哪边尺寸线就标在那边。

图 7.94　"基础平面图"子菜单

（6）注地梁长。用于标注弹性地基梁（包括板上的肋梁）长度，使用时单击任意一根弹性地基梁的任意位置，即可在该位置上标注相对轴线的宽度。

（7）注地梁宽。用于标注弹性地基梁（包括板上的肋梁）宽度及相对于轴线尺寸，使用时只需要单击任意一根弹性地基梁的任意位置，即可在该位置上标注相对轴线的宽度。

（8）标注加腋。用于标注弹性地基梁（包括板上的肋梁）对柱子的加腋线尺寸，使用时只需要单击任意一个周边有加腋线的柱子，光标偏向柱子哪边就标注那边的加腋线尺寸。

（9）筏板剖面。用于绘制筏板和肋梁的剖面，并标注板底标高。使用时需要在板上输入两点，程序自动在该处画出该两点切割出的剖面图。

（10）标注桩位。用于标注任意桩相对于轴线的位置，使用时先用多种方式（围区、窗口、轴线、直接）选取一个或多个桩，然后单击若干同向轴线，按 Esc 键退出后再用光标给出画尺寸线的位置，即可标注桩相对这些轴线的位置。如轴线方向不同，可多次重复选取轴线、定尺寸线位置的步骤。

2. 标注字符

此菜单中的选项的功能是标注写出柱、拉梁、独基、地梁的编号和在墙上设置、标注预留洞口。

3. 标注轴线

此菜单中的选项的作用是标注各类轴线（包括弧轴线）间距、总尺寸、轴线号等。各选项的功能于 PMCAD 的操作一致，其中"标注板带"选项用于柱下平板基础中配筋模式按整体通长配置的平板基础，它可标注出柱下板带和跨中板带钢筋配置区域。

7.7.2 弹性地基梁平法施工图绘制

1. 参数设置

选择"参数设置"选项后，弹出"地基梁平法施工图参数设置"对话框，如图 7.95和图 7.96 所示。在完成参数修改后单击"确定"按钮，程序将根据最新的参数信息重新生成弹性地基梁的平法施工图，并根据参数修改重绘当前的基础平面图。

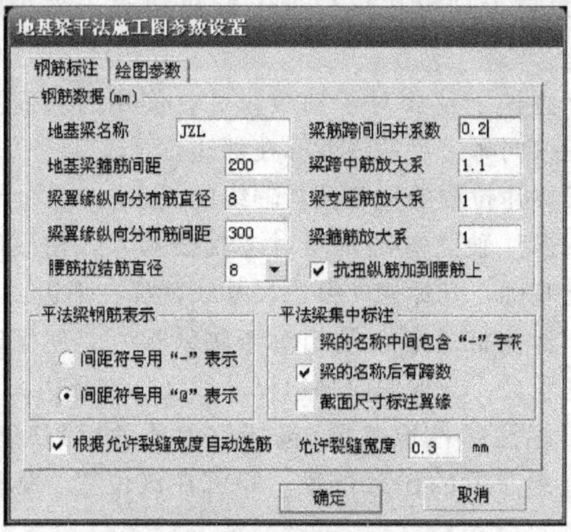

图 7.95 "钢筋标注"选项卡

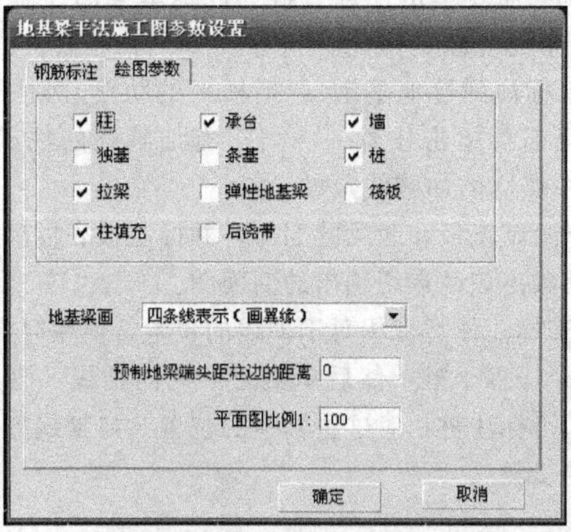

图 7.96 "绘图参数"选项卡

2. 绘新图

"绘新图"用于重新绘制一张新图，如果有旧图存在，则新生成的图会覆盖旧图。

3. 编辑旧图

"编辑旧图"用于打开旧的基础施工图文件，程序承接上次绘图的图形信息和钢筋信息继续完成绘图工作。

4. 写图名

"写图名"用于写当前图的基础梁施工图名称。

5. 梁筋标注

选择"梁筋标注"选项，弹出如图7.97所示的对话框。其功能是为前面采用各种计算方法"梁元法，板元法"计算出的所有地基梁（包括板上肋梁）选择钢筋、修改钢筋并绘制基础梁的平法施工图，对于"墙下筏板基础暗梁"无需选择该选项。

图 7.97　梁施工图绘制选择框

6. 基准标高

选择"基准标高"选项，写当前图中基础梁跨的基准标高，这个标高是当前施工图中布置的标高相同的多数基础梁的标高，少数不同的基础梁标高在原位标注中标注，标注值为相对基准标高的差值。

7. 修改标注

选择"修改标注"选项，弹出其子菜单，如图7.98所示。其功能如下。

（1）水平开关。关闭水平方向上的梁集中标注和原位标注信息。

（2）垂直开关。关闭垂直方向上的梁的集中标注和原位标注信息。

（3）移动标注。用鼠标移动集中标注和原位标注的字符，调整字符位置。

（4）改字大小。批量修改集中标注和原位标注字符的字体大小。

8. 地梁改筋

选择"地梁改筋"选项，程序弹出其子菜单，如图7.99所示。

图 7.98　"修改标注"子菜单

图 7.99　"地梁改筋"子菜单

（1）连梁改筋。选择"连梁改筋/地梁改筋"选项后，程序提示设计者选取地基梁，当单击地基梁后，弹出用表格方式修改地梁的钢筋界面。

（2）单梁改筋。选择"单梁改筋/地梁改筋"选项后，程序提示设计者选取地基梁，当单击地基梁后，弹出"单梁改筋修改"对话框，如图7.100所示，可修改相应的钢筋。

（3）原位改筋。用光标选择要修改的钢筋进行修改。

（4）附加箍筋。程序自动计算附加箍筋，并生成附加箍筋标注。

（5）删附加箍筋。用光标选择已经标注的附加箍筋，删除钢筋。

（6）附箍全删。程序一次全部删除图中已经标注的附加箍筋。

9. 地梁裂缝

选择"地梁裂缝"选项，程序进行裂缝验算，并在图上标出裂缝宽度的数值。

10. 选梁画图

选择"选梁画图"选项，程序进行连梁立、剖面图的绘制，并弹出其子菜单，如图 7.101 所示。

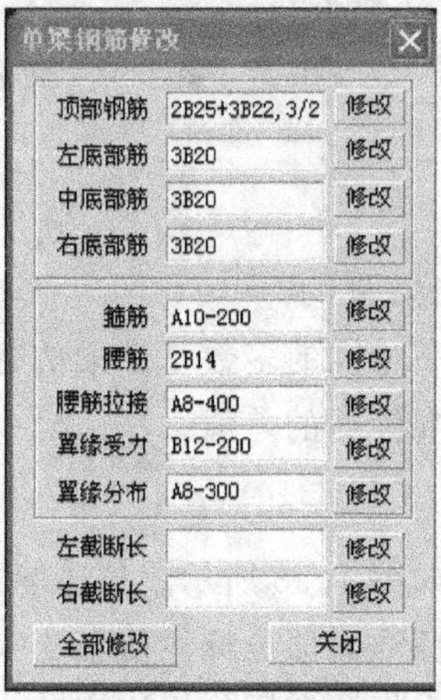

图 7.100 "单梁改筋修改"对话框

图 7.101 "选梁画图"子菜单

首先选择"选梁画图"选项交互选择要绘制的连续梁，程序用红线表示将要画出的梁，一次选择的梁均绘在同一张图上输出。选好梁后，右击结束梁的选择，下面程序要求输入"绘图参数"，参数输入完毕单击"确定"按钮，程序提示"输入图名"，然后程序自动绘制出施工图。

7.7.3 基础详图

该菜单可接 JCCAD 计算程序的计算结果自动绘制独立基础、墙下条形基础、桩承台的详图。

选择"基础详图"选项，程序弹出详图绘制位置的选择框，如图 7.102 所示，并弹出其子菜单，如图 7.103 所示。

其各选项的功能如下。

图 7.102 详图绘制位置选择　　图 7.103 "基础详图"子菜单

1. 绘图参数

选择"基础详图/绘图参数"选项，弹出"绘图参数"对话框，如图7.104所示。

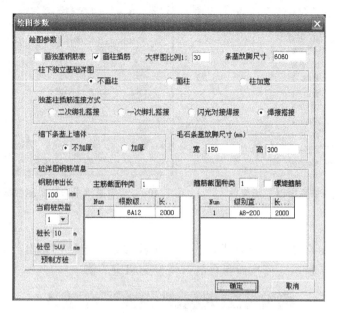

图7.104 "绘图参数"对话框

2. 插入详图

选择"基础详图/插入详图"选项后，在选择基础详图对话框中列出应画出的所有大样名称，独基以"J—"开始，条基为各条基的剖面号。已画过的详图名称复选框被选中。设计者单击某一详图后，屏幕上出现该详图的虚线轮廓，移动光标可移动该大样图到图面的空白位置，右击即将该图块放在图面上。

3. 删除详图

该选项可以将已经插入的详图从图纸中删除。

4. 移动详图

该选项可用来移动调整各详图在平面图上的位置。

其他一些常用基础大样，如隔墙基础、拉梁、地沟、电梯井等可以用程序上部菜单选项"大样图"绘制。

7.7.4 桩位平面图

该菜单中的选项可以将所有桩的位置和编号标注在单独的一张施工图上以便于施工操作。

选择"桩位平面图"选项，弹出其子菜单，如图7.105所示。

1. 绘图参数

选择"绘图参数"选项，弹出"地基梁平法施工图设置"对话框，如图7.106所示。

由于桩位平面布置图只绘制桩，因此在图7.106中只选择桩。

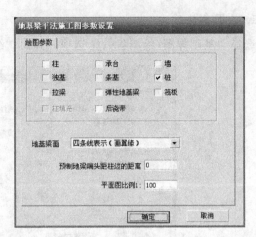

图 7.105　**"绘桩平面图"子菜单**　　　图 7.106　**"地基梁平法施工图参数设置"对话框**

2. **标注参数**

该选项用于设定标注桩位的方式,选择"标注参数"选项,弹出"桩位平面图参数"对话框,如图 7.107 所示。可按照各自的习惯设定相应的值。

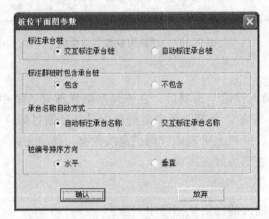

图 7.107　**"桩位平面图参数"对话框**

3. **参考线**

该选项控制是否显示网格线(轴线)。在显示网格线状态中可以看清相对节点有移心的承台。

4. **承台名称**

该选项可按"标注参数"中设定的自动或交互标注方式注写承台名称。当选择自动标注方式时,选择此选项后程序将标注所有承台的名称;当选择交互标注方式时,选择此选项后还要单击要标注名称的承台和标注位置。

5. **标注承台**

该选项用于标注承台相对于轴线的移心。可按"标注参数"中设定的自动或交互标注方式进行标注。

6. 注群桩位

该选项用于标注一组桩的间距及和轴线的关系。选择"注群桩位"选项后需要先选择桩(选择方式可单击 Tab 键转换),然后选择要一起标注的轴线。如果选择了轴线,则沿轴线的垂直方向标注桩间距,否则要指定标注角度。先标注一个方向后,再标注与前一个正交方向的桩间距。

7. 桩位编号

该选项用于将桩按一定水平或垂直方向编号。选择"桩位编号"选项后先指定桩起始编号,然后选择桩,再指定标注位置。

7.7.5　筏板基础配筋施工图

筏板施工图程序运行的必要条件是选择过 JCCAD 主菜单 2:"基础人机交互输入"。如果选择过"弹性地基梁的筏板计算"或"筏板有限元计算",则可按板的计算结果选择钢筋。经过钢筋选择和布置之后即可完成绘制筏板基础配筋施工图工作。

图 7.108　"提示"对话框

选择"筏板钢筋图"选项,在选择该选项之后,程序将自动检查该模块的数据信息(对当前工程而言)是否已经存在。如果存在,则弹出"提示"对话框,如图 7.108 所示。

读取旧数据文件:表示此前建立的信息仍然有效。

建立新数据文件:表示初始化本模块的信息,此前已经建立的信息都无效。

单击"确认"按钮后,弹出"筏板基础配筋施工图"子菜单,如图 7.109 所示。下面介绍各选项的功能。

图 7.109　"筏板基础配筋施工图"子菜单

1. 设计参数

该选项为对话框的操作,它位于屏幕顶部的子菜单中,用来让设计者设定程序运行中使用的一些内定参数值,分为"布置钢筋参数"、"钢筋显示参数"、"校核参数"、"统计钢筋量参数"、"剖面图参数"。

提示:这些参数的初值是程序内定的,因此,这些选项是否选择,不会影响程序的正常运行。

2. 网线编辑

这部分内容不是必须操作的。

为了方便筏板钢筋的定位,可能需要对基础平面布置图的网线信息做一些编辑处理,只要编辑的网线信息与已布置的钢筋无关,经过网线编辑后,已布置的钢筋信息仍然有效。

3. 取计算配筋

通过该选项,可选择筏板配筋图的配筋信息来自何种筏板计算程序的结果。

为使该选项能正常运行,在此之前,应在筏板计算程序中选择"钢筋实配"或"交互配筋"选项。

选择该选项,程序首先在工作目录中搜寻筏板计算程序输出的选筋结果信息,如发现有选筋信息,则屏幕上弹出筏板计算配筋对话框,共 3 项,供设计者选择筏板钢筋的来源。

1)弹性地基梁法——配筋

选择"弹性地基梁法——配筋"选项,适用于两种计算程序的配筋结果。

(1)CCAD 主菜单 3。"基础梁板弹性地基梁法计算"、"弹性地基板内力配筋计算"及"钢筋实配"的配筋结果。

(2)JCCAD 主菜单 5。"桩筏筏板有限元计算"及"交互配筋/梁板(板带)方式配筋"

2)筏板有限元法——均匀配筋

选择"筏板有限元法——均匀配筋"选项,适用于 JCCAD 主菜单 5"桩筏筏板有限元计算"及"交互配筋/分区域均匀配筋"。

3)筏板有限元法——板带配筋

选择"筏板有限元法——板带配筋"选项,适用于 JCCAD 主菜单 5"桩筏筏板有限元计算"及"交互配筋/新梁板(板带)方式配筋"。

4. 改计算配筋

该选项不是必须选择的。选择该选项,可在具体绘钢筋图之前,查看读取的配筋信息是否正确;可对计算时生成的筏板配筋信息进行修改;也可在此自定义筏板配筋信息。

选择"改计算配筋"选项,弹出其子菜单,如图 7.110 所示。下面介绍各选项的功能。

1)显示内容

通过该选项,可设定图面的显示内容。选择"改计算配筋/显示内容"选项,弹出"设显示内容"对话框,如图 7.111 所示。

2)修改区域钢筋

通过该选项,可修改筏板的区域钢筋信息。

图 7.110 "改计算配筋"子菜单

选择"改计算配筋/修改钢筋/区域钢筋"选项，屏幕提示"用光标选取：要修改的区域钢筋，[Tab]键切换捕捉方式，[Esc]键结束捕捉方式"，用光标选取钢筋后，弹出"编辑区域钢筋"对话框，如图7.112所示。

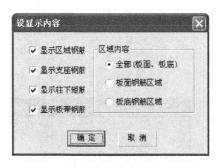

图7.111 "设显示内容"对话框

图7.112 "编辑区域钢筋"对话框

对话框中出现的数值是首先目标的信息，如某次操作只是要修改板面钢筋的信息，那么，应取消选中"修改板底钢筋"、"修改钢筋角度"复选框。

3）修改支座钢筋

通过该选项，可修改筏板的支座钢筋信息。

选择"改计算配筋/修改钢筋/支座钢筋"选项，屏幕提示"用光标选取：要修改支座筋的网线，[Tab]键切换捕捉方式，[Esc]键结束捕捉方式"，单击要修改支座筋的网线，按Esc键，弹出"编辑支座钢筋"对话框，如图7.113所示。

提示：如只修改钢筋信息，则应取消选中"修改尺寸"复选框。

4）修改板带钢筋

图7.113 "编辑支座钢筋"对话框

选择"改计算配筋/修改钢筋/板带钢筋"选项，屏幕提示"用光标选取：要修改柱上板带的网线，[Tab]键切换捕捉方式，[Esc]键结束捕捉方式"，单击柱上板带的网线，按Esc键，弹出"编辑板带钢筋"对话框，如图7.114所示。

5）修改柱下短筋

选择"改计算配筋/修改钢筋/柱下短筋"选项，屏幕提示"用光标选取：要修改的柱下短筋，[Tab]键切换捕捉方式，[Esc]键结束捕捉方式"，单击要修改柱下短筋的柱子节点，按Esc键，弹出"编辑柱下短筋"对话框，如图7.115所示。

图7.114 "编辑板带钢筋"对话框

柱下钢筋分两个方向，各自独立确定数据。

6）支座筋相连

该选项可以将支座钢筋连同。

7）增加全板区钢筋

选择该选项，程序自动搜索筏板边界作为一个区域设置通长钢筋。

8）复制区域钢筋

通过该选项，可获取已有区域钢筋信息。

图 7.115　"编辑柱下短筋"对话框

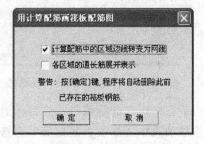

图 7.116　用计算配筋画筏板配筋图选择框

9）增加板带钢筋

通过该选项，可增加以板带形式设置的同长筋。

5．画计算配筋

通过该选项，可以把"取计算配筋"、"改计算配筋"菜单中选项中的筏板钢筋信息，直接绘制在平面图上。

选择"画计算配筋"选项，弹出"用计算配筋画筏板配筋图"对话框，如图 7.116 所示。

1）计算配筋中的区域边线转变为网线

在本模块中，网线是钢筋定位的基础，如在计算程序中设定的区域不是已有的网线，那么，在此处应选中该复选框，如不选中该复选框，则绘制出的筏板钢筋端部位置有可能与所希望的有出入。反之，则可不打勾。

2）各区域的通长筋展开表示

本模块对布置的筏板钢筋在图面上的显示有两种方法，此项目就是让设计者选择用何种方法显示。

6．布板上筋

只有当需要对筏板板面钢筋进行编辑时，才需要进入该子菜单。通过该子菜单，可以完成对筏板板面钢筋的布置。

选择"布板上筋"选项，弹出其子菜单，如图 7.117 所示。

1）显示内容

通过该选项，设计者可指定在屏幕上显示的钢筋内容，便于查看。

图 7.117　"布板上筋"子菜单

2）布通长筋

通过该选项，可完成对板面通长筋的布置。

通过指定钢筋的起始网线和终止网线，程序将根据设计者提供的钢筋信息，在两网线之间布置一组钢筋；钢筋的两端端部尺寸，根据设计者的约定或自动生成尺寸，或取设计者输入的尺寸。

具体操作：第一步，选取起始网线；第二步，在已选取的起始网线中选择布筋参考点（平面图上会用一圆点标出该参考点的位置）；第三步，选取终止网线；第四步，在结束终止网线的选取之后，将弹出一个对话框，用来输入钢筋的信息，如图 7.118 和图 7.119 所示。

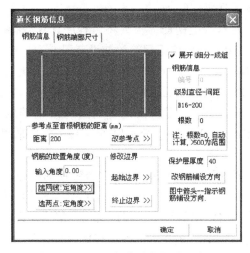

图 7.118　"钢筋信息"选项卡

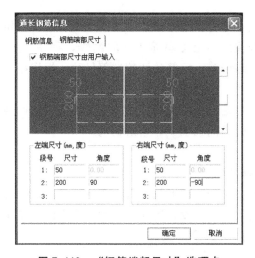

图 7.119　"钢筋端部尺寸"选项卡

（1）钢筋信息。

① 参考点至首根钢筋的距离（mm）。该控件的初始值是程序内定的，当它与设计者所希望的位置不相符时，通过编辑控件调整参数值来实现。

② 改参考点。如在此前设定的参考点有误，则可通过单击该按钮重新设定参考点。

③ 输入角度。给角度的初值是程序结合始网线、终网线和参考点三者的关系计算所得的，如此角度值与实际情况不符，则可以在此进行修正。程序提供了 3 种方法：第一种，从编辑控件中直接输入钢筋的放置角度；第二种，单击"选网线：定角度＞＞"按钮，程序将暂时关闭对话框，让设计者用光标从平面图上选取一条网线，以网线的角度作为钢筋的放置角度；第三种，单击"选两点：定角度＞＞"按钮，程序将暂时关闭对话框，让设计者用光标从平面图上选取两个网线的端节点，以两节点的连线作为钢筋的放置角度。

④ 改钢筋铺设方向。在对话框中，已标出钢筋的铺设方向，如示意的方向与实际情况相反，则单击该按钮即可改变方向。

⑤ 根数。数值为 0，表示该组钢筋的根数将由程序计算获得；数值≤500，表示该组钢筋的最多根数；数值＞500，表示该组钢筋的铺设范围。

⑥ 程序计算选筋。如果该控件处于选中状态，那么其下面会出现编辑控件"系数"，要求设计者输入该组钢筋取多少计算配筋量。如果该控件处于非选中状态，那么其下面会出现编辑控件"级别直径—间距"，要求设计者输入该组钢筋的具体配筋，此时，钢筋 HPB300、HRB335、HRB400、RRB400 分别用 A、B、C、D 来表示。

（2）钢筋端部尺寸。

如果在常用参数对话框（图 7.119）中，控件"布置钢筋时由用户输入端部尺寸"没有被选中，那么，在对话框中"左端尺寸"和"右端尺寸"下的各控件都将变灰，此种情况下，设计者可以通过控件"钢筋端部尺寸由用户输入"复选框设定系数。

如果在常用参数对话框（图 7.119）中，控件"布置钢筋时由用户输入端部尺寸"被选中，那么在对话框中"左端尺寸"和"右端尺寸"下的各控件处输入该组钢筋的端部尺寸。

3）布支座筋

只要是筏板中的网线，都可以通过该选项在网线上布置支座钢筋。

选择"布支座筋"选项，指定支座筋所处的网线，程序将根据设计者提供的钢筋信息，在这条网线上布置一组钢筋；钢筋的两端端部尺寸，根据设计者的约定或自动生成尺寸，或取设计者输入的尺寸。

支座钢筋的放置角度总是与它所处的网线相垂直；捕捉的网线不受同一节点上网线数的控制；其余相关信息的解释同选项"布通长筋"。

4）布自由筋

该选项用于设定特殊的钢筋。

如果有不便用网线来定位的"布通长筋"、"布支座筋"，则可由该选项来处理。

自由筋在平面图上的位置，由设计者通过光标在平面图上单击两点来定位，钢筋的信息在对话框中输入。

5）布板带筋

该选项产生的结果与选项"布通长筋"的结果是等同的，只是在特殊点位置使用该选项更为简便。

使用时，它要求设计者单击所要布置的板带的始端位置的节点和终端位置的节点，程序将根据这两点的信息内设一条板带信息，实现板带钢筋的布置。

6）修改钢筋

对已经布置在板上的钢筋，如发现不合适的内容存在，则可以通过该选项来修正。

当设计者用光标获取要修改的钢筋后，程序将根据钢筋的性质（通长筋、支座筋、自由筋），弹出与布置它们时相类似的对话框。

7）修改尺寸

如果设计者只是对已布置钢筋的端部尺寸不满意，则可选择该选项。

7. 布板中筋

只有当需要对筏板板厚中间层面钢筋进行编辑时，才需要进入该菜单。布置钢筋信息时需要设计者指定（程序无计算选筋的功能）。

操作步骤同"布板上筋"子菜单。

8. 布板下筋

通过该菜单中的选项，编辑筏板的板底钢筋。

操作步骤同"布板上筋"子菜单。

9. 裂缝计算

程序将根据板的实际配筋量，计算出板边界和板跨中的裂缝宽度。

10. 画施工图

通过该菜单中的选项，可以生成筏板配筋施工图。

选择"画施工图"选项，程序弹出其子菜单，如图7.120所示。

图 7.120 "画施工图"子菜单

1）绘制内容

选择"画施工图/绘图内容"选项，弹出汇总钢筋的范围对话框，如图7.121所示，要求设计者设定当前要画的筏板配筋图的内容。

图 7.121 汇总钢筋的范围对话框

程序根据设计者指定的要求，每组钢筋以单线的形式绘制在平面图上，同时标出该组钢筋的编号、级别、直径、间距等信息。

2）移钢筋位置

通过该选项，可以移动平面图上绘制钢筋的位置；不管如何移动，钢筋都不会跑出该钢筋的铺设区域；随着钢筋位置的变动，程序都将反映出新位置钢筋的全貌；如果该钢筋的位置已被标注，那么，其标注的信息也随之变动。

3）标钢筋范围

通过该选项，可以标注出某组钢筋的布置位置的信息。

建筑结构 CAD 教程(第 2 版)

4）删钢筋范围

通过该选项，可以删除钢筋的布置位置标注。

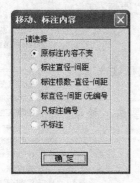

图 7.122　"移动、标注内容"对话框

5）标直径间距

通过该选项，设计者可以对钢筋的标注内容进行调整，同时也可对标注位置进行调整。

选择"画施工图/标直径间距"选项，弹出"移动、标注内容"对话框，如图 7.122 所示，设计者可根据实际需要选定标注内容。

6）标支筋尺寸

通过该选项，程序可标注或删除支座筋尺寸标注信息。

7）标注板带

通过该选项，标出柱上板带和跨中板带的范围。

8）不画钢筋

该选项可以指定某些钢筋不会在施工图上画出。

9）恢复画筋

该选项是对"不画钢筋"选项的反向操作。

10）画剖面图

该选项用来绘制筏板的剖面图。程序通过设计者在平面图上单击两点，画出这两点连线所在的筏板剖面图。

11）插入图框

选择"画施工图/插入图框"选项，屏幕将弹出输入图纸尺寸对话框，设计者可根据当前施工图图面的大小，设定采用的图纸尺寸。

7.8　柱下承台桩基础设计实例

采用的框架结构见第 2 章实例 2.20 的建筑模型，按第 4 章实例 SATWE 的计算结果进行柱下承台桩基础设计。采用直径 400mm 预应力混凝土管桩，单桩竖向承载力特征值 $R_a=545$kN，桩长均为 17.0m，桩顶标高均为 -1.750m，承台底标高为 -1.800m。

假定本工程的地质条件如下：①填土，土层厚 0.8～1.1m；②淤泥质土，土层厚 3.5～5m；③粉土，土层厚 2～3m；④黏土，土层厚 7～11.9m；⑤粉砂，土层厚 10～12m。

下面详细讲述柱下承台桩基础的设计步骤以供设计者参考。

1. 地质资料输入

双击 JCCAD 主菜单 1"地质资料输入"，弹出"选择地质资料文件"对话框，如图 7.123 所示。

输入文件名 dzzl，单击"打开"按钮后，进入地质资料输入主界面，选择"标准孔点"选项，弹出"土层参数表"对话框，如图 7.124 所示，地质资料是计算地基承载力和

地基沉降变形的必要数据，要根据工程地质报告提供的孔点坐标、土层厚度、重度等各项
参数准确输入。

图 7.123 "选择地质资料文件"对话框

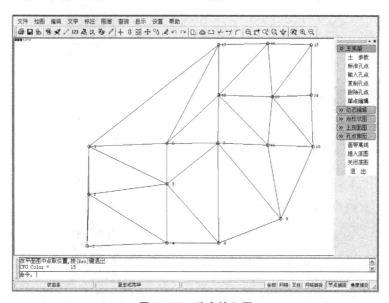

图 7.124 "土层参数表"对话框

选择"孔点输入/输入孔位"选项进行孔位输入，如图 7.125 所示。

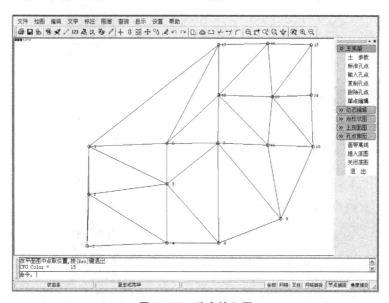

图 7.125 孔点输入图

根据工程地质报告提供的孔点坐标和土层布置，输入各孔的土层参数。可以选择
"单点编辑"选项来修改各孔点的土层设置、孔口标高、孔口坐标、地下水等参数，
如图 7.126 所示。

图 7.126   孔点土层参数表

输入完毕单击"OK"按钮，选择"退出"选项，返回 JCCAD 主界面。

2. 基础人机交互输入

1) 地质资料输入

双击 JCCAD 主菜单 2"基础人机交互输入"，弹出基础布置数据对话框，如图 7.127
所示。选中"重新输入基础数据"单选按钮，然后单击"确认"按钮，退出地质资料输入
菜单，进入基础设计子菜单，如图 7.128 所示。

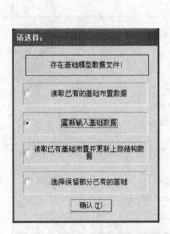

图 7.127   基础布置数据对话框   图 7.128   基础设计子菜单

选择"地质资料/打开资料"选项，弹出"选择地质资料文件"对话框，选择已输入的地质资料文件 dzzl.dz，单击"打开"按钮，弹出输入的地质网格图，通过"平移对位"、"旋转对位"选项，将网格放到平面图中，如图 7.129 所示。

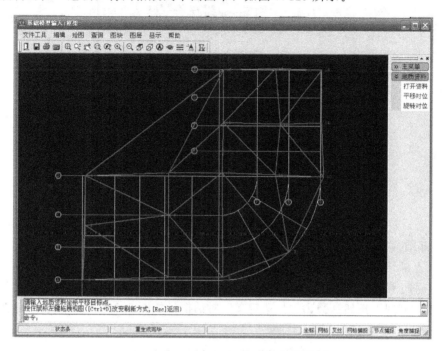

图 7.129　平移和旋转地质网格平面图

2）参数输入

选择"参数输入"选项，在参数输入对话框中输入如图 7.130 和图 7.131 所示的值。其他参数采用默认值。

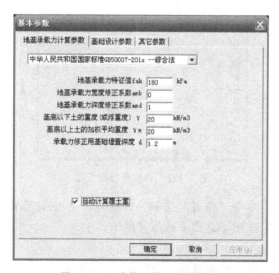

图 7.130　地基承载力计算参数

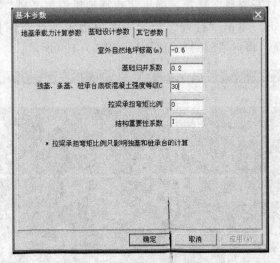

图 7.131　基础设计参数

3）上部结构

　　选择"上部结构/框架主筋"选项，进行框架主筋的布置与修改。选择"上部结构/拉梁"选项，进行承台拉梁布置。选择"拉梁布置"选项，弹出构件选择对话框，如图 7.132 所示。单击"新建"按钮，弹出"拉梁定义"对话框，如图 7.133 所示。定义完成后单击"确认"按钮。

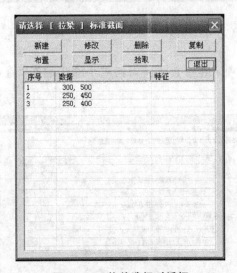

图 7.132　构件选择对话框

　　选择要布置的拉梁，单击"布置"按钮，按 PMCAD 中梁布置的方法进行拉梁布置。布置完成后单击"退出"按钮，返回基础布置菜单。

4）荷载输入

　　返回基础输入菜单，选择"荷载输入/荷载参数"选项，弹出"请输入荷载组合参数"对话框，如图 7.134 所示。选择默认值，单击"确定"按钮，返回荷载输入子菜单。

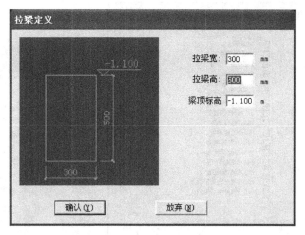

图 7.133 "拉梁定义"对话框

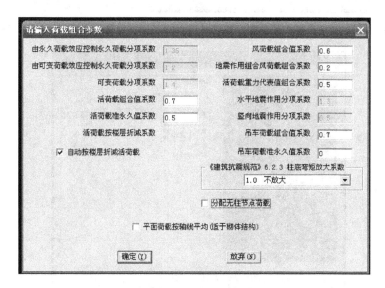

图 7.134 "请输入荷载组合参数"对话框

选择"附加荷载/加点荷载"选项,将承台拉梁上的墙体重及拉梁重按点荷载的方式加到柱节点上,输入完成后返回主菜单。

选择"读取荷载"选项,弹出"请选择荷载类型"对话框,如图 7.135 所示,选中"SATWE 荷载"单选按钮,单击"确认"按钮,返回基础设计子菜单。

5)承台桩

(1)桩定义。

选择"承台桩"选项,弹出其子菜单,如图 7.136 所示。

选择"承台桩/定义桩"选项,弹出构件选择对话框,在对话框中单击"新建"按钮,弹出"定义桩"对话框,如图 7.137 所示。选择预应力管桩,单桩承载力特征值为545kN,桩直径输入 400mm,壁厚输入 95mm,输入完后单击"确认"按钮,返回构件定义菜单,单击"退出"按钮,返回桩基础子菜单。

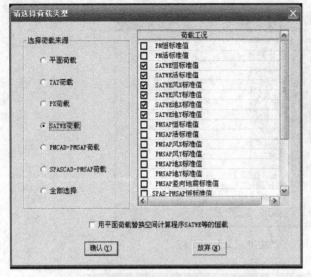

图 7.135 "请选择荷载类型"对话框   图 7.136 "承台桩"子菜单

图 7.137 "桩定义"对话框

(2) 桩承台设计。

选择"承台桩/承台参数"选项,弹出"桩承台参数输入"对话框,如图 7.138 所示。

桩承台控制参数中:桩间距为 3 倍桩径,桩边距为 1 倍桩径(边桩中心到承台边的距离);承台形式选择阶梯形,施工方法选择现浇;相对于正负 0 承台底标高为 -2.100m,单击"确认"按钮,关闭"桩承台参数输入"对话框,返回"承台桩"子菜单。

选择"承台桩/自动生成"选项,屏幕左下角提示"选择要生成桩承台的节点,按窗口布置(删除)(Tab 换方式,Esc 退出)"。采用"窗口方式"布置承台,布置完后的承台图如图 7.139 所示。返回子菜单,选择"局部承压/局压桩"选项进行局部承压验算,局部承压满足要求,选择"结束退出"选项回到基础设计子菜单。

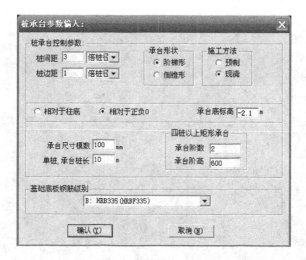

图 7.138 "桩承台参数输入"对话框

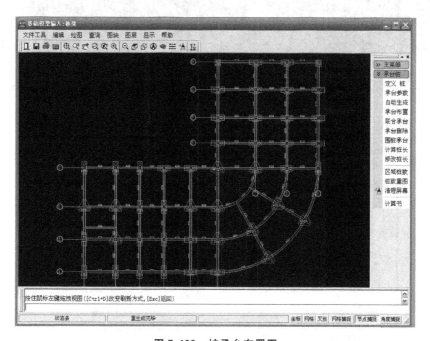

图 7.139 桩承台布置图

3. 桩基承台及独基沉降计算

双击 JCCAD 主菜单 4 "桩基承台及独基沉降计算",弹出如图 7.140 所示的窗口。

1) 计算参数

选择"计算参数"选项,弹出"计算参数"对话框,如图 7.141 所示。选择完后单击"确定"按钮,关闭"计算参数"对话框。

2) 承台计算

选择"承台计算"选项,选择"SATWE"选项进行承台计算。

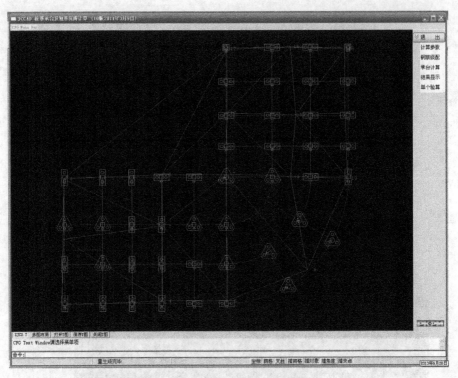

图 7.140　桩基承台及独基沉降计算

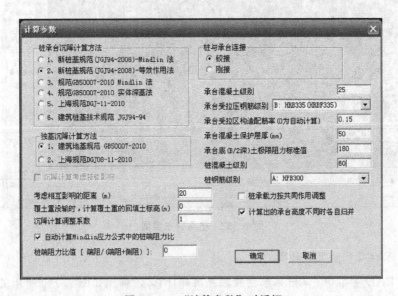

图 7.141　"计算参数"对话框

3）结果显示

选择"结果显示"选项，弹出"计算结果输出"对话框，如图 7.142 所示。

选中"承台配筋 ZJCD00.T"单选按钮，单击"确定"按钮，弹出承台配筋示意图，如图 7.143 所示。

图7.142 "计算结果输出"对话框

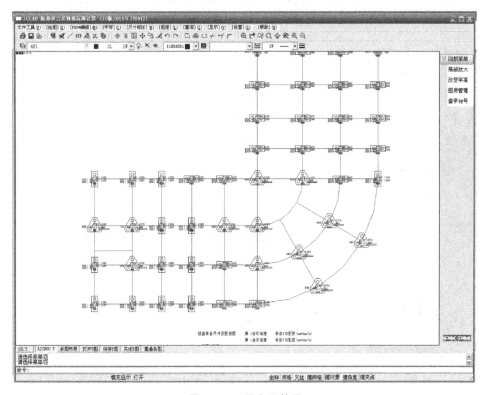

图7.143 承台配筋图

选中"承台归并ZJGB00.T"单选按钮,单击"确定"按钮,弹出承台归并图,如图7.144所示。

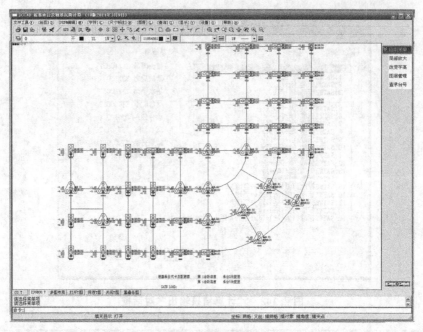

图 7.144　承台归并图

4. 绘制基础平面施工图

1）施工图参数设置

双击 JCCAD 主菜单 6 "基础平面施工图"，弹出其子菜单，如图 7.145 所示。选择 "参数设置" 选项，弹出 "地基梁平法施工图参数设置" 对话框，如图 7.146 所示。选择完绘图参数，单击 "确定" 按钮，关闭该对话框。

图 7.145　"基础平面
施工图" 子菜单

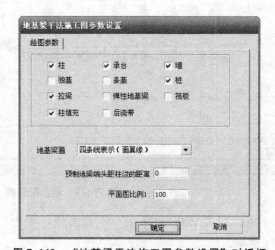

图 7.146　"地基梁平法施工图参数设置" 对话框

2）绘制基础平面施工图

我们可以通过屏幕上方"编辑"菜单中的"旋转"选项对承台的布置进行调整；利用"标注尺寸"菜单中的选项标注承台的尺寸；利用"标注字符"菜单，标注拉梁编号；利用"标注轴线"菜单中的选项进行轴线标注；利用"基础详图"绘制拉梁剖面；利用"写图名"菜单标注图名；利用"文字"菜单中的"标注字符"选项，标注各承台编号。绘制完成后的基础平面布置图如图 7.147 所示。

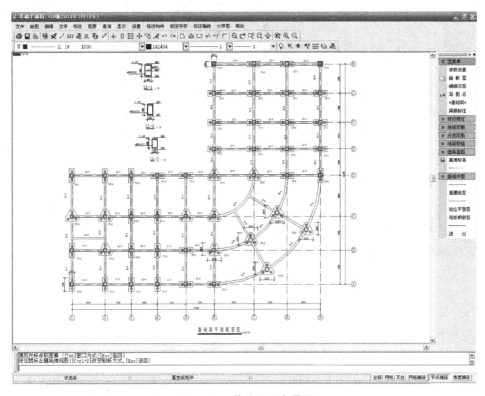

图 7.147　基础平面布置图

5．桩基承台详图

双击 JCCAD 主菜单"基础详图"，弹出基础详图绘制位置对话框，如图 7.148 所示。选择后，单击"在当前图中绘制详图"菜单，即可完成承台详图的绘制。

图 7.148　基础详图绘制位置对话框

6．桩位平面图

双击 JCCAD 主菜单"桩位平面图"，选择"注群桩位"菜单中的选项对桩进行定位，完成后的桩位布置图如图 7.149 所示。

建筑结构CAD教程(第2版)

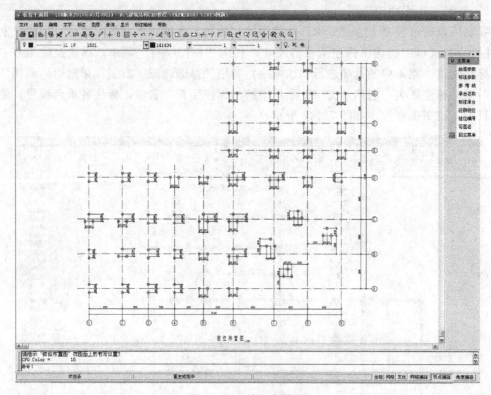

图7.149　桩位布置图

习　　题

已知条件同第4章习题，按SATWE的计算结果进行柱下承台桩基础设计。采用直径426mm的沉管灌注桩，单桩竖向承载力特征值 $R_a=765\text{kN}$，桩长均为15m，桩顶标高均为-1.750m，承台底标高为-1.800m。

(1) 假定本工程的地质条件。

① 填土，土层厚2.2m。

② 淤泥质土，土层厚4.5m。

③ 粉土，土层厚3.6m。

④ 黏土，土层厚10m。

⑤ 粉砂，土层厚12m。

(2) 设计要求。

① 用JCCAD进行基础设计，绘制基础结构平面布置图。

② 绘制桩位布置图。

③ 绘制桩及承台详图。

参 考 文 献

[1] 中华人民共和国国家标准. 混凝土结构设计规范(GB 50010—2010)[S]. 北京：中国建筑工业出版社，2010.

[2] 中华人民共和国国家标准. 建筑结构荷载规范(GB 50009—2012)[S]. 北京：中国建筑工业出版社，2012.

[3] 中华人民共和国国家标准. 建筑抗震设计规范(GB 50011—2010)[S]. 北京：中国建筑工业出版社，2010.

[4] 中华人民共和国国家标准. 建筑地基基础设计规范(GB 50007—2011)[S]. 北京：中国建筑工业出版社，2011.

[5] 中华人民共和国国家标准. 高层建筑混凝土结构技术规程(JGJ 3—2010)[S]. 北京：中国建筑工业出版社，2010.

[6] 中华人民共和国国家标准. 建筑桩基技术规范(JGJ 94—2008)[S]. 北京：中国建筑工业出版社，2008.

[7] 中国建筑标准设计研究所. 混凝土结构施工图平面整体表示方法制图规则和构造详图(11G101—1)[M]. 北京：中国计划出版社，2011.

[8] 陈岱林，李云贵，魏文郎. 多层及高层结构 CAD 软件高级应用[M]. 北京：中国建筑工业出版社，2004.

[9] 季涛，黄志雄. 多高层钢筋混凝土结构设计[M]. 北京：机械工业出版社，2007.

[10] 李永康，马国祝. PKPM 2010 结构 CAD 软件与结构设计实例[M]. 北京：机械工业出版社，2012.

[11] 崔钦淑. PKPM 结构设计程序应用[M]. 北京：中国水利水电出版社，2011.

[12] 崔钦淑，聂洪达. 建筑结构 CAD 技术在设计中的应用探讨[J]. 浙江工业大学学报，2004，32(4)：459 - 463.

[13] 崔钦淑，聂洪达. 建筑结构分析软件 SATWE 在工程中的应用探讨[J]. 工程力学增刊，2004，21(Ⅲ)：215 - 218.